한국수산지 Ⅱ - 2

부경대학교 인문한국플러스사업단 해역인문학 아카이브자료총서 04

한국수산지 Ⅱ - 2

농상공부 수산국 편찬
이근우 · 서경순 옮김

제3장 경상도(慶尙道)

제3장 경상도

연혁

삼한시대에는 진한, 변한의 땅이고 삼국시대에는 신라 땅이었다.(삼한이란 마한馬韓 · 진한辰韓 · 변한卞韓이다. 마한이 가장 강대했고 진한, 변한은 그 통제 하에 있었다. 진한은 진한秦韓이라고도 했다. 그 백성들이 진秦의 유민들이었기 때문이다. 삼국은 고구려[1], 신라, 백제이다.) 삼한 당시의 흔적은 오랜 세월이 지나 알기 어렵지만 진한의 땅은 경상도 동북부, 변한의 땅은 경상도 남서부부터 전라도 남단까지 걸쳐있었던 것 같다. 신라의 시조는 진한의 옛 땅에서 일어났다(시조는 혁거세라고 한다. 건국은 일본 숭신천황崇神天皇 41년이다.). 도성은 지금의 경주읍 지역이고 건국 이후 대대로 옮긴 적이 없었다. 그 지역은 계림(鷄林)으로도 불렸기 때문에 그것으로 국호를 삼기도 했다(탈해왕 9년).

신라의 국운이 아직 성하지 못했던 때, 변한의 옛 땅에는 가락국(駕洛國)이 일어났는데 가락국은 가야국(伽倻國) · 금관국(金官國)이라고도 했다.(시조는 김수로라고 한다. 건국은 신라 유리왕 19년〈일본 수인천황垂仁天皇 71년〉으로 신라 건국 후 99년에 해당한다.) 도성은 지금의 김해읍 지역이고 역시 대대로 옮긴 적이 없었다. 사방 경계는

---

1) 『한국수산지』 원문에는 '고려(高麗)'라고 되어 있다.

국력이 성할 때, 북동쪽으로는 가야산, 동쪽으로 낙동강까지였고 북서쪽으로는 전라남도 경계의 지리산, 서쪽으로는 섬진강까지였다. 남쪽으로는 큰 바다에 이르렀으니 지금의 김해(金海) · 창원(昌原) · 함안(咸安) · 진주(晋州) · 의령(宜寧) · 삼가(三嘉) · 단성(丹城) · 하동(河東) · 남해(南海) · 곤양(昆陽) · 사천(泗川) · 고성(固城) · 용남(龍南) · 거제(巨濟) · 진해(鎭海) 등 각 군이 그 영토로 거의 경상남도의 대부분이었던 것 같다. 그러나 건국 이후 313년이 지나고 결국 신라에 의해 병합되었다.

가락국이 멸망하고 경상도의 땅은 모두 신라 영유가 되었다. 신라는 경상도에서 일어나 오랜 기간 동안 경상도 지역을 다스렸지만 건국 후 993년이 지나고 결국 고려에 의해 멸망했다.

고려는 전국을 통일하자마자 동남도도부서사(東南道都部署使)를 지금의 경주읍에 두고 경상도를 다스리게 하였다. 그러다 성종 14년에 체제가 점차 정비되자 나라 안을 나누어 10도를 두었는데 경상도 지역은 영동(嶺東) · 영남(嶺南) · 산남(山南) 3도로 하였다. 후에 한 도로 하여 경상진주도(慶尙晋州道)라고도 했다가(예종 원년에 고침) 나누어서 경상도 · 진합주도(晋陜州道) 2개로 하고(명종 원년에 고침) 다시 합하여 상진안동도(尙晋安東道)라고 했다(신종 7년). 계속해서 경상진안도(慶尙晋安道)로 고치고 고종 46년, 몽고가 침입했을 때 지금의 영덕 · 청송 이북의 평해에 이르는 일대 지역을 명주도로 옮겼다가 후에 복구했다. 충숙왕 원년에 이르러서야 비로소 지금의 이름으로 칭했다. 조선조도 이에 따라 개칭하지 않다가 건양개혁 때 남북을 2도로 나누어 지금에 이르고 있다.

경역과 넓이

조선의 동남단에 위치하여 북쪽은 강원도와 접하고 서쪽으로 산맥이 가로놓여 충청, 전라 2도와 경계를 이룬다. 동쪽으로는 동해와 면한다. 남쪽은 조선해협을 사이에 두고 일본 규슈의 북단과 마주보고 있다. 동서로 약 410리, 남북으로 약 420리, 면적은 약 188,000방리(方里)이다. 경상도에 속한 도서의 수는 200여 개로 그 면적의 합계는 약 5,800방리이다. 남북 양도(兩道)로 나누어져 있다. 울산의 북쪽인 효령(孝嶺)으로 양도의 경계를 짓는다. 북도는 동서로 약 370리, 남북으로 약 420리, 면적은 110,300방리이고 남도는 동서로 410리, 남북으로 250리, 면적이 78,500방리이다.

지세

경상도 지역은 척량산맥의 변위(變位)에 해당하기 때문에 산맥이 종횡하여 달리는 방향이 일정하지 않은 것이 특히 심하지만 대체로 동북쪽에서 서남쪽으로 뻗어있다. 그러나 척량산맥의 한 지맥이 따로 남쪽 해안을 따라 달리는 것이 있다. 이렇기 때문에 지세는 북동쪽이 높고 서남쪽이 낮다.

산맥

주요한 산맥은 태백산백(太白山脈) · 소백산맥(小白山脈) · 해안산맥(海岸山脈)이다. 태백산맥은 강원도로부터 영천 · 경주[2] 사이를 지나 부산 부근에 이른다. 지맥이 많지만 주요한 것은 낙동산(洛東山)에서 일어나 동남쪽으로 달려 성주의 북쪽에서 금무산(金舞山)이 되고, 마산포에서 솟아 사천군을 지나 바다로 들어가는 것과 용궁군 · 대곡산에서 일어나 비안 · 인동을 지나 칠곡군의 서산(西山)이 되고 서남쪽으로 달려 현풍군의 비슬산(琵瑟山)이 되어 마침내 바다로 들어가는 것, 두 지맥이다.

소백산맥은 전라도, 경상도의 사이를 남쪽으로 뻗어 양 도의 경계를 이룬다. 그 경상도 내에 있는 주요 지맥은 추풍령산맥(秋風嶺山脈)과 지리산맥(智異山脈)이라고 한다. 전자는 김산군 대덕산에서 시작해 지례군의 동쪽을 남하하고 후자는 추풍령의 남쪽에서 시작해 남쪽으로 뻗어있다.

해안산맥은 전라도와 경상도 양 도의 남부 해안을 따라서 동서로 뻗어있다. 그 주요 지맥에는 전라남도 광주 · 담양의 사이에서 시작해 동쪽으로 뻗어서 경상도에 들어가 지리산의 북쪽을 지나 도계현에 이르는 것이 있다. 그리고 전라남도 능주군의 서부에서 시작해 동쪽으로 뻗어 웅천 · 김해 사이를 지나서 부산진에 이르는 것이 있다. 또 영암의 월출산에서 시작해 낙안을 지나 경상도 황치(黃峙)에 이르는 것이 있다. 그리고 전라남도 해남군에서 시작해 광양을 지나 사천의 북쪽을 거쳐 진해에 이르는 것이 있다.

---

2) 『한국수산지』 원문에는 '광주(廣州)'라고 되어 있으나 '경주(慶州)'인 것 같다.

하류

하류 중 장대한 것은 낙동강(洛東江) 하나뿐이다. 이 강은 우리나라 5대강의 하나로서 북동쪽인 강원과 충청북도 경계에서 발원한다. 지류는 매우 많지만 그중 큰 것은 서쪽에서 오는 용강(龍江, 남강 또는 거령강이라고도 한다.)이다. 그 외 금소천(琴召川) · 성주천 · 금호강 · 초계천 · 밀양강 등이 있다. 본류와 용강의 회합점은 영산읍의 남서쪽이다. 밀양강과의 회합점은 밀양읍의 남동쪽, 즉 삼랑진의 서북쪽이다. 이 회합점 부근에는 크고 넓은 저수지와 평지가 있다. 낙동강은 김해군에 이를 즈음 많은 삼각주를 만들고 여러 갈래로 나뉘어 다태해(多太海)의 서쪽에서 바다로 들어간다. 그 전체 길이는 700여 리라고 한다. 삼랑진 부근까지는 조수간만의 영향이 있다. 곳곳에 유사(流砂)가 퇴적되어 있지만 작은 배라면 수백 리의 상류까지 거슬러 올라갈 수 있다. 하구에서 구포 부근에 이르는 사이는 숭어와 뱀장어가 많이 난다. 또 각 지류에서 모두 은어 · 송어 · 잉어 등이 난다. 특히 밀양 은어는 몸집이 크고 맛이 좋아 그 지방의 이름난 산물로 알려져 있다.

그 외에 동해로 흐르는 것으로 영해읍의 북쪽을 통과하는 영해강(寧海江) ▲영덕읍의 남쪽을 흐르는 강구강(江口江) ▲영일만에서 개구하는 형제강(兄弟江) ▲울산만 안쪽으로 흐르는 대화천(大和川, 태화강) ▲울산만의 남쪽 서생에서 개구하는 서생강(西生江, 회야강) ▲동래읍의 서쪽을 흘러 수영만에서 개구하는 수영강(水營江) 등이 있지만 모두 계류에 지나지 않는다. 아마 동측의 경사면이 강원도 영동의 지역과 마찬가지로 분수령이 해안에 근접해 있기 때문이다. 그렇지만 각 하천은 모두 하구에서 10리 내외의 사이까지 조수의 영향이 있어 작은 배가 항상 오르내릴 수 있다. 각 하천 모두 뱀장어 · 은어 · 송어 · 잉어가 난다. 또 하구에서는 굴이 나고 그중에 대화천에는 연어, 송어도 제법 많다. 또 수영강의 하류에서는 다소의 뱅어[白魚]가 난다.

경지

경지면적은 아직 통계가 정확하지 않지만 여러 가지 방법에 의해서 조사된 것을 보면 민유지(民有地)만 해도 실로 다음과 같다.

민유지

(단위: 결 · 부 · 속)

	논(水田)	밭[畑]	합계
남도	66,911결25부1속	35,282결27부6속	102,193결52부7속
북도	70,179결9부8속	57,530결66부4속	127,709결76부2속
합계	137,090결34부9속	92,812결94부0속	229,903결28부9속

앞 표를 일본의 단별(段別)[3]로 환산해 보면 다음과 같다.

(단위: 정 · 단 · 묘)

	논(水田)	밭[畑]	계
남도	115,957정(町) 1단(段) 9묘(畝)	70,846.78	186,803.97
북도	121,620.37	115,521.53	237,141.90
합계	237,577.56	186,368.31	423,945.87

관유지

또한 관유지 즉 탁지부(度支部) 소관의 땅 면적을 보면 다음과 같다.

(단위: 정 · 단 · 묘)

	논(水田)	밭[畑]	합계
남도	2,568정 9단 7묘	4,770.97	7,339.94
북도	4,255.95	7,903.92	12,159.87
합계	6,824.92	12,674.89	19,499.81

이에 의거해 보면 경상도의 총 경작지 면적은 대체로 논 244,402정(町) 4단[反] 8묘(畝)[4], 밭 199,043정 2단으로서 합계 443,445정 6단 8묘이다.

---

3) 정(町) · 단(段) · 묘(畝) · 보(步)로 나타낸 논밭의 넓이. 1정은 3,000평이다. 단(段)은 반(反)으로 표기하기도 한다.
4) 척관법(尺貫法)에서 면적의 단위. 묘(畝)는 단[反, 段]의 10분의 1, 30평(坪).

경상도 지역은 이와 같이 경작지가 풍부하고 토질 역시 양호하며 철도 혹은 하류를 통한 운송교통 모두 편리한 것이 여러 도 중에서 으뜸이다. 그래서 일본인 거주자가 많은 동시에 농사를 영위하는 자들 역시 적지 않다. 구포(龜浦) · 삼랑진(三浪津) 부근, 마산 철도에 연하는 진영(進永) 부근, 대구(大邱) · 밀양(密陽) 부근, 김해(金海) 혹은 창원(昌原) 부근, 기타 각 철도 정거장 부근과 같은 곳은 그런 자영(自營)하는 자들의 초가집이 각지에 점점이 산재해 영락없이 일본 농촌을 보는 것 같다. 그 경영자 인원수 · 소유지 면적 · 투자 금액 등은 통감부(統監府) 제 3차 통계연표[5]에서 의거하면 다음과 같다.

일본인 소유경지

이사청별(理事廳別)		부산(釜山)	마산(馬山)	대구(大邱)	합계
경영자 수		217	19	46	282
소유지면적(段)	기간지	6,490.0	811.2	707.8	8,009.0
	미간지	4,160.6	30.5	53.1	4,244.2
	계(計)	10,650.6	841.7	760.9	12,253.2
투자금액 (円)		2,459,377	150,075	186,354	2,795,806
생산품가액 (円)		224,499	31,269	27,653	283,421

또한 이 표를 투자금액의 다소에 의해 구별하면 다음과 같다.

이사청별(理事廳別)		부산(釜山)	마산(馬山)	대구(大邱)	합계
투자금액 십만원 이상(円)	경영자	6	-	-	6
	투자액	1,198,990	-	-	1,198,990
투자금액 오만원 이상(円)	경영자	6	1	1	8
	투자액	342,270	50,000	78,380	470,650
투자금액 만원 이상(円)	경영자	19	4	2	25
	투자액	483,768	88,732	51,000	623,500
투자금액 오천원 이상(円)	경영자	31	-	1	32
	투자액	213,434	-	9,465	222,899
투자금액 오천원 이하(円)	경영자	155	14	42	211
	투자액	220,915	2,940	9,434	233,289

5) 『統監府統計年報』3(1911년), p.245의 내용이다.

토지가격

또한 이들 경영자가 토지를 구입한 평균 가격을 보면 대강 다음과 같다.

지방		상전 (1단보 당)(円)	중전(上同) (円)	하전(上同) (円)	평균 (円)
부산	밀양	100	75	50	75
	김해	60	40	17	39
	삼랑진	100	60	15	58
	울산	60	40	20	40
마산	사천군	57	37	25	41
	창원부 대산면 촌정(村井)농장	70	60	50	60
	창원부(진해군)	68	40	28	45
	용남군	120	70	30	73
	고성군	40	25	10	25
대구	경산군	50	30	15	32
	대구군	100	80	50	73
	김산군	35	25	10	23
	현풍군	55	40	32	42
	청도군	80	66	30	59
	선산군	-	-	25	25
	상주군	-	35	20	28
	영천군	40	25	13	26

해안선

해안선은 부산의 동쪽, 즉 동해안에 있어서는 산맥과 나란하여 단조롭다. 동해안에서 다소 요입된 곳은 영일과 울산의 두 만으로, 영일만은 경상북도에 속하고, 울산만은 경상남도에 속한다. 경상북도에서는 강원도 연안과 다를 것이 없다. 그러므로 부산 동남각[승두말(蠅頭末)]의 동쪽 해안선은 192해리이고 경상북도의 해안선(울산 지경진地境津에서 강원도 평해군 지경진까지의 사이)은 겨우 약 112해리에 불과하다. 이에 비해 부산 이남, 즉 남해안에 있어서는 전라도의 남해안과 마찬가지로 출입 굴곡이 풍부하고, 크고 작은 섬들이 복잡하게 늘어서 있어 동해안에서는 잘 볼 수 없는 모습이다. 따라서 그 해안선은 심히 장대하여 375여 해리에 달하고, 도서의 해안선은 다소 면적이 넓은 섬만 개측해도 총계 469여 해리에 달한다. 그리고 이들 여러 섬은 모두 경상남도에 속한다. 그러므로 경상남도 해안선은 동해안 · 남해안을 통틀어 453여 해리, 이것에 도서를 합치면 940여 해리이다. 다시 경상남북도 2도를 합하면 실제 1,000여 해리에 달하는 것으로 보인다.

항만

만입이 큰 것은 남해안의 진해만(鎭海灣) 및 진주만(晋州灣)이다. 진해만은 그 앞쪽에 거제도(巨濟島)가 가로놓여 있어서 하나의 큰 내해를 형성한다. 만 내는 다시 마산포(馬山浦) · 행암만(行巖灣) · 웅천만(熊川灣) 등 몇 개의 만이 있다. 모두 수심이 깊어서 좋은 정박지이다. 진주만도 또한 남해도(南海島)와 서로 마주보며 형성된 내해만이다. 만이 광대한 것은 진해만에 버금가지만 일대가 얕아서 큰 배를 수용하기에는 충분하지 않다. 이 두 만에 다음가는 것은 동해안의 영일(迎日) · 울산(蔚山) 두 만이다. 영일만은 북동쪽에서 남서쪽으로 만입하는데 입구가 넓고 만 내 굴곡이 많지 않아서 북쪽에서 동쪽에 이르는 풍랑을 막기에는 부족하다. 그렇지만 울산만은 남동쪽에서 북서쪽으로 향해서 만입하고 다소 수심이 깊고 또한 굴곡이 있어서 여러 바람을 막기에 적당하다. 그 외에 만입이 다소 두드러진 것으로 동해안에 수영만(水營灣)이 있다. 이곳과 나란히 부산만(釜山灣)이 있다. 거제도에 옥포(玉浦) · 도장포(陶藏浦) · 다대포[多太浦] · 죽림포(竹林浦)가 있다. 고성(固城) 반도의 서쪽에 동도만(東島灣) · 고성오(固城澳)가 있다. 그 서쪽에 자교만(子郊灣)이 있다. 남해도(南海島)에 미조만(彌助灣) · 목도만(木島灣) · 노강만(鷺江灣)이 있다.

다시 작은 배가 정박하기에 적당한 곳을 열거하면 동해안에 축산포(丑山浦)〈영해군(寧海郡)〉 · 강구(江口)〈영덕군(盈德郡)〉 · 도항(島項) · 여남(汝南) · 호포(湖浦)〈이상 흥해군(興海郡)〉 · 구룡포(九龍浦) · 모포(牟浦) · 감포(甘浦)〈이상 장기군(長鬐郡)〉 · 전하포(田下浦) · 일산진(日山津) · 방어진(方魚津) · 장생포(長生浦) · 내해

(內海) · 세죽포(細竹浦) · 달포(達浦) · 서생(西生) · 모호포(毛湖浦) · 대변[太邊] · 용호(龍湖) 등이 있다. 남해안에 감래(甘來) · 다대해[多太海]〈이상 동래군〉, 유동(柳洞) · 옥포 · 장승포(長承浦) · 지세포(知世浦) · 구조라(舊助羅) · 다대포 · 죽림포〈이상 거제도의 외측〉, 통영(統營) · 욕지도(欲知島)〈이상 용남군(龍南郡)〉, 삼천포(三千浦)〈사천군(泗川郡)〉 등이 있고 그 외 진해만 내에 이르러서는 도처에 작은 배가 정박하기에 적당하지 않은 곳이 없다. 그래서 하나하나 열거하는 것이 번거로울 지경이다.

기온

기온은 북부에 비하면 항상 높다. 전라 · 충청 두 도와 함께 조선에서 가장 고온인 지역이라고 한다. 그리고 내지는 해안과 멀어짐에 따라 추위와 더위가 모두 심해진다. 즉 1년간의 평균기온은 부산은 13.5도, 대구는 12.5도이다. 가장 추운 때는 1월 혹은 2월이고 부산은 2월 평균 1.9도, 대구는 1월 평균 0.1도, 가장 더운 때는 8월이고 부산은 평균 28.1도, 대구는 31.7도이다. 이를 일본과 비교해서 부산의 겨울철은 오사카 혹은 나고야와 비슷하지만 여름철은 다소 냉량하다. 대개 낮 동안은 더위가 심하지만 해가 지고 나면 현저하게 서늘한 기운이 돈다. 특히 연안 지방에서 겨울철은 난류의 영향을 받아 기온이 상당히 높고 여름철은 바람이 불어와 더위를 완화시킨다.

비

비는 연안지방에서 매우 많고 내지에 들어감에 따라 크게 감소한다. 즉 1년 강수량은 부산은 1,461.4mm, 대구는 841mm이다. 부산의 강수량은 조선 제일의 다우지방인 원산의 1,622.5mm에 다음간다. 이를 일본에서 가장 비가 적게 오는 세토[瀬戸] 내해 및 동산도(東山道)의 태평양에 면하는 지방과 비교하면 서로 비슷하다. 즉 본도 연안은 일본과 비교하면 오히려 비가 적게 오는 지방에 속하는 것을 알 수 있다. 매년 4~8월까지는 비가 가장 많다. 소위 우기로 장맛비가 며칠에 걸쳐 계속되고 하천이 넘치고 해수는 황색으로 변하는 것이 보통이다. 이때는 마침 진해만 부근은 멸치 어기에 해당하기 때문에 때때로 어획물을 건조할 수 없어서 헛되어 썩히는 경우도 있다. 그리고 겨울철은 강수량이 가장 적다. 즉 부산의 7월 강수량 294mm, 강우일수 13일, 11월 강수량 14.4mm, 강우일수 3일, 대구의 8월 강수량 193.8mm, 강우일수 16일, 11월 강수량은 0.3mm, 강우일수 2일이 각 우기 및 건조기의 극한치라고 한다. 그리고 여기에서 말하는 강수량에는 소량이지만 눈도 계산에 넣었다.

눈

눈은 연해지방에서는 매우 적어 지상에 쌓이는 일은 드물다. 부산에서는 첫눈이 12월 하순, 마지막 눈은 3월 중순[6]이다. 대구에서는 첫눈이 11월 하순, 마지막 눈은 3월 중순이 보통이다.

서리

서리는 눈에 비하면 다소 많다. 부산에서는 첫서리가 11월 중순, 마지막 서리는 3월 중순이다. 대구에서는 첫서리가 11월 초순, 마지막 서리는 4월 초순이다.

안개

안개는 연안 지방에서 보일 뿐 내지에서는 거의 생기지 않는다. 연안 지방에서는 매우 많다. 5~7월 사이에 가장 심하고, 때때로 겨울에도 발생하는 것을 본다. 심할 때에는 며칠 동안 흐려서 지척에 있는 것도 분간하지 못할 때가 있고, 항해가 위험하다. 그래도 동안은 남안에 비하면 조금 적다.

바람

풍향은 동안과 남안이 다소 차이가 있지만 대한해협[7]에서 1월은 편북서풍(偏北西風)이 불고, 때때로 편북동풍(偏北東風)도 분다. 2월은 편북서풍만 불고, 3월은

---

6) 『한국수산지』 원문에서는 "中"으로만 되어 있으나, 전후 내용상 "중순"으로 보는 것이 맞을 것 같다.

7) 『한국수산지』 원문에는 "對馬海峽"이라고 되어 있다.

바람이 없는 날이 많으며, 때로 편서풍 및 편북동풍이 분다. 4~6월까지는 편북풍 및 편북동풍이 불고, 때때로 남서풍과 바람 없는 날이 교차한다. 북동풍은 강하게 부는 경우도 있지만 남서풍은 온화하고 날씨도 맑다. 7~9월까지는 바람이 쉽게 변한다. 그렇지만 해협 안에서는 편북서풍이 불고, 연안에 가까워지면 그 힘이 약해진다. 또 자주 바람이 없는 날도 있다. 때때로 강한 천둥 · 번개가 치며 폭풍우가 일어나며, 또 때로 편남풍이 강하게 부는 일도 있다. 10~12월까지는 강한 편북풍이 불고 때로 폭풍이 된다.

폭풍(暴風)

폭풍은 연해 지방에서만 보인다. 내지에 들어가면 매우 드물다. 즉 1년간의 폭풍 일수는 부산에서는 135일, 대구에서는 겨우 6일에 불과하다. 그리고 겨울에 가장 많다.

다음에 부산 및 대구측후소 창립 이래 재작년 융희 원년까지 기상관측 성적의 평균기온 및 극도(極度)[8]를 표시하였다.

관측지명 및 종별	평균기압 (mmHg)		평균기온 및 최고기온		평균기온 및 최저기온		평균 온도		평균 습도%		강수량 (mm)		강수 일수		안개 일수		폭풍 일수	
	대구	부산	대구	부산	대구	부산	대구	부산	대구	부산	대구	부산	대구	부산	대구	부산	대구	부산
1월	768.8	766.7	6.3	8.1	-4.5	0.4	0.1	3.9	69	57	49.5	93.8	6.0	7.7	-	0.2	-	16.0
2	767.5	765.8	4.9	6.1	-4.9	-1.6	-1.6	1.9	72	51	28.9	20.4	3.0	5.2	-	-	-	18.0
3	765.9	765.0	11.7	11.2	0.4	3.1	3.1	7.0	78	59	28.2	50.2	10.0	10.2	-	0.5	-	14.5
4	763.2	762.2	18.0	15.9	7.0	7.9	7.9	12.0	73	68	131.7	159.5	11.0	10.7	-	-	-	10.0
5	758.5	758.4	24.5	20.4	11.2	12.8	12.8	16.7	66	72	71.5	131.5	12.0	9.5	-	0.7	1.0	10.0
6	755.4	756.0	28.5	23.1	17.3	16.4	16.4	19.6	68	78	122.0	229.1	14.0	11.5	-	0.7	-	5.7
7	755.4	754.9	28.8	26.0	20.1	20.6	20.6	23.2	76	82	150.0	294.8	14.0	13.2	-	0.5	-	9.0

8) 수치 중 최고치와 최저치를 의미한다.

8	755.9	755.8	31.7	28.1	22.5	22.1	22.1	24.9	76	80	193.8	270.3	16.0	13.2	-	-	1.0	5.7
9	760.3	760.1	27.6	25.1	15.6	18.6	18.6	21.6	66	71	8.7	94.3	7.0	10.0	-	-	-	9.5
10	763.9	764.8	22.2	20.8	9.5	12.8	12.8	16.7	68	65	39.3	71.5	7.0	9.2	-	-	-	7.7
11	765.8	766.7	13.3	14.2	0.1	5.6	5.6	9.8	59	54	0.3	14.4	2.0	3.7	-	-	3.0	11.5
12	768.0	766.4	8.4	9.1	-4.0	0.9	0.9	4.9	63	51	17.1	31.6	4.0	5.0	-	-	1.0	18.2
전년	762.4	761.9	18.8	17.4	7.5	10.0	10.0	13.5	69	66	841.0	1,461.4	106	109.1	-	2.6	6.0	135.8

풍속도(風速度) · 강수량 · 습도의 극도(極度)

지명		대구	부산
최대풍속도	속도(m/s)	15.2	48.2
	방향	남	동
	발생 연월일(명치연간)	명치 41. 8. 27.	명치 37. 8. 20.
최대강수량(24시간)	강수량(mm)	66.3	218.5
	발생연월일	명치 40. 7. 15.	명치 38. 7. 27.
증발량(24시간)	증발량(mm)	8.7	13.7
	발생 연월일(명치연간)	명치 41. 6. 7.	명치 37. 9. 22.
최소습도	습도	19	9
	발생 연월일(명치연간)	명치 40. 12. 18.	명치 40. 3. 5. 명치 40. 12. 16.

조석(潮汐)

최근 간행한 해도(海圖)에 따라 각지의 조석(潮汐) 시각 및 간만(干滿)의 상태를 표시하면 다음과 같다.

지명	삭망고조(朔望高潮)[9]	대조승(大潮升)[10]	소조승(小潮升)[11]	소조차(小潮差)[12]
축산포	3시 29분	3/4피트	1/2피트	1/4피트
영일	4시 15분	3/4피트	1/2피트	1/4피트
울산	7시 38분	2 3/4피트	1 1/2피트	1/2피트
부산	8시 17분	4 1/4피트	3피트	1 1/2피트
마산	8시 43분	7 1/4피트	4 1/2피트	2피트
부도수도(釜島水道)	8시 43분	7 1/4피트	-	2피트

교통 · 도로

도로는 근래 개수되어 폭이 넓고 차마(車馬)의 왕래가 자유로운 곳이 적지 않다. 주요한 곳은 부산에서 부산진(釜山鎭) · 구포(龜浦) · 삼랑진(三浪津) · 밀양(密陽) · 청도(淸道) · 경산(慶山) 등을 거쳐 대구에 이르는 길이다. ▲ 대구에서 동쪽 하양(河陽) · 영천(永川)을 거쳐 경주에 이르는 길(이 사이는 전체 160리). ▲ 경주에서 영일만의 포항으로 나와 흥해 · 청하 · 영덕 · 영해의 여러 곳을 거쳐 강원도의 해안도로에 연결되는 길. ▲ 또 대구에서 북동으로 군위(軍威) · 의성 · 안동 · 예산 · 영주 · 봉화 · 청송 · 진보 · 영양 등의 여러 읍에 이르는 길. ▲ 김천에서 북동쪽으로 상주 · 낙동 · 함창 · 문경 · 용궁 · 예천의 여러 읍에 이르고, 예천에서 안동읍까지 연결되는 길. ▲ 마산에서 북쪽의 영산 · 창녕 등지에 이르는 길. ▲ 진주에서 북서로 삼가(三嘉) · 합천 · 초계 · 거창에 이르고, 다시 거창읍에서 북동으로 지례읍(知禮邑)을 거쳐 김천읍으로 연결되는 길. ▲ 거창에서 남서로 안의 · 함양을 거쳐 전라도의 남원으로 통하는 길. ▲ 또 진주에서 서쪽으로 하동읍을 거쳐 전라남도의 남해안 각 읍으로 통하는

---

9) 음력 초하룻날과 보름에 달이 해당 지역의 자오선을 지난 다음 해수면이 가장 높아질 때까지 걸리는 시간.
10) 사리 때 최고 수위와 평균 해수면의 차이.
11) 조금 때 최고 수위와 평균 해수면의 차이.
12) 조금 때 최저 수위와 평균 해수면의 차이.

길 등이 이것이다.

철도

철도는 부산에서 대구 · 김천 등을 거쳐 경성에 이르는 소위 경부철도(京釜鐵道)를 간선으로 하고, 삼랑진에서 마산에 이르는 지선이 있다. 경상도에서 산출되는 물산 및 외국의 수입품의 대부분은 이 길을 따라서 집산된다. 무역 교통의 편의가 적지 않다.

해운

해운은 부산을 중심으로 연안 각지 및 여러 도서(島嶼)를 항행하는 여러 기선이 있다. 대부분 일본에서 회항하는 것이지만 최근 연안지방에서 일본인이 증가함에 따라 조선 재류일본인 중 운송업[回漕]에 종사하는 자가 점차 증가하기에 이르렀다.

통신

군아 소재지와 개항장 외에 주요 지역에는 대개 우편국 · 우편전신취급소 등이 있다. 특히 부산 · 마산 · 대구 우편국에서는 전화교환사무도 취급한다. 현재 이 같은 통신기관의 소재 및 취급사무 등을 표시하면 다음과 같다.

도별	우편국	우편전신 · 우편취급소	전신 취급소	우편소	우체소
경상남도	부산(郵 · 電 · 交 · 話), 분실(交 · 話) 마산(郵 · 電 · 交 · 話) 진주(郵 · 電 · 話)	부산본정 (郵-무집배 · 話), 울산(郵 · 電 · 話), 김해 · 밀양(郵 · 電), 하동(郵 · 電 · 話), 거제 · 합천 · 삼가 (郵 · 電), 남해 · 고성 · 함양	초량 구포 삼랑진 밀양 마산 진영 부산	통영(郵 · 電), 마산순라선 내(무집배) 송진(郵 · 電), 구포 · 삼랑진 · 입좌촌 (郵 · 電), 부산진(郵 · 電 · 話), 창원(郵 · 電), 구마산포(郵-무집배 ·	기장 양산 언양 사천 의령 초계 곤양 단성 산청 안의 창녕 함안

13) 정확히 무엇을 뜻하는지 모르겠음.

		(郵, 電-언문제외), 거창 (郵, 電-언문제외), 영산		電 · 話), 동래(郵 · 電 · 話), 진주성외(무집배), 장생포(郵 · 電 · 話), 진영 · 절영도 (郵 · 電 · 話), 초량(郵 · 電 · 話), 울릉도(郵 · 電), 삼천포 (郵, 電-언문제외), 진해(郵 · 電), 부산보수정 (郵-무집배, 電-무배), 물금 · 하단 · 마천 · 부 산순라선 내(무집배)	
경상북도	대구(郵 · 電 · 交 · 話) 상주(郵 · 電 · 國[13]) 경주(郵 · 電 · 國) 안동(郵 · 電 · 話 · 國)	자인 · 영천(郵 · 電), 성주 · 군위 (郵 · 電 · 話), 의성(郵 · 電 · 話), 선산 · 청도 · 문경 · 예 천 · 영주(郵 · 電), 청송(郵 · 電), 영덕(郸德) 김천(郵 · 電), 포항(郵 · 電)	김천 왜관 청도 대구 경산	왜관 · 낙동 (郵 · 電) 경산 · 약목 · 대구본정 (郵-무집배, 電-무배, 話)	하양 신령 의흥 현풍 고령 비안 칠곡 인동 개령 지례 함창 용궁 풍기 순흥 봉화 예안 영양 진보 장기 청하 영해 흥해

郵(우편) · 電(전신) · 交(교환) · 話(전화) · 언문제외(諺除),
무집배(無集配)-집배하지 않음, 무배(無配)-배달하지 않음

경상도는 전라도와 같이 인구가 매우 조밀하고 주민은 북부에 비하면 온화하고 질박하지만 다소 나태하고 방종한 기풍이 있다. 농업을 주로 하고 그 외의 직업에 종사하는 자는 적다. 연안 지방에서는 어업에 종사하는 자도 물론 있지만 이곳 역시 대부분 농업을 겸한다. 호구는 금년 융희 3년 12월 내부 경무국의 조사에 따르면 경상남도 217,198호이고 972,547명이고 경상북도는 305,189호이고 1,312,758명이다. 합계 522,387호[14], 2,285,305명[15]이다. 이 외에 일본인 거주자가 금년 말 현재 약 43,300여 명이

14) 『한국수산지』 원문에는 522,388호로 되어 있으나 정오표를 반영하여 고침.

있다. 그중 다수는 부산 · 마산 · 대구 등의 거주자이지만 경상도 도처에서 거주자를 볼 수 있다. 특히 최근에 어업이 발달함에 따라서 연안 각 지역에 일본어민이 조선인과 섞여 산다. 밤낮으로 서로 도와 어업에 종사하는 경우가 매우 많아졌다. 연안 각지에 거주하는 자를 대략 계산하면 부산, 마산과 같은 집주지를 제외하고 대략 7,000명에 달할 것이다. 금년 융희 3년 말 현재 일본인 정착지 및 호구 수는 다음과 같다.

일본인 거주지 및 호구 (1) 경상북도

이사청별	지명	호수	인구		
			남	여	계
부산	영해군	12	15	10	25
	영덕군 진천	31	41	36	77
	영덕군 기타	-	-	-	-
	청하군	15	16	9	25
	흥해군	29	85	23	108
	영일군 포항	30	-	-	105
	영일군 기타	65	-	-	251
	장기군 석병(石屛)	-	-	-	-
	장기군 구룡포	-	-	-	-
	장기군 장기	-	-	-	-
	장기군 양포(良浦)	-	-	-	-
	장기군 모포(牟浦)[16]	-	-	-	-
	장기군 관성(觀星)	-	-	-	-
	장기군 기타	-	-	-	-
대구	봉화	17	16	6	22
	순흥	8	8	2	10
	풍기	8	10	9	19
	영주[17]	26	35	27	62
	함창	20	30	14	44
	문경	16	20	15	35
	예천	17	20	15	35
	예안	3	6	4	10
	영양	8	8	5	13
	용궁	4	6	2	8
	안동	49	79	77	156

15) 『한국수산지』 원문에는 2,284,305인으로 되어 있으나 정오표를 반영하여 고침.

	진보[18]	4	4	5	9
	청송	8	15	13	28
	상주	87	118	111	229
	비안	3	3	5	8
	의성	7	21	14	35
	개령	19	27	18	45
	선산	25	41	26	67
	군위	8	12	11	23
	김산	6	9	10	19
	김천	191	353	295	648
	인동	4	8	2	10
	의흥	7	8	4	12
	신령	6	7	9	16
	하양	9	16	14	30
	영천	38	57	54	111
	경주	73	114	91	205
	자인	12	24	20	44
	경산	58	96	76	172
	대구군 대구	1,352	2,715	2,148	4,863
	대구군 해동면(解東面)	15	32	18	50
	칠곡	10	11	13	24
	왜관	44	78	62	140
	약목	22	37	28	65
	지례	4	5	4	9
	성주	12	15	14	29
	고령	7	13	3	16
	청도	84	130	94	224
	현풍	5	6	5	11

일본인 거주지 및 호구 (2) 경상남도

이사청별	지명	호수	인구		
			남	여	계
부산	울산군 전하포(田下浦)	16	-	-	-
	울산군 일산포	2	-	-	22
	울산군 울기(蔚崎)	1	-	-	2
	울산군 방어진	50	60	70	130
	울산군 염포	2	-	-	6

16) 『한국수산지』 원문에는 '장기군 모포'가 중복되어 있어서 한 곳을 생략하였다.
17) 『한국수산지』 원문에는 '영천(榮川)'으로 되어 있는데 오자다.
18) 『한국수산지』 원문에는 '신보(新報)'라고 되어 있으나 오자인 것 같다.

	울산군 병영	7	-	-	17
	울산군 울산	69	-	-	210
	울산군 신장기(新場基)	5	-	-	14
	울산군 장승포	23	-	-	65
	울산군 내해(內海)	25	-	-	155
	울산군 성외동(城外洞)	-	-	-	-
	울산군 세죽포(細竹浦)	10	-	-	69
	울산군 달포(達浦)	-	-	-	-
	울산군 하화잠동(下花岑洞)	-	-	-	-
	울산군 기타	-	-	-	-
	기장군 기장	7	-	-	18
	기장군 나사(羅士)	-	-	-	-
	기장군 운암(雲岩)	-	-	-	-
	기장군 월포(月浦)	3	-	-	-
	기장군 태변포(太邊浦)	16	-	-	-
	기장군 기타	-	-	-	-
	동래군 동래	64	-	-	130
	동래군 용호(龍湖)	7	-	-	23
	동래군 용당(龍塘)	4	-	-	14
	동래군 부산진	235	289	249	538
	동래군 초량(草梁)	500	1,276	972	2,248
	동래군 고관(古館)	197	437	323	760
	동래군 영주(瀛州)	29	-	-	145
	동래군 부산	3,054	9,355	7,207	16,562
	동래군 절영도(絶影島)	451	-	-	1,801
	동래군 다태포(多太浦)	32	-	-	114
	동래군 하단포(下端浦)	13	-	-	44
	동래군 평림포(平林浦)	3	-	-	9
	동래군 구포(龜浦)	63	-	-	217
	동래군 기타	-	-	-	-
	양산군	70	138	77	215
	울도군	224	410	358	768
	김해군	7	19	11	30
	밀양군 밀양	211	-	-	563
	밀양군 삼랑진	132	-	-	430
	밀양군 구삼랑진	36	-	-	120
	밀양군 기타	-	-	-	-
마산	창원부 창원	40	83	49	132
	창원부 웅천(熊川)	49	128	84	212
	창원부 덕산(德山)	7	19	11	30
	창원부 대산면(大山面)	36	62	46	108
	창원부 마산	1,132	2,360	1,961	4,321
	창원부 율구미(栗九味)	15	-	-	45
	창원부 부도(釜島)	-	-	-	-

	창원부 진해	22	28	20	48
	창원부 기타	-	-	-	-
	거제군 거제	8	11	9	20
	거제군 송진포(松眞浦)	21	65	39	104
	거제군 장승포	57	-	-	226
	거제군 외질포(外叱浦)	15	40	25	65
	거제군 지세포(知世浦)	8	-	-	25
	거제군 영포(榮浦)	-	-	-	-
	거제군 구조라(舊助羅)	4	-	-	10
	거제군 죽림포(竹林浦)	-	-	-	-
	거제군 하청(河淸)	1	2	2	4
	거제군 장곶(長串)	1	1	1	2
	거제군 대곡동(大谷洞)	8	27	14	41
	거제군 탑포동(塔浦洞)	1	3	1	4
	거제군 능포(菱浦)	1	8	-	8
	거제군 칠천도(漆川島)	3	-	-	-
	고성군 고성	42	70	54	124
	고성군 화양면(華陽面)	6	9	5	14
	고성군 포도면(葡萄面)	15	41	36	77
	고성군 기타	-	-	-	-
	용남군 통영	272	264	505	769
	용남군 수포(水浦)	3	18	2	20
	용남군 남포(南浦)	8	16	14	30
	용남군 자부랑진(自富浪津)(욕지도)	3	-	-	9
	용남군 읍동(邑洞)(욕지도)	1	-	-	3
	용남군 기타	-	-	-	-
	사천군 사천	15	22	16	38
	사천군 선진(船津)	6	8	4	12
	사천군 삼천포	50	105	86	191
	사천군 기타	-	-	-	-
	곤양군 곤양	8	14	7	21
	곤양군 진교포(辰橋浦)	7	13	8	21
	곤양군 기타	-	-	-	-
	남해군	10	13	11	24
	하동군 하동	28	-	-	70
	하동군 기타	19	-	-	55
	진주군 진주	221	426	336	762
	거창군	35	57	32	89
	안의군	7	7	3	10
	함양군	7	10	4	14
	산청군	9	10	4	14
	합천군	15	22	17	39

	초계군	3	4	2	6
	삼가군	7	15	5	20
	단성군	8	8	6	14
	함안군 함안	18	24	16	40
	의령군	11	16	17	33

*표 중에서 수를 기입하지 않은 것은 일본인 거주자가 있지만 그 수를 자세히 알지 못하는 경우다.

『통감부제3차년보(統監府第三次年報)』(1908)[19]에 따라 명치41년 말(융희2년, 1908) 현재, 일본인이 조직한 각 자치단체 및 그 지구와 호구를 표시하면 다음과 같다.

일본인 자치단체

관할 이사청	위치 및 명칭	민단지구 및 거류지구역	호수	인구		
				남	여	계
부산	부산거류민단	부산전관거류지, 절영도, 초량, 부산진, 고관	5,083	10,231	9,435	19,666
	밀양일본인회	가곡촌성내(駕谷村城內), 용성(龍城), 영림(永林), 제대동(堤大洞), 기산(岐山)	140	290	240	530
	삼랑진일본인회	밀양군내, 삼랑진, 구삼랑진	160	320	230	550
	동래일본인회	동래군내, 동래, 금산리(金山里), 대제리(大堤里)	60	110	115	225
	낙동일본인회	김해군내, 대상면(大上面), 대하면(大下面), 덕도면(德道面)	70	140	100	240
	울산일본인회	울산군내, 울산본부, 병영	76	129	98	227
	구포일본인회	동래군내, 구포	65	120	100	220
	김해일본인회	김해군내, 가락면(駕洛面), 활천면(活川面), 좌부면(左部面), 우부면(右部面), 칠산면(七山面)	50	95	80	175

19) 원문에는 『통감부제3차년보』(1908년)이라고 하였으나 실제로는 『통감부통계연보』제3차(1911년)이 옳다. 통계치가 1908년에 작성된 것이다.

	울산만일본인회	울산군내, 울산항 및 그 부근 10리 이내	87	225	165	390
	울도일본인회	울도 전부	193	335	280	615
	하단일본인회	동래군 사하면(沙下面) 일부	45	65	45	110
마산	마산거류민단	마산포 각국 거류지 일대 및 그 경계로부터 10리 이내 지역	989	2,009	1,678	3,687
	통영일본인회	통영읍내	176	308	281	589
	진주일본인회	진주성 내외	168	457	243	700
	입좌촌일본인회	장승포	70	176	183	359
	삼천포일본인회	삼천포	41	75	61	136
	고성일본인회	고성군읍내 및 부근	33	58	44	102
대구	대구거류민단	대구성내 일대 및 대구성외 일대 지역	1,068	1,826	1,742	3,568
	김천일본인회	김산군 김천면(金泉面) 일대	157	259	205	464
	영천일본인회	영천 일대	56	110	65	175
	청도일본인회	청도 일대	60	90	67	157
	경주일본인회	경주 일대	26	38	33	71
	경산일본인회	경산 일대	47	81	51	132
	영동일본인회	영동 일대	103	179	147	326
	상주일본인회	상주읍 일대	74	122	87	209

행정구

행정구는 경상남도, 북도 두개 도로 크게 나뉘고 다시 남도는 2부, 27군으로 북도는 41군으로 나뉜다. 북도의 수부[首府]는 대구이고 남도의 수부는 진주이다. 두 지역에 관찰도청을 세워 각 부군을 통할한다. 남도와 북도 소속의 부군은 아래와 같다.

북도							
영해군	영덕군	청하군	흥해군	영일군	장기군	경주군	영양군
진보군[20]	청송군	영천군	하양군	자인군	신령군	봉화군	예안군
안동군	의성군	군위군	의흥군	대구군	상주군	성주군	예천군
김산군	선산군	청도군	인동군	순흥군	칠곡군	풍기군	용궁군
영천군	개령군	문경군	함창군	경산군	비안군	현풍군	고령군
지례군							

남도							
동래부	창원부	울산군	기장군	양산군	김해군	진해군	거제군
용남군	고성군	곤양군	남해군	사천군	진주군	울도군	하동군
밀양군	의령군	거창군	합천군	함안군	함양군	언양군	영산군
초계군	삼가군	안의군	산청군	단성군			

임해군

앞서 본 각 부군 중 연해에 위치하는 것은 북도에 있는 영해군 이하 장기군에 이르는 6군과 남도에 있는 울산군 이하 하동군에 이르는 2부, 14군으로서 총계 2부 20군이다. 그리고 울도, 거제 그리고 남해 3군은 완전히 섬이고 용남군은 그 전면에 떠있는 많은 도서를 관할한다. 그 외에 하류에 연하여 다소의 수산물 이익을 보는 것을 열거하면 낙동강의 본류에 연하는 영산 · 창녕[21] · 현풍 · 인동 · 선산 여러 군이다. 밀양강에 연하는 곳이 밀양군 · 청도군이다. 용강(龍江)에 연하는 곳이 함안 · 의령 · 진주 · 단성 · 산청이다. 초계천에 연하는 곳으로 초계 · 합천 2군이 있고, 금호강에 연하는 곳으로 칠곡 · 대구 · 하양 · 영천 여러 군이 있다. 위수(渭水)에 연하는 곳으로 비안 · 군위 · 의성이 있고, 그 외의 여러 하천에 연하는 곳으로 안동 · 예안 · 진보 · 용궁 · 예천 여러 군이 있다.

이사청과 그 관할구역

경상도에는 통감부 소속 이사청을 부산 · 마산 · 대구의 세 곳에 세웠다. 그리고 부산 이사청은 경상도 각 군 외에 강원도 연해의 일부를, 대구 이사청은 강원도와 충청도의 각 일부를 관할하며 그 소관지역은 아래와 같다.

---

20) 원문에는 진보군의 '진(眞)'이 '신(新)'으로 잘못 표기되어 있음.
21) 위의 경상남도 표에는 27군 중 창녕이 포함되어 있지 않음.

부산 이사청	동래 · 기장 · 울산 · 언양 · 양산 · 창녕 · 밀양 · 영산 · 김해 · 울도(이상 남도)
	장기 · 영일 · 흥해 · 청하 · 영덕 · 영해(이상 북도) 평해 · 울진 · 삼척(이상 강원도)
마산 이사청	창원 · 함안 · 고성 · 용남 · 거제 · 진주 · 사천 · 곤양 · 남해 · 하동 · 의령 · 초계 · 합천
	삼가 · 단성 · 산청 · 함양 · 안의 · 거창(이상 남도)
대구 이사청	대구 · 칠곡 · 인동[22] · 비안 · 군위 · 문경 · 함창 · 용궁 · 예천 · 상주 · 선산 · 개령 · 김산
	지례 · 성주 · 고령 · 현풍 · 영주 · 풍기 · 순흥 · 봉화 · 예안 · 안동 · 영양 · 진보 · 청송
	의성 · 의흥 · 신령 · 경주 · 영천 · 하양 · 자인 · 경산 · 청도(이상 경상북도)
	정선 · 평창 · 영월(이상 강원도) 청산 · 황간 · 영동(이상 충청북도)

재판소

공소원(控訴院)은 대구에 있다. 그 소속 지방 재판소와 구재판소는 아래와 같다.

지방재판소	구재판소(區裁判所)
부산	부산 · 울산 · 밀양 · 마산 · 김해
대구	대구 · 김산 · 상주 · 영주 · 안동 · 의성 · 영천 · 경주 · 영덕
진주	진주 · 거창 · 하동 · 용남

경찰서

경찰서는 중요지에 있고 그 소속 순사주재소는 각 읍, 각 정거장과 주요지에 배치된 것이 아래와 같다.

22) 원문에는 인동의 '동(同)'자가 '도(道)'로 잘못 표기되어 있음.

남도	
경찰서	소속 순사주재소
진주	사천 · 삼천포 · 단성 · 삼가 · 의령 · 반성
하동	화개하 · 남해 · 곤양
거창	안의 · 함양 · 산청 · 합천 · 초계 · 야로
마산	창원 · 구마산 · 웅천 · 덕산 · 대산면 · 칠원 · 영산 · 창녕 · 함안 · 진해
통영	고성 · 거제 · 장승포
부산	동래 · 구포 · 양산 · 울도
밀양	삼랑진
김해	진영
울산	장생포 · 기장 · 언양 · 남창
북도	
경찰서	소속 순사주재소
대구	경산 · 자인 · 인동 · 칠곡 · 성주 · 화현[23] · 고령 · 현풍 · 청도
김천	김산 · 지례 · 개령
상주	함창 · 문경 · 용궁 · 예천 · 선산 · 공동(功東)
안동	청송 · 진보 · 예안 · 임동(臨東)
의성	의흥 · 군위 · 비안
경주	장기 · 영일 · 흥해 · 아화(阿火)
영천	신령 · 하양
영덕	영양 · 영해 · 청하 · 수비(首比)
영주	풍기 · 순흥 · 봉화 · 춘양

재무서

재무감독국은 대구읍에 있고, 그 소속 재무서 소재지와 관할구역은 아래와 같다.

도명	재무서명	관할구역
경상북도	대구(乙)	대구 · 칠곡
	안동(同)	안동 · 예안
	성주(同)	성주
	흥해(丙)	흥해 · 청하
	영주(榮州)(同)	영주 · 순흥 · 풍기

23) 원문은'貨縣'으로 되어 있는데 '花園縣'의 오기로 생각된다.

	김산(同)	김산 · 지례
	장기(丁)	장기
	영양(同)	영양
	선산(同)	선산 · 개령
	현풍(戊)	현풍
	군위(同)	군위
	영일(同)	영일
	인동(同)	인동
	경주(乙)	경주
	상주(同)	상주 · 함창
	의성(丙)	의성
	영덕(同)	영덕 · 영해
	예천(同)	예천 · 용궁
	영천(丁)	영천 · 하양
	청송(同)	청송 · 진보
	문경(同)	문경
	신령(戊)	신령
	청도(同)	청도
	의흥(同)	의흥
	봉화(同)	봉화
	고령(同)	고령
경상남도	진주(甲)	진주 · 사천
	밀양(乙)	밀양
	하동(丙)	하동
	합천(同)	합천 · 초계
	동래(同)	동래 · 기장
	거창(同)	거창
	곤양(丁)	곤양
	함안(同)	함안 · 진해
	영산(丁)	영산 · 창녕
	단성(戊)	단성 · 산청
	언양(同)	언양
	울도[鬱陵島](同)	울릉도
	창원(乙)	창원 · 웅천
	함양(同)	함양 · 안의
	고성(丙)	고성 · 진남
	삼가(同)	삼가
	울산(同)	울산
	남해(丁)	남해
	거제(同)	거제
	김해(同)	김해
	의령(戊)	의령
	칠원(同)	칠원
	양산(同)	양산

충청북도	충주(甲)	충청 · 청풍
	영동(乙)	영동 · 황간
	제천(丙)	제천 · 단양 · 영춘
	음성(丁)	음성
	옥천(同)	옥천
	청주(乙)	청주 · 문의
	괴산(丙)	괴산 · 연풍
	보은(同)	보은 · 회인 · 청산
	진천(丁)	진천 · 청안

비고
- 갑 · 을 · 병 재무서에는 일본인이 근무한다.
- 갑종 재무서는 관찰사 소재지 중 재무감독국이 없는 장소이다.
- 을종 재무서는 종래 세무관 소재지이다.
- 병종 재무서는 일본인 배치를 필요로 하는 장소이다.
- 정 · 무 재무서는 일본인이 근무하지 않는 장소이다.

세관

세관과 그 지서 소재지는 다음과 같다. 다만 그 관할구역은 종래에는 연안뿐이었지만 철도로 연계수송을 개시한 이래 관세경찰이 업무상 넓게 내지에 미치기에 이르렀다.

명칭	관할구역	
부산세관	경상남도	울산군 · 기장군 · 양산군 · 동래부 · 김해군 · 언양군 · 밀양군 · 울도군
	경상북도	영해군 · 영덕군 · 청하군 · 흥해군 · 영일군 · 장기군 · 경주군 · 대구군 · 문경군 · 예천군 · 용궁군 · 풍기군 · 순흥군 · 영주군 · 영양군 · 진보군 · 청송군 · 영천군 · 신령군 · 예안군 · 비안군 · 의성군 · 의흥군 · 자인군 · 하양군 · 경산군 · 청도군 · 인동군 · 칠곡군 · 선산군 · 개령군 · 김산군 · 지례군 · 상주군 · 성주군 · 안동군 · 봉화군 · 고령군 · 현풍군 · 함창군 · 군위군
마산포지서	경상남도	창원군 · 돌산군 · 고성군 · 사천군 · 곤양군 · 남해군 · 하동군 · 영산군 · 함안군 · 의령군 · 진주군 · 초계군 · 삼가군 · 단성군 · 합천군 · 산청군 · 거창군 · 안의군 · 함양군 · 진남군 · 창녕군 · 거제군
	전라남도	광양군 · 순천군

기타 주요 지역에 감시서를 둔 곳은 다음과 같다.

-울산군 울산 · 동래부 다대포 · 창원부 구마산포 · 거제군 장승포 · 용남군 통영.

물산

중요 물산은 농산물과 수산물이고 임산(林産), 광산은 생산량이 많지 않다. 기타 공예품으로 조선인[邦人]이 널리 쓰는 갓은 종래 통영에서 많이 생산하였으며 경상도의 유명한 물산이다. 주된 농산물은 쌀이고, 보리 · 콩 · 팥 등의 기타 잡곡도 적지 않다. 이러한 주요 농산물의 1년 생산량은 정확히 통계를 얻을 수 없었지만, 종래 대략적으로 추산된 바에 따르면 아래와 같다.

종별	쌀(석)	보리(석)	큰 콩(석)
경상남도	2,109,151	1,057,709	556,918
경상북도	595,928	331,183	187,666
계	2,705,079	1,388,892	744,584

수산물

수산물은 그 종류가 매우 많지만 주요한 것은 고래 · 정어리[鰮] · 대구 · 청어 · 도미 · 고등어 · 숭어 · 삼치 · 갯장어 · 감성돔[黑鯛] · 갈치 · 조기 · 넙치 · 가자미 · 전어 · 학꽁치 · 방어 · 붕장어 · 가오리 · 상어 · 복어 · 게 · 문어 · 오징어 · 굴 · 홍합[貽貝] · 피조개[赤貝] · 해삼 · 개불[螠] · 미역 · 풀가사리 · 우뭇가사리 · 청각 등이다. 그 산지 및 어기 등의 개요를 서술하면 다음과 같다.

고래

고래는 매년 9월경에서 다음해 4월경까지 경상도 연해에 회유한다. 동해안에는 긴수염고래 · 혹등고래 · 북방긴수염고래 등이, 남해안에는 귀신고래가 많다. 조선인은 아직 이를 돌아보는 일은 없고 오직 일본인만 포획에 정통하다. 울산 및 지세포는 그 근거지이다.

정어리

정어리[鰮]는 각지 도처에 생산되지만 진해만 부근에 가장 많다. 종류는 정어리 · 멸치 · 보리멸[ひらご] 등인데 멸치가 가장 많다. 어기는 각각 다르다. 멸치는 4월 중순에 시작해서 8월경에 이르러 점차 중단했다가 다시 9월에 시작해서 11월에 끝난다. 봄철은 몸통이 작지만 가을철에는 몸길이가 3촌 내외에 달한다. 정어리새끼는 4~6월경까지 멸치와 함께 어획되고 몸길이는 1촌 내외인 것도 많다. 정어리는 10월 및 11월경에 내어할 뿐이고 몸길이는 3촌 이상에 달하는 것은 볼 수 없다.

대구

대구는 전 연안에서 생산되지만 남해안에 특히 많다. 어장(魚帳),[24] 지예망, 자망, 연승 등을 사용해서 어획한다. 어장이 성행하는 곳은 가덕도 동부 연안이고 실제로 전국에서 으뜸이다. 여기에 버금가는 곳은 거제도 동부 연안이라고 한다. 진해만 부근에는 자망 및 연승이 성행한다. 어기는 12월에서 다음해 1월에 걸치고 최성기는 동지 전후에서 12월 하순까지라고 한다.

청어

청어는 경상도 각 만 내 도처에 내유하지만 어장으로 가장 주요한 곳은 울산만, 영일만, 부산만 및 거제도 연안이라고 한다. 어기는 12월에서 다음해 2월경까지를 보통으로 하지만 기후의 한난에 따라 다소 늦어지거나 빨라지기도 한다. 대개 최근 몇 년은 크게 감소해서 어획이 옛날만 못하다.

---

24) 줄살(乼矢) 등으로 불리는 재래식 정치망을 뜻한다. 이하 정치망으로 번역하였다. 『한국수산지』 Ⅰ권 참조

도미

도미는 경상도 연안 도처에 내유한다. 이를 어획하는 자는 주로 일본인이고 조선인은 매우 드물다. 어기는 봄가을 2계절이고 주요 어장은 기장 · 울산 및 부산 앞바다 · 진해만 부근 · 남해도 및 욕지도 근해라고 한다.

고등어

고등어는 영일 · 울산 · 부산 근해 및 거제도 부근에 많다. 어기는 5~7월까지이고 어구는 외줄낚시 및 자망을 사용한다.

숭어

숭어는 부산만 · 마산만 · 거제도 부근 · 통영 수도(水道) 등에 많다. 조선인이 활발하게 이를 어획하고 염장해서 각 도에 수송한다.

삼치

삼치는 동해안 및 남해안 모두 내유하지만 부산 이북에 특히 많다. 축산(丑山) · 강구(江口) · 여남(汝南) · 구룡포 · 모포 · 감포 · 방어진 · 대변[太邊] 등은 일본어민의 주요한 근거지이고 매년 와서 모이는 어선이 수백 척에 달한다. 어기는 10월에서 다음해 3월까지를 보통으로 하지만 부산 근해에서는 거의 1년 내내 잡힌다.

갯장어[鱧]

갯장어는 부산 근해 · 진해만 · 통영 수도 · 거제도 · 사량도 · 대호도(大虎島) · 남해도 · 국도(國島) 근해 등에 많지만 이를 어획하는 자는 주로 일본인이다. 일본인은 활발하게 그것을 활주선(活洲船)을 이용해 일본 각지로 수송한다.

감성돔[黑鯛]

감성돔은 연안 도처에 생산되지만 조선인은 아직 특별히 이를 어획하는 자가 없고,

일본인이 어획하는데 아직 활발하지 않다.

갈치

갈치는 경상도 전 연안에서 생산되고 각지에서 활발하게 이를 어획한다. 어구는 외줄낚시가 가장 많고, 그 외 지예망 및 방렴을 사용한다. 어기는 6~9월까지라고 한다.

조기

조기는 전 연안에서 생산되지만 서해안과 같이 많지는 않다. 그렇지만 갈치와 함께 각지에서 활발하게 이를 어획한다. 어기는 6~9월까지라고 한다.

넙치[比目魚]·가자미

넙치 및 가자미는 1년 내내 어획되지만 남해안에서는 5~9월까지, 동해안에서는 10~12월까지를 성어기로 한다. 조선인은 수조망(手繰網)으로 어획하고, 일본인은 수조망·타뢰망(打瀨網)·외줄낚시 등으로 왕성하게 어획한다. 겨울에는 활주선(活洲船)으로 일본에 수송하는 자가 매우 많다.

전어

전어는 만 내의 하구 등에 1년 내내 내유하는 것을 볼 수 있지만 겨울에 특히 많다. 대개 청어방렴[鯡方廉]에 혼획되고 청어와 마찬가지로 염장(鹽藏)해서 볏짚으로 묶는데, 한 묶음[一連]으로 만들어 각지에 수송한다.

학꽁치

학꽁치는 부산 근해·마산만구(馬山灣口)·통영수도(統營水道)·욕지도·남해도 등에 많다. 방렴(防簾) 및 예망(曳網)에 혼획된다. 일본인도 역시 부산 근해에서 수조망(手繰網)으로 어획한다. 어기는 8월부터 4월 경까지라고 한다.

방어

방어는 매우 많지만 조선인이 어획하는 일은 드물다. 최근 일본인이 왕성하게 어획하고 있다. 어구는 외줄낚시를 주로 하지만 삼치 유망 및 지예망 등에 혼획되는 경우도 매우 많다. 어기는 11월부터 2월까지라고 한다. 방어의 일종인 부시리[ひらす][25]는 봄·여름 교체기에 연안에 내유한다.

붕장어

붕장어는 전 연안에서 생산되지만 주로 영일만 서쪽에서 남해도까지의 사이를 어장으로 하고, 오로지 일본인만 왕성하게 어획한다. 어기는 10월부터 이듬해 4월경에 이른다.

가오리

가오리는 진해만·부산만·울산만 등에 많다. 조선인은 연승(延繩)으로, 일본인은 민낚시로 어획한다. 수조망 및 지예망에도 혼획된다.

상어

상어는 연해 도처에서 생산되지만 왕성하게 어획하는 지방은 다대포[多太浦]·지경(地境)·일산진(日山津)·감포(甘浦)·청천(淸川) 등이다. 어구는 외줄낚시 및 연승을 사용한다.

복어[河豚]

복어는 동해안에 많고 공단갑(功端岬)·두모포(豆毛浦)·이진(梨津)·대동배(大冬背)·비진(比津)·청하(淸河) 등 각지에서는 연승을 사용하여 왕성하게 어획한다.

---

25) 전갱잇과의 바닷물고기. 방어와 비슷하나 몸이 가늘고 가슴지느러미가 배지느러미보다 짧으며 옆구리에 진한 황색 세로띠가 있다. 회색을 띤 푸른색이고 배 쪽은 은빛을 띤 흰색이다. 온해성 어종으로 맛이 좋아 여름철에 횟감으로 많이 쓴다. 한국, 일본 등지에 분포한다.

게

게는 전 연안에서 잡히지만 많이 어획하는 지방은 지경 · 모포(牟浦) · 도항(島項) 등이다. 어구는 자망(刺網)을 사용한다.

문어

문어는 연해 도처에서 생산되지만 특히 가덕수도 및 삼천리(三千里) 근해에 많다. 조선인이 문어를 어획하는 일은 매우 활발하다. 건제(乾製)해서 지방으로 수송한다. 낙동강구 · 웅천만 내 · 통영 근해에서는 세발낙지[手長蛸]가 많다. 조선인은 낙지단지[壺繩][26]를 사용하거나, 손으로 잡아서 미끼용으로 도미연승업자에게 판다.

오징어

오징어는 국도(國島) · 남해도(南海島) · 영일만(迎日灣) 등에 많고, 외줄낚시나 수조망으로 어획한다. 건제(乾製)해서 시장에 판매한다.

굴

굴은 남해안에 많다. 낙동강구는 주요한 서식장인데, 10월부터 이듬해 4월경까지 갈퀴[熊手][27]를 사용해서 채취한다. 날것인 채로 판매하지만 건제(乾製)해서 각지에 수송하기도 한다.

홍합

홍합은 가덕수도 및 욕지도 부근에 많이 서식한다. 대부분은 건제해서 판매한다. 일

26) 남해 연안과 동해 연안에서 실행되고 있는 어법이다. 150~300m의 줄에 30~100개 정도의 단지를 달아서 수심 20~50m 되는 곳에 주낙을 놓듯이 놓았다가 1~2일 경과한 후 소형 어선을 사용하여 끌어올려 단지 안에 들어 있는 문어 · 낙지 등을 잡는다.

27) 굴갈퀴는 두 종류가 있다. 하나는 경상도의 연안에서 바위에 붙은 굴을 긁어내는 것으로, 쇠스랑처럼 긴 장대 끝에 두개의 발이 달렸다. 다른 하나는 함경도의 것으로, 갈퀴처럼 10여 개의 발이 달려서 바다 밑에서 서식하는 굴을 긁어올린다.(『한국수산지』 1권 도해 참조)

본잠수기업자가 욕지도를 근거로 해서 채취하는 경우가 있다.

피조개

피조개는 웅천만 내에서 많이 생산된다. 3~4월 두 달 동안 일종의 뜰채[攩網], 혹은 긴 막대가 달린 끌 같은 것을 사용해서 채취한다.

해삼

해삼은 연안 도처에서 생산된다. 11월부터 이듬해 4월 경까지 형망(桁網)이나 작살을 사용해서 채취한다.

개불

개불은 가덕수도, 특히 병산열도[並山列嶼]부터 망와도(忘蛙島) 부근에서 많이 생산된다. 4~7월까지 일본에서 수입하는 개불긁개[螠掻]를 사용해서 채취한다. 미끼용으로 도미연승업자에게 판매한다.

미역

미역은 전 연안 대부분 지역에서 많이 생산된다. 11월부터 이듬해 4월 경까지 왕성하게 채취하고 건조(乾燥)해서 각지에 수송한다.

풀가사리[海蘿]

풀가사리는 거제도 및 가덕도 부근에서 많이 생산된다. 간조(干潮) 때 암석에 착생하는 것을 전복껍데기[鮑殼]로 긁어서 채취한다. 건조(乾燥)해서 대부분은 일본으로 수송한다. 채취 시기는 1~7월 경까지라고 한다.

우뭇가사리

우뭇가사리[天草] 및 톳[鹿角菜][28]은 모두 전 연안에서 많이 생산된다. 이것들을 채취하는 것이 매우 왕성하며 우뭇가사리는 일본으로 수송한다.

식염

식염은 생산액이 많지는 않다. 아마도 최근 중국 소금 및 대만 소금의 재제염[再製]이 활발하게 행해짐에 따라 제염의 이익이 적기 때문일 것이다. 1년의 소금 생산 추정량은 경상북도는 7,041,600여 근(斤), 경상남도는 26,124,800여 근, 합계 33,166,400여 근이다. 그리고 주요 제염지는 사천(泗川) · 곤양(昆陽) · 남해(南海) · 진주(晋州) 4개 군의 연해라고 한다.

28) 홍조류의 가사리, 갈조류의 톳을 뜻한다. 여기서는 톳으로 번역하였다

경상북도(慶尙北道)

제1절 영해군(寧海郡)

개관

연혁

본래 고구려의 간시군(干尸郡)·신라의 유린(有隣)·고려의 예주(禮州)였다. 충선왕 2년 지금의 이름으로 고쳤다. 조선조에 이르러 도호부로 삼고 후에 군으로 삼았다.

경역

북쪽은 강원도 평해군에, 남쪽은 영덕군에 접한다. 북쪽에 칠포산(七浦山)이 높게 솟아 강원도와의 경계를 이룬다. 중앙으로부터 다소 남쪽으로 치우쳐서 평원이 있다. 영해강이 그곳을 관통해서 흐르고 동쪽 바다로 들어간다. 연안은 굴곡이 적고 사빈이 많다. 그렇지만 남쪽 끝에 이르면 봉화산(熢火山)이 바다 가까이에서 솟아 있으며 그 지맥이 돌출해서 갑각(岬角)을 이루어 좋은 항이 형성되었다. 그것을 축산포(丑山浦)라고 한다.

군읍

영해읍은 영해강의 상류에서 약 15리 떨어진 연안에 있다. 별명을 단양(丹陽) 또는 덕원(德原)이라고 한다. 군아 외에 경찰서 · 우체소 등이 있다. 매월 음력 2 · 7일에 시장을 연다. 집산화물은 솜 · 삼베 · 수산물 · 옥양목 · 곡물 · 종이 · 소 · 식염 등이고, 집산구역은 안동(安東) · 의성(義城) · 청송(青松) · 진보(眞寶) · 영양(英陽)의 각 군에 이른다. 읍내에서 북동쪽으로 약 20리 떨어진 해안의 병곡(柄谷)에서도 또한 음력 매 4 · 9일에 시장을 연다. 집산화물 및 구역은 앞과 같다.

물산

물산은 쌀 · 콩 · 팥 · 보리 · 밀 · 닥나무껍질 · 담배 · 유기 · 무명 · 담뱃대 · 삼[麻] · 신발 · 자기(磁器) · 자리 · 종이 · 숯 · 어류 · 해조 등이다. 모두 얼마간 다른 곳에 수출한다. 쌀이 가장 많다.

구획

영해군은 7군으로 나누어진다. 바다에 접하는 곳은 북이면(北二面) · 북초면(北初面) · 읍내면(邑內面) · 남면(南面)의 4면이다.

북이면(北二面)

군의 북쪽 끝에 있다. 남쪽은 북초면에 접한다. 연안은 거의 일직선을 이루고 남쪽 끝에 이르러 천달말(千達末)[1]이 다소 돌출한다. 주요 어촌은 지경(地境) · 백석(白石) · 병곡(柄谷) 등이고 모두 정어리 지예망 및 수조망을 성하게 행한다. 그 외 자망 및 채조 또한 행하는 곳이 있다. 주요 수산물은 정어리 · 고등어 · 가자미 · 삼치 · 방어 · 미역 등이다. 백석 및 병곡에는 염전이 있다.

---

1) 현재 영해에는 천달(말)이라는 지명은 없고 대진리를 중심으로 건달(乾達)이라는 지명이 남아 있다. 千은 干의 오기일 가능성이 있다.

북초면(北初面)

북초면은 북쪽은 북이면에, 남쪽은 읍내면에 접한다. 넓게 내지로 깊이 들어와서 바다에 접하는 부분은 매우 짧고, 또 연안은 평평한 사빈으로 항만이 없다. 그래서 어촌으로 저명한 곳이 없다.

읍내면(邑內面)

북쪽은 북초면에, 남쪽은 남면에 접한다. 연안은 다소 굴곡이 있고 사빈이 적다. 주요 어촌으로 공수진(公須津) · 대진(大津) · 건달(乾達), 건리진(件里津), 사진(糸津), 마흘진(磨屹津) 등이 있다. 이 중 대진이 항만으로서는 가장 좋다. 동해에 면하고 남북으로 넓으며 그 양 모퉁이에 어선을 댈 수 있고 모두 사방의 바람을 피하기에 안전하다. 이 만 내에는 방어 및 삼치가 많다. 주요 수산물은 고등어 · 가자미 · 청어 · 방어 · 가오리 · 상어 · 미역 등이다. 어구는 자망 및 수조망이 가장 성행한다.

남면(南面)

북쪽은 읍내면에, 남쪽은 영덕면에 접한다. 연안은 산악이 가까이까지 있어 평지가 적다. 주요 어촌은 축산(丑山) · 차유(車踰) · 경정(景汀) · 오매(烏毎) 등이고 축산이 가장 저명하다. 근해에 청어 · 대구 · 고등어 · 가자미 · 정어리 · 삼치 · 미역 등을 생산하고 고등어 유망 · 가자미 자망 · 수조망 · 삼치 외줄낚시 등이 성행한다.

축산(丑山, 츅산)

영해읍에서 남동쪽으로 20리 떨어진 연안에 있다. 영해군에서 뛰어난 좋은 항이다. 만 입구는 동쪽으로 면하고 안은 넓고 수심은 깊으며 사방의 바람을 막아준다. 큰 배를 댈 수 있다. 또한 근해는 어업의 이익이 매우 많다. 인가는 100여 호가 있다. 어업에 종사하는 자가 많다. 청어 자망 · 대구 자망 · 수조망 · 고등어 유망 · 지예망 · 삼치 외줄낚시 · 채조 등을 행한다. 어획물은 대개 염장하여 포항 및 부산으로 수송한다. 이곳은 일찍이 일본 잠수기업자 및 삼치 유망선[鰆流船]이 근거지로 하던 곳인데 최근에는 또한 정어리 지예망 업자가 와서 창고를 짓는 일도 있다.

제2절 영덕군(盈德郡)

개관

연혁

본디 고구려의 야시홀군(也尸忽郡) · 신라의 야성군(野城郡)이었다. 고려 초기에 지금의 이름으로 고쳤다. 조선조에 이르러서 현으로 삼았다가 후에 군이 되었다.

경역과 지세

북쪽은 영해군, 서쪽은 청송군, 남쪽은 청하군과 접한다. 군내의 남북으로 태백산맥의 지맥이 뻗어 있다. 남쪽을 이루는 것을 장내령(長內嶺)이라 하고, 북쪽을 이루는 것은 국수단산(國守壇山)이라고 한다. 이 두 산 사이를 남동쪽으로 향하여 돌아 흐르는 큰 하천이 있는데 강구강(江口江)이다. 그 연안은 제법 넓은 평야를 이룬다. 연해 지역 중에서 북쪽은 산악이 바다에 맞붙어 있어서 절벽이 많다. 남쪽은 조금 평탄하고 사빈이 많다. 전 연안이 굴곡이 적고 양만(良灣)이 없다.

군읍

영덕읍은 강구강의 상류에서 약 4해리 떨어진 연안에 있다. 다른 이름으로 야성(野城)이라고도 한다. 읍내에는 군아 외에 구재판소(區裁判所) · 경찰서 · 우편전신취급소 등이 있다. 매 2 · 7일에 시장이 열리는데 집산물은 솜 · 삼베 · 수산물 · 옥양목 · 곡물 · 종이 · 소 · 식염 등이며 집산구역은 안동 · 의성 · 청송 · 진보 · 영양 · 영해 여러 군이다. 또 외남면(外南面)의 남동해안에 가까운 장사(長沙)에도 매 4 · 9일에 시장이 열리는데 집산화물과 집산구역은 영덕읍과 같다.

생산물

주요 생산물은 수산물이고 다른 곳으로 수출하지만 농산물은 군내의 수요를 충당하기에도 부족하다. 주요 수입품은 쌀 · 보리 · 땔감 · 성냥 · 석유 · 옷감[反物][2], 식염 등이다.

수산물

수산물은 청어 · 대구 · 삼치 · 고등어 · 가자미 · 넙치 · 정어리 · 방어 · 상어 · 숭어 · 은어 · 연어 · 미역 등을 주로 하고 어구는 지예망 · 수조망 · 유망 · 건망 등을 행한다.

구획

영덕군은 6개의 면으로 나눈다. 동면과 남면, 두 면만이 바다에 연한다.

동면(東面)

북쪽은 영해군, 남쪽은 남면과 접한다. 연안은 산악과 맞붙어 있어서 평지가 적고 만입과 굴곡도 적다. 주요 어촌은 예진(芮津)[3] · 노물(老勿) · 오보(烏保) · 창진(昌津)[4] · 태부(太夫)[5] · 하저(下渚) · 금진(金津) · 소하(小下) 등이다. 수산

---

2) 1단(약 10.6m)으로 갈무리해 놓은 피륙(어른 옷 한 벌 감). 직물류의 총칭.
3) 『한국수산지』 원문에는 '병진(芮津)'으로 되어 있으나 정황으로 보아 현재에도 남아있는 '예진(芮津)'인 것 같다.
4) 현재는 창포라고 한다.
5) 현재는 대부라고 한다.

물은 고등어 · 청어 · 가자미 · 넙치 · 정어리 · 삼치 · 마래미[6] · 미역 등으로 고등어 · 청어 · 미역이 가장 많다. 성어기는 지방에 따라 다소의 차이가 있지만 대개 고등어는 4~6월경까지, 청어는 3~4월까지이다. 어구는 수조망 · 유망 · 건망 · 지예망 · 외줄낚시 등을 행한다.

남면(南面)

북쪽은 동면, 남쪽은 청하군과 접한다. 연안은 동면에 비해 평지가 많고 사빈이 풍부하다. 그러나 굴곡이 적어 좋은 항이 없다. 그 북단에 강구강(江口江)이 있는데 하구는 좁지만 안으로 들어가면 넓고 수심도 깊어 제법 큰 선박을 댈 수 있다. 사방의 바람을 피하기에 안전하다. 강에서는 연어 · 은어 · 뱀장어 · 기타 담수어가 생산되고, 연어와 은어는 투망으로 어획하여 근처 시장으로 보낸다. 주요 어촌은 구강(舊江) · 신강(新江) · 삼사(三思) · 남호(南湖) · 구계(龜溪) · 원척(元尺) · 비물(飛勿) · 신흥(新興) · 고부(高阜) · 지경(地境) 등이다.

수산물

수산물은 정어리 · 삼치 · 가자미 · 넙치 · 고등어 · 대구 · 숭어 · 연어 · 은어 · 미역 등인데 가장 중요한 것은 정어리, 가자미, 삼치, 미역이다. 성어기는 정어리가 9~10월까지, 가자미는 2~4월까지, 삼치는 9~10월까지라고 한다. 어구는 지예망 · 수조망 · 유망 · 건망 · 외줄낚시 등을 행한다. 남호와 구계에는 염전이 있다. 제염고는 약 250석이다.

---

6) 방어의 새끼.

제3절 청하군(淸河郡)

개관

연혁

원래 고구려의 아혜현(阿兮縣)이고 신라 때 그것을 해아(海阿)라고 고쳐 유린군(有鄰郡)의 영현(領縣)으로 삼았다. 고려조에 이르러 지금의 이름으로 고쳐 경주에 소속시켰다. 조선조에 이르러 현으로 삼았고 후에 군으로 삼았다.

경역

남쪽은 흥해군에, 북쪽은 영덕군에, 서쪽은 영천군과 청송군에 접한다. 깊게 내지로 들어가 넓게 펼쳐져 있지만 해안선은 매우 짧다.

지세

태백산맥은 청하군에 이르러 해안에 가장 근접하여 청하군의 경역을 구분한다. 그 이어진 봉우리 중에 저명한 것은 장산(長山) · 종산(鍾山) · 한령(漢嶺) · 대마곡산(大磨谷山) · 정령(井嶺) · 신광산(神光山) 등으로 고도가 대개 2천 피트 이상이다. 그 지맥은 모두 동쪽을 향해 뻗어 바다로 향하고, 각 지맥 사이의 협곡에 하천이 있지만 평소에 대부분은 흐르는 것을 볼 수 없다. 연안은 험한 절벽과 사빈이 섞여 있고 굴곡이 없다. 오직 수원은 신광산에서 시작하는 청하천(淸河川)만 다소 장대하고, 강 입구에 청하만을 이루지만 배를 대기 불편하다. 이 강의 연안은 매우 넓은 평야로서 그 중앙에 청하읍이 있다. 평야의 남쪽에 길게 이어져 있는 구릉은 동쪽을 향해 뻗어 청하만의 남단에 이르러 흥해군과 경계를 이룬다. 청하읍의 옛 이름은 해아(海阿) 또는 덕성(德城)이라고 한다. 군아 · 순사주재소 · 우편소 등이 있다. 1 · 6일에 시장이 열리고 집산 화물은 가마솥, 그 외 여러 잡화로서 집산 구역은 군내 일원이라고 한다. 송라(松羅)에도 역시 3 · 8일에 시장이 열린다.

토지는 대개 척박해서 농산물은 부족하고 땔감도 역시 많지 않다. 주요 산물은 겨우 조금의 콩과 수산물이 있을 뿐이다. 쌀 · 소금 · 땔감 · 잡화 등 모두 다른 곳으로부터의 공급에 의존한다. 교역 시장은 영덕(盈德) · 흥해(興海) · 영일(迎日) 등 각 군에 이른다.

어업

어선의 총수는 약 90척이고 연안에 서는 지예망 · 게 자망 · 복어 연승 · 잡어 낚시 · 해조 채취업 등이 행해진다. 또 멀리 군 외에 이르러서는 삼치 유망 · 청어 자망 · 가자미 수조망과 삼치 등의 낚시를 하는 경우도 있다.

구획

전 군은 6면으로 나누어지는데, 북면(北面) · 현내면(縣內面) · 서면(西面) 3면만 바다에 면한다.

북면(北面)

청하군의 북단에 있고 남쪽 현내면에 접한다. 연안은 사빈이 많고 암초가 곳곳에 무더기로 있다. 북진(北津)이라는 어촌이 하나 있을 뿐이지만 마을 내에 여러 개의 동 · 리가 있는데 아래와 같다.

지경동(地境洞)

지경동은 영덕군과 경계를 이루는 하나의 작은 하천 하구에 있다. 대안(對岸)인 영덕군의 지경동과 서로 마주보고 있다. 대안은 선박의 정박이 가능하지만 지경동은 암초가 무리지어 있어 그 사이에 겨우 2~3척의 어선을 정박할 수 있는데 그친다. 게다가 풍랑을 막기 어렵다. 부근에는 높은 산이 남북으로 솟아 있고 그 사이로 약간의 평지가 존재하지만 경지는 매우 적고 논은 거의 없다. 인가는 약 50호이고, 어업에 종사하는 자가 많다. 삼치예승(줄낚시)이 성행하고 자망을 이용해 청어 ·

대구 · 가자미 등을 어획한다.

지경동은 남쪽에 바다를 끼고 솟아 있는 산 하나를 건너면 화산동(花山洞)이 있다. 그 동쪽에 길이 700간(間)[7]에 달하는 사빈이 있다. 지예망을 하기 좋은 어장으로서 매년 음력 6~8월경까지 외휘(外揮) · 장사(長沙) · 칠포(七浦) 등 각 마을의 주민이 와서 어획한다.

대진(大津, 딕진)

대진은 화산동의 남쪽, 대진말(大津末)의 북쪽 동단에 있다. 그 북쪽 연안에 어선 6~7척을 수용할 수 있다. 인가 30호, 어선 6척이 있다. 주민은 어업에 종사하는 자가 많다. 청어 자망 · 광어 자망 · 대구 자망 · 수조망 · 삼치 유망 · 삼치 예망 등을 행한다.

이진(耳津)

이진은 대진의 남쪽에 접하는 작은 마을로서 어선 5척을 가지고 있지만 농업에 바쁘고 오직 성어기에만 어업에 종사할 뿐이다. 따라서 평소에는 대부분 이웃 마을에 임대한다. 그 요금은 한 어기 즉 약 3개월에 약 5관문(貫文)이라고 한다. 어업의 상태는 대진과 다르지 않다.

독석(獨石, 독셕)

독석은 이진의 남쪽, 대진말의 남동 연안에 있다. 연안에 암석이 많고 만입이 얕아서 배를 대기에 불편하다. 어선 5척을 가지고 있고 어업은 대진과 같다. 독석동의 남쪽에 하나의 작은 하천을 사이에 두고 사빈이 있다. 매년 조사동의 어민이 이곳에 와서 지예망을 사용한다.

조사동(祖師洞, 조亽)

조사동은 독석의 남쪽 사빈이 끝나는 곳에 있다. 연안에 암석이 많아서 배를 대기에

---

7) 間은 길이 단위로 약 1.8m이다.

불편하다. 어선 2척이 있다. 어업은 정어리 지예망 · 복어 연승 · 청어 자망 · 광어 자망 · 대구 자망 · 수조망 · 삼치 유망 · 삼치 예망 등을 행한다.

현내면(縣內面)

북쪽은 북면에, 남쪽은 동면에 접한다. 연안 구역은 청하만(淸河灣)의 북쪽 연안 동단(東端)으로부터 만 안에 이른다. 길고 얕으며 사빈이 풍부하다.

방어진(方漁津)

조사동(祖師洞)의 남쪽, 청하만의 북쪽 동단에 있다. 연안에 암초가 많아서 배를 정박하기에 불편하다. 어선 6척이 있다. 청어 · 대구 · 넙치 · 가자미 자망 · 삼치 유망 · 수조망 · 삼치 예승 · 해조류 채집[採藻] 등을 한다. 그중에서도 해조류 채집이 가장 성하다. 방어진의 서쪽에 농촌 한 곳이 있다. 소죽동(小竹洞)이라고 한다. 그 남쪽은 해안선이 약 5리에 이르는 사빈으로 지예망의 좋은 어장이다. 이 사빈을 따라서 중휘(中揮) · 외휘(外揮) · 용산(龍山) 등의 마을이 있다.

중휘동(中揮洞, 즁긔)

소죽동의 남쪽에 있다. 토질이 비옥하고 경지가 넓다. 주민들이 대부분 농업에 종사한다. 어선 2척을 가지고 정어리 지예망 · 수조망 · 청어 자망 등을 행한다.

외휘동(外揮洞, 외긔)

중휘동의 남쪽에 있다. 인가 20호의 작은 마을이고 어선 1척을 보유하고 있다. 정어리 지예망 · 수조망 등을 행한다.

용산동(龍山洞, 뇽산[8])

외휘동 남쪽의 작은 하천을 건너서 있다. 연안은 사빈이고 인가는 30호, 어선 2척이 있다. 청어 지예망 · 수조망 등을 행한다. 용산동에는 조선공[船大工]이 있다. 건조에 필요한 목재(소나무)는 경주 지방으로부터 구해와 조선에 종사한다.

동면(東面)

북쪽은 현내면에, 남쪽은 흥해군(興海郡)에 접한다. 연안은 청하만의 남쪽 기슭을 이루며 현내면과 마주한다. 신광산(神光山)으로부터 뻗은 산맥이 바다로 들어가는 곳이기 때문에 절벽[斷崖]이 많아서 사빈은 적다.

이가리(二加里)

청하만 남동단의 작은 만 내에 있는 서쪽 모퉁이에 있다. 연안은 백사(白沙)이고 남풍이 불 때를 제외하면 정박하기에 안전하지 않다. 인가는 91호가 있고, 주민은 주로 어업에 종사한다. 어선은 15척을 보유하고 있지만 또한 임시로 다른 마을로부터 빌려온 것이 12척이나 된다. 청어 · 가자미 · 고등어 등의 자망어업 · 고등어 · 복어 · 상어 등의 낚시어업이 성하여 1년 내내 쉬는 때가 없다. 이와 같은 모습은 군 내의 타 지역에서도 볼 수 없다. 경지가 좁아서 미곡의 생산이 적고, 자급자족하기에도 부족하다.

청진(靑津, 청진)

이가리의 동쪽에 있고, 흥해군과의 경계상에 있다. 연안에 암석이 많으며 바람을 피할 장소도 없다. 인가는 약 60호가 있지만 청하군에 속한 자가 그 반수이다. 주민은 주로 어업에 종사한다. 어선은 8척이 있다. 청어 · 가자미 · 삼치 · 게 등의 자망과 삼치 · 복어 · 상어 등의 낚시가 성행한다.

---

8) 용산의 오기를 보인다. 일본어로 リヨンサン이라는 음이 붙어있다.

제4절 흥해군(興海郡)

개관

연혁

본래 신라의 퇴화군(退火郡)이다. 경덕왕 때 의창군(義昌郡)으로 고쳤다가 고려 초에 지금의 이름으로 고쳤다. 조선은 이에 따랐다.

경역

북쪽은 청하군에, 서쪽은 영천(永川) · 경주 2군에, 남쪽은 영일군에 접한다. 해안선은 약 10해리에 이른다. 군 전체의 호수는 3,890호, 인구는 10,068명, 일본인 거주자의 호수는 29호, 인구는 108명이다.

지세

북서 모퉁이에는 비학산(飛鶴山)이 높이 솟아 남쪽으로 뻗어서 죽림산(竹林山)이 된다. 그 지맥은 동쪽으로 꺾여서 영일군과 경계를 이룬다. 이렇게 산맥에 둘러싸인 동쪽 해안에 면한 일대의 땅은 광활한 평야이고, 그 중앙을 흐르는 큰 하천 하나가 있다. 하구 부근은 평탄한 사빈이지만 그 외의 해안은 모래 언덕이다. 선박을 대기에 편리한 항만은 겨우 영일만을 바라보는 여남포(汝南浦)와 두호포(斗湖浦) 뿐이다. 연해의 바닥은 자갈과 암초가 서로 섞여 다소 길고 야트막하게 이루어져 있다.

조석

조석간만의 차는 상당히 적고 최근 측정에 의하면 대조승 3/4피트, 소조승 1/2피트, 소조차는 1/4피트에 불과하여 삭망고조 시간은 4시 15분이다. 즉 부산보다 4시간 빠르다. 언제나 해류에 좌우되어 북동방향으로부터 오지만 달만갑(達萬岬)에 파도가 부딪혀 이 갑의 북쪽 연안에서 북쪽으로 흐르고 그 이남에서 남쪽으로 흐른다.

읍치

흥해군은 별칭으로 곡강(曲江), 또는 오산(鰲山)이라고도 한다. 흥해읍은 거의 군의 중앙에 있다. 흥해군의 관청 이외에 순사주재소 · 재무서 · 우체소 등이 있다. 음력 매 2 · 7일에 시장이 열린다. 집산화물의 종류는 어류 · 솜 · 곡류 · 담배 · 소 · 식염 · 목기 · 비단[紬緞] 등이고 집산지역은 영일 · 포항 · 부산 · 대구 · 경주와 강원도 각 지방이다. 특히 12월부터 다음해 2월까지 흥해군의 특산물인 청어를 대구 · 부산과 강원도 각 지역에 수출하는 양이 매우 많다. 그 외에 여천(餘川)과 신시(新市)에서는 매 4 · 9일, 비인(庇仁)에서는 매 1 · 6일에 각각 시장이 열린다. 그렇지만 아직도 읍내처럼 성대하지는 않다.

물산

연안에는 경지가 적지만 내지에는 농업이 활발해서 미곡, 면화, 담배, 닥나무 껍질, 왕골[莞草], 마 등을 재배하고, 양잠업(養蠶業)도 역시 활발하다. 미곡은 그 일정량을 부산에 수출하고, 담배[南草]도 그 일정량을 포항에 수출한다. 기타 유기 · 농기구 · 포목 · 사발 · 자리 · 종이 등의 제조물이 있다. 산림에서는 목재와 약재 등을 생산한다.

어업

남쪽 만 내에 정치 어장이 많다. 북쪽 연안은 지예망 어장이 풍부하다. 가장 중요한 어업은 청어 자망과 수조망으로 그 어장은 북쪽 청하군으로부터 남쪽 기장군 앞바다에 이른다. 여남포와 두호포는 그러한 어선이 일시적으로 모이는 곳이다. 또한 장기군(長鬐郡) 앞바다에 이르면 삼치 유망 · 예승 · 연승 어업 등에 종사하는 자들이 있다.

북하면(北下面)

흥해군의 북단에 있다. 남쪽은 강을 사이에 두고 동하면(東下面)과 접한다. 연안에는 암초가 많다. 어업은 다소 성행한다.

청진(青津, 청진)

청하군(淸河郡)과의 경계에 있다. 전안(前岸)이 암초로 둘러싸여 있는 작은 항이다. 어선 여러 척이 정박할 수 있다. 인가는 30호, 어선 11척이 있다. 자망 및 예승을 사용하는 청어 · 가자미 · 삼치 등의 어업이 매우 성행한다. 이 지역에서 조암(鳥岩)에 이르는 연안 약 5리 사이는 다소 동쪽으로 돌출되어 있고 굴곡이 없으며 구릉이 이어져있고 연해는 바위 언덕이 넓게 펼쳐져 있다. 정박하기에 적당한 곳이 없다.

포이(包伊)

청진의 남동쪽으로 포이라고 하는 인가 16호의 작은 마을이 있다. 주민은 농업과 함께 채조업에 종사한다.

방어진(方魚津), 검주동(檢舟洞)

포이의 남쪽과 접한다. 인가 10호의 작은 마을이지만 어선 6척이 있고 청어 자망업 및 채조업 등이 성행한다. 이 지역 남쪽의 한 곳을 사이에 두고 검주동이 있다. 인가는 약 10호이고 어선 2척이 있다. 어업과 함께 채조업에 종사한다.

도항동(島項洞)[9]

방어진의 남쪽에 있다. 연안에는 암초가 많지만 정박하기에 안전하므로 각지의 어선이 항상 모여 있다. 암초 중 병풍암(屛風岩)이라고 하는 기이한 바위가 있는데 부근 각지에서 와서 보는 자가 많다. 인가는 41호, 어선 14척이 있다. 청어 자망 · 수조망 · 게 자망 · 삼치 유망 · 삼치 예망 · 채조업을 행한다. 청어 어장은 두호(斗湖) · 우목(牛目)의 연해, 삼치는 장기군 연해에 있다. 수조망 어선은 전진(前津)[10] 부근에 출어한다.

---

9) 『한국수산지』 원문에는 鳥頂洞이라고 되어있다. 흥해읍 오도리 섬목 지역이다. 「조선5만분1지형도」 포항(영덕12호)에 島項洞, 즉 섬목으로 나온다. 鳥는 島, 頂은 項의 오기이다.

10) 주변에 전진이라는 지명이 없다. 青津의 오기로 보인다.

강북(江北)

도항[섬목]동의 남쪽으로 5리 떨어진 곳에 있다. 인가 130호, 어선 17척이 있다. 청어, 멸치 지예망 · 청어 자망 · 수조망 · 삼치 유망 등을 행한다. 원래 가자미 자망이 매우 성행했지만 수년 전부터 일본 통어자에게 배워서 수조망으로 대신하기에 이르렀다.

강서(江西, 강셔)

강을 사이에 두고 강북과 서로 마주한다. 인가 54호가 있고 어업에 종사하는 자가 많다. 지예망 · 수조망 등을 행한다. 마을 사람이 소유하고 있는 어선 4척이 있다. 어기에 이르면 다수의 어선을 임차한다. 선주는 주로 청하군 용산에 많고 항상 대선(貸船)을 전업으로 한다.

이 지역에서 남쪽 달만갑(達萬岬)에 이르는 약 10여 리 사이는 거의 직선을 이루는 모래 해안이다. 부근 각지의 지예망 공동[入會] 어장이다.

동하면(東下面)

북쪽은 북하면에, 남쪽은 동상면에 접한다. 연안 대부분은 사빈이고 지예망의 좋은 어장이 풍부하다.

용덕동(龍德洞, 룡덕)[11)]

달만갑의 북측에 있다. 앞쪽 해안은 사빈이고 부근에 광활한 경작지가 있다. 인가 60호, 어선 4척이 있다. 멸치 · 청어 지예망 · 청어 자망 · 수조망 · 채조 등을 행한다.

소한동(小汗洞)

용덕동의 남쪽 달만갑의 남측에 있다. 인가 72호, 어선 9척이 있다. 청어, 가자미, 삼치

---

11) 흥해읍 용한리(龍汗里)이다.

자망 · 청어 예망 · 수조망 등의 어업이 성행한다. 또 구룡포 앞바다[沖合]에 이르러 삼치 예승업에 종사하는 자도 있다.

우목동(牛目洞)

소한동의 남쪽에 있다. 동단에 작은 언덕이 남쪽으로 돌출해서 제법 깊게 만입하기 때문에 배를 정박할 만하지만 남동풍에는 위험을 면할 수 없다. 인가 33호, 어선 3척, 정치망[魚帳] 어장(漁場) 2곳이 있다. 청어 어업이 성행하는데 주로 예망 및 자망을 사용한다. 또 청어 어선 중 다른 지방에서 와서 모이는 경우가 적지 않다.

죽별(竹別, 죾별)[12]

지을리(知乙理)의 남쪽에 있다. 인가 17호, 어선 3척이 있다. 어업은 청어 자망을 주로 한다. 그 외 수조망 및 멸치 지예망 등을 행한다. 이 지역도 또한 청어 어선이 내어하는 경우가 적지 않다.

동상면(東上面)

영해군의 남단에 있다. 북쪽은 동하면(東下面)에 접하고, 연안은 영일만(迎日灣)에 면하는데 흰 모래와 암초가 서로 섞여 있다. 양항(良港)이 있는데, 여남포(汝南浦)와 두호포(斗湖浦)가 가장 유명하다.

여남포(汝南浦)

여남포(汝南浦)는 죽별(竹別)의 남쪽에 있다. 연안은 제법 만입하고 물이 깊어 배를 대기에 적합하다. 영일만에서 가장 좋은 피난항으로 상선(商船) · 어선(漁船)의 기항이 끊이지 않는다. 가까이에는 흥해(興海) · 포항(浦項) · 부조(扶助) 먼 곳으로는 경주(慶州) 등 여러 시장을 두고 있기 때문에 어류가 이곳에 집산하는 일이 적지

12) 「조선5만분1지형도」와 현재 지명이 모두 죽천(竹川)이다.

않다. 특히 겨울철 청어 어기에는 아주 성하다. 인가 52호이고, 어선이 5척 있다. 어업은 청어 자망 및 수조망을 주로 한다. 권자망(卷刺網)으로 마래미 · 고시(구시, 새끼삼치) · 고등어 · 도미 등을 어획하는 경우가 있지만 아직 보편화되지는 않았다. 정치망어장[魚帳漁場]이 2곳 있으며, 호망어장(壺網漁場)도 적지 않다. 그렇지만 이곳들은 다른 마을 사람들이 경영하는 경우가 많다. 이곳에 정주해서 상업에 종사하는 일본인이 1가구 있다. 또 야마구치현[山口縣] 수산조합에서는 이곳에 3,000평 정도의 땅을 구입해서 어민을 이주시킬 계획을 가지고 있다.

갈마포(葛麻浦)

갈마포(葛麻浦, 갈마)는 여남포의 서쪽에 있다. 인가는 34호이고, 어선 4척이 있다. 어업 상태는 여남포와 비슷하다. 정치망어장[魚帳漁場]이 1곳 있다.

한자포(汗者浦)

한자포(汗者浦)는 갈마포의 서쪽에 있다. 인가는 51호, 어선 16척이 있다. 어업 상태는 갈마포와 다르지 않다.

이신포(梨新浦)

이신포(梨新浦, 리신)는 한자포의 남서쪽에 있다. 인가 31호이고, 어선 7척이 있다. 어업은 청어 자망을 주로 한다.

설말포(雪末浦)

설말포(雪末浦, 셜말)는 이신포의 남쪽에 있다. 다소 깊이 만입하여 편북풍(偏北風)을 피할 수 있다. 어기 중 어선의 기항이 많다. 인가는 24호, 어선 7척이 있다. 청어 어업을 주로 하고, 해조류 채취업도 또한 행한다. 미역 · 우뭇가사리가 제법 많다. 일본인이 이곳에 근거해서 승망(桝網)[13]을 사용해 청어 어업에 종사하는 자가 있다.

---

13) 승망어업(桝網漁業): 길그물의 끝에 헛통을 설치하고 헛통에 자루그물을 달아 길그물을 따라 유

두호포(斗湖浦)

두호포(斗湖浦, 두호)는 설말포의 서쪽이고, 북쪽으로 형산강구(兄山江口)가 약 5리 거리에 있다. 배의 정박이 다소 안전하지만 편북풍이 강하게 불 때에는 선체를 뭍으로 끌어올려야 한다[据船]. 인가는 46호가 있다. 청어 어업이 가장 성행한다. 정치망[魚帳] 어장이 있고, 호망(壺網) 어장도 또한 적지 않다. 어기를 따라 일본 어민의 도래가 항상 끊이지 않는다. 또 포항(浦項)으로 출입하는 선박이 형산강구를 통과하기 곤란할 때에는 이곳에 기항하는 것이 보통이므로 영일만에서 번성한 주요항 중 한 곳이다.

형산강의 서안(西岸)은 광활한 평야이고, 여천(余川) · 용담(龍潭) · 관대(冠帶) 등의 여러 마을이 있다. 토질은 가는 모래가 섞여 있어서 비옥하지는 않다. 목축이 다소 성행한다. 그런데 근래 포항의 발전에 따라 지가(地價)가 올라 1평(坪)당 50전(錢) 내외가 되었다. 부근 곳곳에 일본 가옥이 산재하는 것을 볼 수 있다. 야마구치현 수산조합의 예정근거지도 또한 이곳에 있다. 형산강구는 물이 깊어서 작은 기선이 통과할 만큼 안전한 정박장이지만 외해(外海)에서 이는 파랑(波浪)과 상류(上流)에서 오는 물살 때문에 끊임없이 강구에 모래언덕이 생긴다. 변화가 빨라서 아침 저녁으로 위치가 다르다.

제5절 영일군(迎日郡)

개관

연혁

원래 신라의 근오지현(斤烏支縣)인데 경덕왕 때 임정(臨汀)으로 고치고 의창군(義昌郡)의 영현(領縣)으로 삼았다. 고려조에 지금의 이름으로 고치고, 조선조에 이르러

도된 어군이 자루그물로 들어가게 하여 잡는 어업.

진(鎭)을 두고 현(縣)으로 삼았다. 후에 군으로 삼았다.

경역(境域)

북쪽은 흥해군(興海郡)에, 서쪽은 경주군(慶州郡)에, 남쪽은 장기군(長鬐郡)에 접한다. 3면이 산을 등지고 있는데, 북쪽과 서쪽은 죽림산맥(竹林山脈)과 형산(兄山)의 줄기가 뻗어 흥해 · 경주 2군과 경계를 이룬다. 남쪽은 기림사(祇林寺) 뒷산에서 오는 마운산맥(馬雲山脈)이 동쪽으로 돌출해서 반도(半島)를 형성한다. 그 갑각을 동외곶(冬外串)[14]이라고 한다. 일본인은 이것을 "요네가하나(米ガ鼻)"라고 한다. 흥해군 달만갑(達萬岬)과 마주하여 큰 만을 이루는데, 이를 영일만이라고 한다. 만구는 북쪽으로 열려있고, 그 안은 넓고 수심이 깊어 다수의 대선(大船) · 거선(巨船)을 수용하는 데 지장이 없다. 그렇지만 막아주는 것이 적어 풍랑을 피하는 데는 좋지 않다. 그러나 거의 직선으로 그은 듯한 동해 연안에서는 예부터 중요한 항만 중 한 곳으로 유명하다. 옛날 일본과 교통이 빈번했던 시대에는 항상 이곳을 기점으로 하여 울릉도, 오키노시마[隱岐島]를 표지로 해서 이즈모[出雲]의 마쓰에만[松江灣]으로 항행했던 것 같다. 만 안에 연하는 지방은 넓은 평야인데, 토질이 비옥하고, 쌀 · 콩 등의 농산물 및 축산물이 풍부하며 상업도 또한 성하다.

하천(河川)

평야를 관통해 흐르는 여러 줄기의 하천이 있다. 가장 큰 것을 형산강(兄山江)이라고 한다. 강변[江畔]에 포항 · 부조(扶助) · 영일 등 번성한 시읍(市邑)이 있다. 포항에는 일본인 정주자가 많고, 우편전신취급소가 있다. 부조는 경상북도 제일의 성시(盛市)를 가지고 있다. 영일읍은 오천(烏川) 혹은 오량지(烏良支)라고도 하며, 군아 · 순사주재소 · 재무서 등이 있다.

---

14) 현재의 호미곶이다.

장시(場市)

영일군 내에 장시 5곳이 있다. 매 3일에는 읍내, 매 8일은 서문(西門), 매 10일은 부조(扶助), 1 · 6일은 포항, 2 · 7일은 도구(都邱)에서 개시한다. 집산화물은 목면(木綿) · 콩 · 식염 · 어류 · 소 · 마포(麻布) · 솥 등인데, 식염과 청어가 가장 많다. 집산지역은 경주 · 영천 · 대구 각 지방이다.

영일군 전체 호수는 4,376호, 인구 16,931인이다. 주민은 농업과 상업을 주로 하며 어업에 종사하는 자는 적다. 어업자가 가장 많은 곳은 동해면(東海面) 연안으로, 청어 어업 및 수조망이 성행한다. 또 장기군 앞바다[沖合]에 출어해서 삼치 유망 · 예망 · 연승 등에 종사하는 자도 있다.

구획

영일군은 8면으로 구획된다. 바다에 연하는 곳은 북면(北面) · 동면(東面) · 고현면(古縣面) · 일월면(日月面) · 동해면(東海面)이다.

북면(北面)

군의 북쪽 귀퉁이에 있다. 북쪽은 흥해군, 남쪽은 동면(東面) 사이에 끼어 있어서 한쪽 끝이 겨우 바다에 면하는 데 불과하다. 거의 전체가 형산강(兄山江)에 면한다. 그렇지만 연안에 포항이 있다. 포항은 영일만에서 유명한 요항(要港)으로 옛날 일본과의 교통이 빈번했고, 진한(辰韓)의 소위 아진포(阿珍浦)가 아마도 이 부근일 것이다. 당시 이미 영일군에서 번성한 곳이었다.

포항(浦項)

포항은 영일만의 북서쪽 귀퉁이로 강물이 흘러나오는 형산강의 연안에 있는데, 하구에서 거슬러 올라가면 약 1해리 지점이다. 앞쪽은 사빈, 북쪽은 평야로 이어진다. 서남쪽은 산악을 등지고 있다. 만 안은 수심 3~4길이고, 사방의 바람을 피할 수 있지만 풍랑이 높이 일 때에는 선박의 출입이 곤란하다. 인가는 약 400호가 있다. 주민은 상업에 종사하는 자가 가장 많고, 농업이 그 다음이다. 일본인 중 이 곳에 거주하는 자는 95호, 357인이다. 어업에 종사하는 자 5호를 제외하면 대개 각종 상업에 종사한다. 어업자는 오카야마현[岡山縣]의 이주민이다. 이 부근에는 일본 각 현 수산조합에서 어민을 이주시킬 목적으로 선정한 토지가 많다.

(포항은) 형산강 유역의 평야에서 생산하는 화물 집산의 요충에 해당하고, 육로로 경주 · 장기 · 영일 · 흥해 등의 여러 읍과 이어져 상업이 자못 번성하다. 거래 관계가 미치는 곳은 흥해 · 청하 · 영덕 · 영해 · 장기 · 경주 · 영천 등의 여러 군에 이른다. 수입품 중 주요한 것은 수산물이다. 명태가 가장 많고, 그 다음은 청어, 기타 생선으로 시장을 거치는 것이 약 15만 원, 시장을 거치지 않고 바로 대구 · 경주 등 각지로 수송하는 것도 또한 매우 많다. 수산물 다음으로 일본 잡화가 수입되는 것도 많아 일본재류민에 의해서 취급되는 양이 매년 13~14만 원(圓)에 달한다. 수출품 중 주요한 것은 콩 · 쌀 · 소가죽 등인데, 매년 콩은 3만 석, 쌀은 3천 석 이상을 웃돈다. 시장은 매월 1 · 6일에 열린다. 도매상[돈야, 問屋] 13호가 있다. 중개수수료[口錢]는 육산물은 판매금액의 3푼, 선어(鮮魚)는 5푼, 염어(鹽魚)는 4푼, 건어(乾魚)는 3푼이다.

어선 7척이 있고, 청어 자망 · 수조망 · 삼치 예승 · 죽렴(竹簾) 등을 행한다. 죽렴은 형산강구에 설치하고, 오로지 담수어류를 어획한다. 형산강에는 장어 · 뱅어를 주로 생산하고, 숭어 · 잉어 · 연어 · 은어 등을 생산한다. 이곳에 재주하는 일본어민은 청어 평망(坪網) · 복어 연승 · 도미 연승 · 장어 연승 · 장어 긁기 등에 종사한다. 기타 매년 일본어선이 와서 장어를 어획하는 일이 있다. 상어[沙漁]낚시 · 투망(投網) 등의 유어업[遊漁][15]도 또한 행한다.

부근에 넓은 염전이 있다. 제염량은 매년 2만 석 이상에 달하고, 가격은 시기에 따라서 변동이 있지만 1섬에 2관(貫) 200~300문(文)을 보통으로 한다. 4~7월까지는 값이 싸고, 11~2월까지는 고가를 유지한다.

---

15) 어업을 직업으로 하지 않는 사람이 소득 향상이나 여가 활동으로 하는 어업을 말한다.

동면(東面)

북면의 남동쪽에 있는 고현면의 북쪽에 있다. 북쪽은 형산강을 사이에 두고 북면과 함께 흥해군과 접한다. 연안 일대는 사구(沙丘)가 이어져 있다.

송정(松亭, 송졍)16)

송정은 형산강이 포항 상류 약 1해리가 되는 곳에서 동쪽으로 갈라져 영일만으로 들어가는 지류의 하구에 있다. 강폭이 넓고 수심도 깊으며 사방의 바람을 피하기에 안전하다. 부근 일대는 모래 연안으로 지예망에 좋은 어장을 갖고 있다. 인가는 약 30호이고 주민은 농업에 종사하는 자가 많다. 어업은 지예망을 주로 한다.

조사동(造士洞)

조사동은 송정의 남쪽에 있다. 인가는 20호이고 어선이 2척 있다. 방어 · 삼치 권 · 자망, 청어 자망, 가자미 수조망 등을 행한다.

고현면(古縣面) · 일월면(日月面)

두 면은 나란히 있는데 겨우 한 끝이 동면과 동해면 사이에 돌출해서 바다에 접하는 것에 불과하기 때문에 자연히 어촌이 형성되지 않았다.

동해면(東海面)

영일만의 남동 연안 일대의 지역으로 연안선이 가장 길고 산악이 연이어 있어서 평지가 적다. 그 때문에 주민은 어업에 종사하는 자가 많다.

---

16) 포항시 해도동 건너편에 있었다. 지금은 포항제철 부지 속에 포함된 것으로 보인다.

임곡동(林谷洞, 림곡)

임곡동은 조사동의 남쪽에 있다.17) 연안은 모래와 자갈, 고운 모래이고 만입이 깊어 사방의 풍랑을 막아주는 영일군 제1의 피난항이다. 인가는 60여 호, 어선이 17척이 있다. 청어 어업이 가장 성하며 어구는 권망 · 자망 · 정치망[魚帳] 등을 사용하는데 권망이 가장 많고 수조망도 행한다.

마산동(馬山洞)

마산동은 임곡동의 남쪽 약 10리에 있다.18) 인가 28호, 어선 6척이 있다. 청어 어업이 가장 성하고 자망 · 예망 · 정치망〔魚帳〕 등을 행한다. 정치망어장[魚帳漁場]이 두 곳 있다.

직곶(稷串)

직곶19)은 마산의 남쪽 약 5리에 있다.20) 인가 25호, 어선 5척이 있다. 청어 정치망[魚帳] · 자망 · 예망 · 대구, 삼치 자망 · 가자미 수조망 · 삼치 예승 등을 행한다. 정치망어장[魚帳漁場]이 두 곳 있다.

하흥(下興)

하흥은 직곶의 남쪽에 있다.21) 인가 8호의 작은 어촌으로 어선 5척, 정치망어장[魚帳漁場]이 한 곳 있다. 어업 현황은 직곶과 같다.

---

17) 조사동은 현재 포항제철 부지로 편입된 것으로 보이므로, 임곡동은 조사동의 동쪽에 있다.
18) 임곡동의 동북쪽에 있다.
19) 「조선5만분1지형도」에는 發山洞(稷串洞)으로 되어 있다.
20) 마산의 북쪽에 있다.
21) 직곶의 북쪽으로 생각된다.

여사리(余士里, 여亽리)

여사리는 직곶의 북동쪽에 있다.[22] 인가 10호의 작은 어촌으로 어선 7척, 정치망어장[魚帳漁場] 4곳이 있다. 예망과 자망도 행한다. 청어 어업이 매우 성하다.

대동배(大冬背, 되동빅)

대동배는 여사리의 남쪽 약 5리에 있다.[23] 앞쪽이 만형(灣形)을 이루지만 편북풍을 막아주지 못한다. 또한 암석이 많아서 배를 대기가 불편하지만 서쪽은 반이 모래 연안이라 작은 지예망을 사용하기에 적합하다. 인가 31호, 어선 19척이 있고 정치망어장[魚帳漁場]이 두 곳 있다. 위치가 외해에 면하기 때문에 청어 자망 · 예망, 정치망[魚帳], 삼치 유망 · 예승, 넙치 자망, 가자미 수조망, 복어 외줄낚시 등 여러 어업을 행한다. 그 중 가자미 어업이 가장 성하다. 봄 · 가을 두 어기에는 일본인이 와서 대부망을 사용한다.

장내(長內, 장닉)

장내는 일명 정천(淨川)이라고도 한다. 대동배의 남쪽에 있다.[24] 인가 10여 호 정도의 작은 어촌으로 어선 3척이 있고 정치망어장[魚帳漁場]이 두 곳 있다. 방어 권자망, 청어 · 대구 · 넙치 자망을 행한다.

구만리(九萬里)

구만리는 정천(淨川)의 북쪽에 있다. 앞쪽은 갯바위[岩陂]가 넓어서 해조류가 많이 생산된다. 뒤쪽은 약간 경사진 넓은 경지가 있다. 인가 44호, 어선 6척이 있다. 농업이 매우 성하다.

---

22) 여사는 직곶의 북동쪽에 있다.
23) 대동배는 여사의 동북쪽에 있다.
24) 장내는 대동배의 동북쪽에 있다.

보천(甫川, 포천)

보천은 동외곶(冬外串)을 사이에 두고 구만리의 동쪽에 있다. 앞쪽은 갯바위[岩陂]가 넓고 뒤쪽은 경사진 경지가 있다. 인가 43호가 있고 농업과 해조류 채취에 종사하는 자가 가장 많다. 어선은 겨우 2척이 있을 뿐이다.

제6절 장기군(長鬐郡)

개관

연혁

원래 신라의 지답현(只沓縣)이고 경덕왕 때 기립(鬐立)이라고 고쳐 의창군의 영현(領縣)으로 삼았다. 고려 때 지금의 이름으로 고쳐 경주부에 속하게 했다. 조선에 이르러 현이 되고 후에 군으로 삼았다.

경역

북쪽은 영일군에, 남쪽은 울산군에, 서쪽은 경주군에 접한다. 군내에 산악이 중첩하여 평야가 적고 교통도 역시 불편하여 식산의 길이 열려있지 않다. 약 30해리에 이르는 연안은 대개 험준한 낭떠러지이고 곳곳에 협소한 사빈을 볼 수 있을 뿐이다. 굴곡이 적어 작은 어선을 겨우 정박할 수 있는 모포(牟浦)·구룡포(九龍浦) 등을 제외하면 좋은 항만을 가지고 있지 않다. 이 때문에 자연히 연해 수심이 깊어 연안에서 1해리에 이르면 이미 10길이고, 2해리 떨어지면 20~30길에 달한다. 인구는 26,199명이고 호수는 6,492호[25]이다.

---

25) 본문에는 '人口六千四百九十二, 戶數二萬六千百九十九なり。'로 바뀌어 기재되어있다.

군읍

장기읍의 다른 이름은 기립(鬐立) 또는 봉산(峰山)이라고 한다. 군의 약간 북부에 치우쳐 연안에서 약 10리, 대구에서 약 200여 리에 있다. 군아 외에 재무서 · 우체소 · 순사주재소 등이 있다.

시장

하성(下城) · 칠전(七田) · 어일(魚日) · 하서(下西)의 4곳에 시장이 있다. 하성은 1 · 6일▲칠전은 3 · 8일▲어일은 5 · 10일▲하서는 4 · 9일에 개시한다. 하성에 집산하는 화물은 한지[白紙] · 삼베 · 무명[白木] · 서양식 면[목면] · 모시 등이고 집산 지역은 부산 · 영일 · 신령의 각 지방이다. 한지는 주로 내남면(內南面)과 양남면(陽南面)에서 생산하고, 이 시장을 거쳐 부산, 영일로 수출한다. 그 금액은 매우 많다. 칠전에 집산하는 화물은 어류 · 비단[緞屬] · 한지 · 쌀 등이고 어일에 집산하는 화물은 시탄(柴炭) · 석유 · 어류 · 미역 등이며, 하서에 집산하는 화물은 사기 · 소금 · 담배 등으로서 집산하는 구역은 모두 하성과 같다. 그렇지만 각지의 교통이 불편하여 화물은 이웃 고을의 시장인 부조 및 영일에 집산되는 것이 오히려 많다.

산물

산물은 쌀 · 콩 · 닥나무 껍질 · 마 · 종이 · 비파나무 열매 · 석탄 · 어패류 · 해조 등이다. 주민은 어업에 종사하는 자가 많고 청어 자망 · 지예망, 정어리 분기망(焚寄網) · 수조망 · 삼치 유망, 삼치 예승 · 채조(採藻) 등이 왕성하게 행해진다.

임해 마을

전 군을 나누어 북면 · 서면 · 현내면 · 내남면 · 양남면의 다섯 면으로 하였고 모두 바다에 면한다. 각 어촌의 정황은 아래와 같다.

북면(北面)

장기군의 북단에 있다. 북쪽은 영일군[26]의 동해면에, 남쪽은 장기군의 서면에 접한다. 연안의 중앙에서 약간 남쪽으로 치우쳐 구룡포가 있다. 모포와 함께 장기군에 있는 좋은 항만으로 유명하다.

보천(甫川, 보천)

보천은 동외곶(冬外串) 동쪽의 작은 만 내에 있고 영일군의 보천과 서로 접한다. 만 내 수심이 얕고 암초가 많다. 인가 42호의 농촌으로서 약간 경사진 경지가 매우 넓다. 주민은 농업의 여가에 채조를 하는 자 외에 어업에 종사하는 자는 없다.

대천(大川, ᄃᆡ쳔)

대천[27]은 보천의 동쪽 수 정(町)[28] 떨어진 곳에 있는 인가 52호의 농촌으로, 주민은 농업의 여가로 채조를 하는 자 외에 어업에 종사하는 자는 없다.

사지(沙只) · 강금(江今)

사지 · 강금은[29] 대천의 남쪽 5여 리 남짓에 있다. 두 마을이 서로 접해 있어 거의 하나의 마을처럼 보인다. 연안의 상태는 대천 및 보천과 유사하다. 인가 91호로 주민은 농업과 채조로 생활하고 어업에 종사하는 자는 없다.

석병(石屛, 셕병)

석병은 강금의 남쪽 약 5리에 있다. 인가는 56호이고 어선은 2척이 있다. 주민은 농업 및 채조에 종사한다. 부근에 경사가 완만한 경지가 있고 매우 넓다. 일본인이 이 땅에

---

26) 본문에는 '長鬐郡'으로 잘못 표기되어 있다.
27) 大甫里라고도 한다(「조선5만분1지도」).
28) 1町은 약 109m이다.
29) 江沙를 가리키는 것으로 생각된다.

근거하여 정어리 지예망에 종사하는 자가 있다.

두일(斗日)

두일[30]은 석병의 남쪽 수 정(町) 떨어진 곳에 있고 경지는 적다. 인가는 31호이고 어선은 1척이 있다. 정어리 분기망 · 삼치 낚시 · 채조 등을 행한다.

삼정동(三政洞, 삼정)

삼정동은 두일의 남쪽에 있다. 삼동(三東) · 삼서(三西) · 범진(凡津)의 세 마을로 이루어진다. 앞 연안에 암초가 많아 선박을 정박하기 불편하다. 인가는 총 87호이고 삼정동의 뒤에 관이 소유하는 구목장(舊牧場)이 있다. 십수 년 전까지는 목축이 왕성히 이루어졌지만 현재는 개간하여 경작지가 되었다. 주민은 어업에 종사하는 자가 적지만 여전히 삼동에 3척, 삼서에 2척, 범진에 2척의 어선이 있다. 멸치 분기망, 삼치 및 잡어 낚시 등을 행한다. 범진에는 지예망 1통이 있고 앞 연안에서 사용한다. 채조업은 모두 매우 왕성히 행한다.

구룡포(九龍浦)

장기갑(長鬐岬)의 남쪽에 있는 작은 만으로 삼정동(三政洞)의 남쪽 10여 리에 있다. 삼정동의 동남쪽은 사라말(士羅末)[31]이라고 부른다. 남쪽을 향해 만입하고 갑단(岬端) 근처에 암초가 길게 이어져 북쪽에서의 풍랑은 제법 막아주지만, 만이 남동쪽을 바라보고 열려 있어서 동쪽에서 남쪽에 이르는 바람은 피하기가 어렵다. 그렇지만 그 남쪽 각(角)의 서쪽에는 얼마간의 사빈이 있고, 그 전면에 큰 암초가 산재해 있어 파도를 막고 있기 때문에 수 척의 어선이 이곳에 정박할 수가 있다. 만에 연하는 마을로는 구룡포 · 창주(滄州) · 약전(藥田) · 하병(下柄) 등이 있다.

---

30) 원문에는 斗目으로 되어 있으나 斗日의 오기이다.
31) 현재는 사라끝이라고 한다.

창주(滄州, 창쥬) · 약전(藥田, 약젼) · 하병(下柄)

구룡포는 만의 북동쪽, 사라말의 서쪽에 위치한다. 창주는 그 서쪽에 나란히, 약전은 만의 서쪽 귀퉁이에, 하병은 남쪽 각의 북쪽에서 남쪽으로 걸쳐서 위치한다. 그리고 이들 여러 마을 중 어업을 영위하는 마을은 구룡포, 하병 두 촌락이고 다른 곳은 완전한 농촌이다.

후동(厚洞) · 눌대(訥臺, 눌디)32)

약전에서 서쪽으로 흐르는 계류를 건너면 후동, 눌대가 있다. 주민들이 대부분 농경에 힘써 계류 근처 일대에는 비옥한 논이 개간되어 있다. 약전의 동쪽에 작은 계류가 통과하여 만 안으로 흐르고, 그 양쪽 기슭에 얼마간의 미개척지가 있다. 그렇지만 매우 좁고 작은 데다가 땅이 낮기 때문에 주민들이 방치하여 신경쓰지 않는다. 약전 부근으로부터 북동쪽의 구룡포에 이르는 일대는 평평한 사빈으로 지예에 적합하다. 구룡포는 만에 연하는 각 촌락 중에서 주요한 곳으로 인가 40~50호가 있다. 농업을 주로 하지만 또한 마을 사람 모두가 해조류 채집에 종사한다. 어업은 성하지 않지만 그래도 어선 5척, 지예망 1통, 방어 · 삼치 권망 1통이 있다. 정어리 분기망(焚寄網), 삼치 예승, 기타 잡어업 역시 행한다. 이 지역 부근 앞바다는 유명한 삼치 어장으로, 조선인과 일본인이 운집하는 경우가 많다. 조선인은 주로 모포(牟浦) 북쪽 청하군(淸河郡) 연안에서 출어하는 자가 있다. 약전에서 장기읍까지 20여 리, 영일만(迎日灣)의 포항까지는 40여 리이다. 산길이기 때문에 교통이 불편하다.

북하리(北下里)

구룡포 만의 서남쪽 모퉁이에 있는 지내동(只內洞)과 그 남쪽 끝에 있는 하량동(下兩洞)으로 구성된다. 인가는 총 62호, 어선 1척이 있다. 정어리 분기망, 삼치 예승 등을 행한다.

---

32) 「조선5만분1지형도」에는 長吉, 1872년 「地有圖」에는 「長邱」로 되어 있다.

송정동(松丁洞, 송뎡)[33]

한편으로는 간하성(干河城)이라고 부른다. 북하리의 남쪽에 있다. 배의 정박이 편하지 않다. 인가 30호가 있고, 농업과 더불어 해조류 채집에 종사하고 있다.

임물동(臨勿洞, 림물)

송정동의 남쪽에 있다. 인가 37호, 주민은 농업을 주로 하는 한편 해조류 채집에도 종사한다.

장구동(長口洞, 쟝구)[34]

임물동의 남서쪽에 있다. 인가 44호, 어선 2척이 있다. 농업과 아울러 해조류 채집과 잡어업에 종사한다.

조암(鳥岩, 됴암)[35]

장구동의 남쪽에 있다. 인가 60호, 어선 8척이 있다. 삼치 유망, 청어 자망, 수조망 등이 활발하다. 주요 수산물은 고등어 · 삼치 · 가자미 · 미역 · 우뭇가사리 등이다. 지역이 협소하고 생산물이 부족하여 일용품은 대부분 다른 곳으로부터 공급받는다. 부근 시장까지의 거리는 부조(扶助)까지 50리, 경주(慶州)까지 80리, 장기읍까지 15리이다.

서면(西面)

북쪽으로 북면에, 남쪽으로는 현내면에 접한다. 해안선이 매우 짧다. 각 어촌의 인가는 겨우 93호, 어선 6척에 불과하다. 그렇지만 연안에 장기군 제일의 항만이 있다. 모포(牟浦)라고 부른다. 어선과 상선이 모이는 곳이다.

---

33) 현재의 구룡포읍 하정리(河亭里)의 송정이다.
34) 원문에는 長口라고 되어 있으나 長吉의 오기이다.
35) 현재의 지명은 새바위이다.

모포(牟浦, 무포)

구룡포로부터 남쪽으로 약 4해리로 제법 현저하게 만입한다. 그 북동쪽 각의 남쪽에 위치하는 곳을 모포라고 한다. 앞쪽에는 십수 칸의 방파제를 쌓아 남동쪽의 파도를 막는다. 게다가 수심이 제법 깊어 대부분의 배를 수용하기에 지장이 없다. 어선은 넉넉히 십수 척을 정박하기에 충분하다. 인가 십수 호가 연안을 따라 산재해 있다. 모두 어업가구로 전체가 고용인[從業者]이다. 주요 수산물은 정어리 · 가자미 · 방어 · 삼치 · 도미 · 해조류 등으로 지예망 · 수조망 · 자망 · 예망 · 연승 등을 행한다. 그렇지만 해조류 외에는 생산이 많지 않다. 이곳에 일본인 정주자 1호가 있다. '도가와상점[十河商店]'으로, 콩과 기타 잡곡, 해조(미역 · 우뭇가사리) 구입을 목적으로 하며 아울러 잡화를 매매한다. 이번 융희 3년으로부터 5년 전, 해조류를 사 가기 위해 시작했는데 3년 전에 결국 정주하기에 이르렀다고 한다. 이 지역의 정면 연안은 암초 혹은 자갈이 흩어져 있지만, 서쪽 5~6정(町), 만 안쪽 일대는 모두 평탄한 사빈이다. 이곳에 한 마을이 있는데 칠전(七田)이라고 부른다.

칠전(七田)

부근은 다소 평지가 펼쳐져 있고 경작지로 대부분 개간되었다. 인가 수십 호는 모두 농업을 주로 하지만 정어리 지예에도 종사한다. 모포의 주민은 곧 이 지역주민의 고용인인 경우가 많다. 장기읍은 이곳으로부터 서쪽 10리 이상 떨어져 있다. 도로가 험하지 않아 왕래에 편하다. 모포항은 곧 이 지역의 집산지이다. 장기읍 부근의 명촌(明村)에 일본인 사토 아무개[佐藤某], 오카다 아무개[岡田某]가 공동으로 경영에 관계하는 석탄갱이 있다. 이곳에서 운반된 후에 부산지방으로 보낸다. 그 적치장은 모포, 칠전의 중간에 있다. 확인해 봤더니 그 품질은 양호하지 않았다. 칠전의 남쪽, 즉 만의 정면인 사빈에 미에현(三重縣) 아예군(阿藝郡) 백총촌(白塚村) 어부가 정어리 지예를 목적으로 작은 집을 지었다. 2~3년 전부터 통어했는데 최근에 이곳에서 해를 넘기기에 이르렀다고 한다.

대초동(大草洞, 딕됴)[36]

칠전에서 남쪽으로 수 정(町), 작은 계류를 건너 그 남쪽 기슭에 있다. 그 한 마을인 이진(爾津)에는 어선 3척이 있고, 수조망, 자망, 해조류 채집 등을 행한다.

현내면(縣內面)

북쪽은 서면(西面)에, 남쪽은 내남면(內南面)에 접한다. 연안에서 약 10리 떨어진 내륙에 장기읍(長鬐邑)이 있다. 장기읍의 안쪽에서 발원하여 죽하동(竹河洞)에 이르러 바다로 흘러 들어가는 수륙천(水陸川)[37]이 있다. 하구에서 농어를 많이 생산한다.

수용포(水用浦, 수뇽)[38]

대초동(大草洞)의 남쪽에 있다. 관암동(冠岩洞)의 일부이고 어업에 종사하는 자가 많다. 어선 4척이 있다. 게 자망, 청어 자망, 청어 수조망, 채조 등이 성행한다. 게와 해조는 다른 곳에 수출한다.

관암동(冠岩洞)[39]

수용포의 남쪽에 있다. 수용포와 함께 인가를 합치면 112호가 있다. 어업에 종사하는 자가 많다.

죽하동(竹河洞, 쥭하)[40]

관암동의 남쪽 수륙천의 하구에 있다. 주민은 어업에 종사하는 자가 많고 수조망,

---

36) 「조선5만분1지형도」에는 大津里(大草)라고 기록되어 있다.
37) 현재는 장기천이라고 한다.
38) 현재는 수룡포라는 지명이 남아있다.
39) 현재는 영암리(靈岩里)라는 지명이 남아있다.
40) 현재의 신창1리항에 해당한다.

청어 자망, 채조 등을 행한다.

창암동(倉岩洞)[41]

죽하동의 남쪽에 있다. 어선 2척이 있다. 어업의 상태는 죽하동과 같고 해조를 많이 생산한다.

양포(良浦, 량포)

창암동의 남쪽에 있는 작은 만이다. 서쪽으로 만입해서 서풍 및 남풍을 막을 수 있고 작은 배를 정박하기에 적당하다. 연안은 평탄한 사빈이고 2~3개의 마을이 있지만 주민은 대개 농업에 종사한다. 그렇지만 만 내에 정어리가 생산되어 일본인 중 이곳을 근거지로 지예망을 사용하는 자가 있다. 어획물은 삶아서 말린 정어리 및 짠 지게미[搾糟]로 제조한다.

황계동(黃溪洞)

창암동의 남쪽에 있다.[42] 인가 45호, 어선 2척이 있다. 수조망 · 자망 · 채조 등을 행한다.

소봉(小峰)

황계동의 남쪽 수 정(町) 떨어진 곳에 있다.[43] 연안에 암석이 많다. 인가는 45호이고, 채조 및 각종 어업에 종사한다.

적석(赤石, 젹셕)

양하(陽下) 혹은 원하동(院下洞)이라고도 한다.[44] 소봉과 마찬가지로 연안에 암석

---

41) 현재의 신창2리항 주변이다. 갑바우라는 지명이 남아있다.
42) 양포를 사이에 두고 창암과 마주보는 곳이다. 양포만의 남쪽에 황계라는 지명이 남아있다.
43) 현재의 계원2리에 소봉대라는 지명이 남아있다.
44) 현재의 두원리에 원하라는 지명이 남아있다.

이 많아서 배를 정박하기에 불편하다. 인가 45호가 있다. 수조망 · 분기망 · 게 자망 · 삼치 낚시 · 채조 등을 행한다.

내남면(內南面)

북쪽은 현내면에, 남쪽은 양남면(陽南面)에 접한다. 연안은 굴곡이 적고 암초가 많아서 겨우 감포(甘浦)에 배를 정박할 수 있다.

감포(甘浦)

적석동에서 남쪽으로 약 10리 떨어진 곳에 있다. 송태말(松台末)의 남쪽에 있는 작은 만이고 만입이 다소 깊어서 바람을 피하기에 적당하다. 연안은 백사(白沙)이고 지예망의 좋은 어장이다. 그 남서쪽 모퉁이에 인가가 있다. 어업에 종사하는 자가 많다. 어선 9척, 지예망 3통이 있다. 지예망 이외 수조망 및 채조 등이 성행한다. 삼치 어기에는 일본 어선이 와서 모이는 경우가 많다. 그 활황이 구룡포에 뒤지지 않는다. 또 일본인 중 이곳에 근거해서 정어리 지예망에 종사하는 자가 있다.

장진(長津, 장진)

감포에서 남쪽으로 약 5리 떨어진 작은 하천 입구에 있다. 인가 20호, 지예망 1통이 있다. 지예망 이외에 수조망 · 잡어 낚시 · 채조 등을 행한다.

고라(古羅)

장진의 남쪽에 있다. 인가 49호, 어선 3척이 있다. 그물 어업은 수조망뿐이지만 큰 상어 및 잡어 낚시 어업이 성행하고, 특히 상어 낚시는 수백 년 전부터 행해온 이 마을의 특수한 어업이다. 매년 음력 4~9월까지를 최성어기로 하고, 약 10해리 떨어진 앞바다[衝合]에 이르러 가오리를 미끼로 해서 어획한다. 그리고 지느러미는 관찰사가 보낸 사람[派員]이 와서 그것을 사들이는 예가 있었다. 해조 또한 매우 많아 미역 · 김 · 우뭇가사리 등이 생산된다. 우뭇가사리는 오로지 제주도 및 일본에서 건너온 잠수부(潛水婦)의 채취에 의존한다.

가곡동(家谷洞)

고라에서 남쪽으로 약 5리 떨어진 곳에 있다. 앞쪽 연안은 다소 만형을 이룬다. 백사이고 지예망의 좋은 어장이다. 인가 93호, 어선 2척이 있다. 수조망 · 잡어 낚시 · 채조 등이 성행한다.

대본동(坮本洞, 딕본)

가곡동에서 남쪽으로 약 5리 떨어진 용천(龍川)의 하구에 있다. 연안은 백사이고 겨우 만형을 이룬다. 그 한 모퉁이에는 암초(岩礁)가 빽빽하게 늘어서 있는데, 그 사이에 작은 배 수 척을 들일 수 있는 정박장이 있다. 인가 64호, 어선 3척이 있다. 수조망을 행한다. 지예망의 좋은 어장이지만 겨우 잡어를 어획할 뿐이다. 정어리는 매우 적다.

봉길동(奉吉洞)

대본동에서 남쪽으로 약 5리쯤 떨어진 곳에 있다. 농촌이고 어업에 종사하는 자는 없다. 겨우 채조를 행할 뿐이다.

양남면(陽南面)

북쪽은 내남면에, 남쪽은 울산군에 접한다. 연안은 매우 길지만 굴곡이 적고 좋은 항만이 부족하다. 어업이 활발하지 않다.

모포(牟浦, 무포)

나리(羅里)라고도 한다. 봉길동의 남쪽에 있다. 정박하기에 위험하다. 인가 51호의 농촌이고 어선은 없다. 미역을 생산한다.

죽전(竹田, 쥭젼)

모포에서 남쪽으로 5리쯤 떨어진 곳에 있다. 항의 형세를 이루고 있지 않다. 주민은 주로 농업에 종사하고 겨우 어선 1척, 수조망 1통이 있을 뿐이다.

읍천(邑川, 읍쳔)

죽전에서 남쪽으로 약 5리 떨어진 곳에 있다. 연안에 암석이 많지만 작은 배를 정박할 수 있다. 인가 55호, 수조망, 어선 1척이 있다. 채조업이 다소 활발하다.

하서리(下西里, 하셔)

읍천의 남쪽에 있다. 인가가 겨우 10호 정도인 작은 마을이지만 상업지이고 시장이 있다. 어업은 매우 부진하다. 다만 채조에 종사하는 자가 있을 뿐이다. 일본인 중 이곳을 근거로 해서 지예망을 사용해서 정어리를 어획하는 자가 있다.

수념동(水念洞)

읍천의 남쪽에 있다. 인가 87호의 농촌이고 일용 물자의 과반을 자급할 수 있다. 수조망, 어선 4척이 있다. 미역이 있지만 그 생산이 매우 적다.

관성(觀星, 관셩)

수념동의 남쪽에 있다. 연안은 평탄한 사빈이고 지예망의 좋은 어장이다. 주민은 농업을 주로 하고 어업에 종사하는 자가 적다. 그렇지만 근해에 어류가 매우 풍부하기 때문에 일본인 중 와서 이곳에 근거해서 지예망을 사용하는 자들이 2조(組) 있다. 정어리를 주로 하고 갈치 · 삼치 · 전갱이 등을 어획한다. 정어리는 말린 것 · 삶아서 말린 것 · 짠 지게미[搾糟] 소금에 절인 것 등으로 제조한다.

경상남도(慶尙南道)

제1절 울산군(蔚山郡)

개관

연혁

원래 신라의 굴아화촌(屈阿火村)이다. 경덕왕(景德王) 때 하곡현(河曲縣)으로 고쳤다. 고려 태조 때 동진(東津)·우풍(虞風) 두 현을 합하여 흥려부(興麗府)로 삼았다가 후에 공화현(恭化縣)으로 강등하였다. 조선 태종 12년에 비로소 울산(蔚山)이라 불렀고, 세종 19년 도호부로 삼았다가 뒤에 군(郡)으로 강등하여 지금에 이른다.

경역 및 연안의 형세

남쪽은 양산군(梁山郡)에, 북쪽은 장기군(長鬐郡) 및 언양군(彦陽郡)에 접한다. 연안선은 약 88해리에 이르고 굴곡과 출입이 많다. 그 만입이 가장 깊고 또한 큰 것을 울산만이라고 한다. 동쪽 연안에 유수한 양항(良港)이 있다. 군 내에는 태백산맥의 주계(主系)에서 나누어져 남동 혹은 동쪽으로 달리는 여러 산맥이 있고, 많은 하천이 그 사이를 흘러 동쪽으로 바다에 들어간다. 가장 큰 것은 태화천[大和川]과 회야강(回也江)[1]이다. 태화천의 양쪽 기슭은 넓고 기름진 들로 유명한 미곡 생산지이다. 태화천에 연하여 울산(蔚山)·병영(兵營)·신장대(新場臺) 등 번성한 시읍이 있다. 서생강 하류의 서쪽 기슭에도 또한 다소 넓은 경지(耕地)를 볼 수 있다. 그 연안에 남창(南倉)과 성내(城內) 시장이 있다.

울산읍(蔚山邑)

울산읍은 울산만 안에서 약 10리 떨어진 내륙에 있다. 좌우에 울산평야를 끼고 상업이 번성한 시읍으로, 군아·경찰서·재무서·우편전신취급소 등이 있다. 일본인으로 재주하는 자가 많고 병영 지역 재주자와 함께 일본인회(日本人會)를 조직하고, 심상(尋常)·고등(高等) 소학교를 설립했다. 호수는 76호, 인구는 227인이다. 지난 융희 2년 중에 이곳의 이출입품(移出入品)의 가액은 합계 103,989원이고, 이 중 이출은 44,011원, 이입은 59,978원이었다.

울산군은 농업이 가장 성한 곳으로 어업에 종사하는 자는 매우 적다. 그렇지만 연해는 어패류·해조류가 풍부하고, 어선 약 200척, 정치어장(定置漁場) 60여 곳이 있다. 지예망 어장도 또한 매우 많다. 매년 일본인의 내어가 매우 많다.

물산

물산은 농산물을 주로 하고, 그 중 콩과 쌀의 생산이 많다. 울산군의 이출품 중 주류는 이 두 품목이다. 수산물 중 주요한 것은 대구·청어·조기·도미·넙치·고등어·갈치·상어·복어·가오리·전복·미역·우뭇가사리라고 한다.

구획

울산군은 13개 면으로 나눈다. 바다에 연하는 것은 강동(江東)·동(東)·대현(大峴)·청량(靑良)·온산(溫山) 5개 면이다.

---

1) 아래에는 서생강이라고 하였다. 현재는 회야강이라고 부른다.

강동면(江東面)

북쪽은 장기군에, 서남쪽은 농동면(農東面)과 동면(東面)에 접한다. 북부는 약간 활 모양의 만입을 이루고, 남부는 조금 바깥쪽으로 돌출해서 험한 절벽을 이룬다.

지경동(地境洞)

지경동(地境洞, 지경)은 강동면의 북단 산기슭에 있는 작은 마을인데 경지는 적다. 남북으로 사빈이 있는데 남쪽에 있는 것이 다소 넓고, 길이 약 10리에 이른다. 그 안쪽에 다소 평탄한 경지가 있다. 주민은 어업을 주로 하고 게자망 · 작은 상어[小鱶] 자망 · 상어 연승 · 잡어 연승 · 갈치 외줄낚시 · 채조(採藻) 등에 종사한다. 보통 20해리 이상의 앞바다에서 어획하고, 연안은 모두 일본인이 와서 어획한다. 연안에 시마네현[島根縣] 어민으로 지예망 어업에 종사하는 자가 있다. 군내의 시장은 교통이 불편하므로 주민은 이웃 군의 하서(下西) 시장이나 부산으로 왕래한다.

정자포(亭子浦, 졍즈)

정자포는 지경동의 남쪽 약 5리에 있는 암초각[礁角]의 기점에 있다. 뒤쪽은 융기해서 탄금산(彈金山)에 이어지고, 앞쪽 연안에는 암초가 산재한다. 만구는 남동쪽으로 열려있어 북풍을 피할 수 있지만 남풍이 강하게 불 때에는 정박이 위험하다. 인가는 68호, 어선 9척, 지예망 1통이 있다. ▲ 음력 3~6월까지는 수조망 ▲ 9~10월 두 달은 갈치 낚시 ▲ 10월부터 이듬해 2월까지는 상어 연승에 종사한다. 옛날에는 정어리 분기망이 성행했지만 요즘은 흉어기이기 때문에 중단하고 있는 모습이다. 채조(採藻)가 매우 왕성해서 미역 · 김 · 파래 · 진두발[2] 등이 많다. 부근에 울산 · 병영 · 내황(內隍) 등의 시장이 있다. 내황과의 왕래가 가장 빈번하다.

---

2) 돌가사릿과의 해초. 크기는 40~50cm이며 줄기의 윗부분은 부채 모양이다. 빛깔은 붉은 자주색이고 홀씨주머니무리는 온몸에 흩어져 있다. 호료나 벽토용 페인트 원료로 쓴다. 해안의 암초 사이에서 떼를 지어 자라는데, 한국의 해안 전역과 일본 등지에 분포한다.

판지동(板只洞)

판지동은 정자포의 남쪽에 있는 인가 12호의 작은 어촌이다. 어선 6척이 있고, 수조망·삼치 연승·잡어 연승·갈치낚시 등이 매우 성하다.

저전포(楮田浦, 져젼포)

저전포는 판지동에서 남쪽으로 수 정(町) 떨어진 곳이며 돌출한 갑각의 남쪽에 있다. 어선을 정박할 수 있고 남풍을 피하기에 안전하다. 인가 45호가 있고, 마을 사람들은 농업을 주로 한다. 부근의 경지가 매우 넓지만 어선도 8척 있다. 수조망·대형상어[大鱶] 연승·갈치낚시·잡어 연승 등을 행한다. 수조망은 작은 가자미·작은 가오리·달강어 등을 어획한다. 연안에는 미역이 많고, 채취장은 약 20곳이다. 1년의 수확은 120관문(貫文)을 웃도는 경우가 있다.

당사동(堂社洞)

당사동은 저전포[3]의 남쪽 5리 남짓 되는 곳으로, 방왕말(龐王末)의 남쪽에 있다. 만구는 남쪽으로 열려있어 북풍을 막아준다. 뒤쪽에는 송림(松林)이 울창하다. 인가 34호, 어선 9척이 있다. 어업의 형태는 저전포와 마찬가지이고, 작은 가자미·가오리·미역 등을 생산한다. 부근에는 울산·내황·병영 등의 장시가 있다. 모두 당사동과 30~40리 정도 떨어져 있다. 이곳은 땔나무가 매우 풍부하여 벌채해서 제염지로 수송한다.

동면(東面)

북쪽은 강동면(江東面)과 하부면(下府面)에 접하고, 동·서·남 세 면은 바다에 면한다. 즉 본면은 서쪽으로 울산만을 형성하는 반도로, 연안의 굴곡이 많아 양항(良港)

3) 원문에는 横田浦로 되어 있으나 楮田浦의 오기로 생각된다.

이 많은데, 미포(尾浦)와 방어진(方魚津)이 가장 유명하다.

주전동(朱田洞, 쥬젼)

주전동은 당사동(堂社洞)의 남쪽 5리 쯤에 있고, 앞쪽 해안에 암초가 흩어져 있어 선박의 출입이 불편하다. 인가 59호, 어선 12척이 있다. 정어리 분기망 · 갈치망 · 잡어 연승 등을 행하지만 채조업(採藻業)이 가장 번성해서 어선은 주로 여기에 사용한다. 미역은 실로 주요한 산물이다.

미포(尾浦)

미포(尾浦)는 '미포(美浦)'라고도 쓴다. 주전동의 남쪽 약 5리 되는 곳에 얕게 들어간 만이다. 만구는 동쪽으로 열려있고, 막아주는 것이 없지만 만 내는 북단(北端)에서 남쪽까지 20정(町) 정도의 일대가 완경사를 이루는 사빈이다. 또 만 내의 해저(海底)는 장애가 될 만한 것이 없으므로 지예 어장으로 특히 좋다. 더욱이 만의 남쪽 귀퉁이가 아남말(阿南末)이라는 협경지[頸地]이고, 작은 구릉이 북쪽으로 뻗어 동쪽을 약간 차단한다. 때문에 여러 척의 어선이 이곳에 배를 매어둘 수 있을 뿐 아니라 만약 바람으로 바다가 거칠어지면 배를 끌어올리기 매우 쉽다. 이곳은 시마네현[島根縣] 니마군[邇摩郡]과 미노군[美濃郡]의 어민 근거지로 현재 거주자는 니마군 13호 32명, 미노군 3호 30명이라고 한다. 이들은 정어리 지예를 주목적으로 하는 자로 현재 사용하는 지예망은 5통 있다.

미포의 마을은 만의 북쪽 귀퉁이에 있는데 동 · 서 두 마을로 이루어진다. 동쪽에 있는 것은 외미포(外尾浦), 서쪽에 있는 것을 내미포(內尾浦)라고 한다. 그리고 외미포는 어업을, 내미포는 농업을 주로 한다. 인가는 합해서 70호 가량이고, 어선 17척이 있다. 외미포의 동쪽, 즉 만의 북동각(北東角) 부근에는 암초(岩礁)가 흩어져 있어 미역 · 김 · 풀가사리[海蘿] · 진두발 · 우뭇가사리 등이 많이 착생한다. 때문에 채조업이 가장 성행하여 매년 일본 잠수부(潛水婦) 및 제주도 잠수부(潛水婦)의 내어가 적지 않다. 기타 어업은 정어리 분기망 · 갈치 낚시 · 상어 및 잡어 연승 등을 행한다.

대변(大便)

미포의 서쪽에 대변이라는 농촌이 있다. 부근에 다소의 경지가 있지만 토지가 척박해서 농산이 풍족하지 않다. 미포만 안 일대에는 소나무숲이 이어져 있고, 부근은 다소의 황무지가 있다. 소나무숲의 중앙에 큰 바위가 있는데, 낙화암(落花岩)이라고 한다. 그 측벽에 글자가 새겨져 있다. 전하기를, 옛날 미인이 이 바위에서 바다로 몸을 던져 죽었기 때문에 이런 이름이 있다고 한다. 그렇다면 당시 바닷물이 이 바위까지 이르렀단 말인가? 생각건대 울산군의 유명한 유적 중 하나로 칭해지는 곳이고 또한 이 지방의 경승지 중 하나일 것이다. 미포에서 서쪽인 대변 · 동부(東部) · 서부(西部) 등을 지나 울산만에 면하는 염포(鹽浦)까지 약 10여 리이고, 울산 본부(本部)까지 35리라고 한다. 부근 장시는 울산 · 병영(兵營) · 내황(內隍)이라고 한다. 울산까지는 35리, 병영까지는 30리, 내황까지는 25리이다.

전하포(田下浦, 전하)

전하포는 아남말(阿南末)의 남쪽에 있는 작은 만으로 아남말은 전하포와 미포만(尾浦灣)의 경계가 된다. 전하포도 일대가 평평한 사빈이라 지예에 좋은 어장이다. 그러나 계선의 편리함에 있어서는 아남말의 북쪽인 미포만의 남쪽 모퉁이만 못하다. 마을은 아남말이라는 협경지[頸地]에 걸쳐 있고 북쪽의 미포만과 남쪽의 본만을 따라 30여 호가 있다. 어선 9척을 가지고 있고 10여 해리의 앞바다로 출어하여 도미 · 대구 · 가오리 · 작은 상어 등의 연승어업에 종사한다. 예전에 연승 · 자망 및 분기망 등으로 청어 · 정어리 어업이 매우 성하였다가 최근에 어군이 감소해서 크게 쇠퇴하였다. 또 큰상어 연승에 종사하는 경우도 있었으나 군리(郡吏)들이 학교자금이라고 해서 상어 1마리 당 100문 내외를 징수하는 폐단을 감당하지 못하여 결국 폐업하는 지경에 이르렀다. 어획물은 주로 내황(內隍) 시장으로 보내고 미곡은 울산 시장에 의존한다.

일산진(日山津)

일산진은 전하포만의 남각(南角)과 울기(蔚埼)에 의해서 형성된 작은 만이다. 만의 입구는 동쪽으로 열려 있다. 입구가 협소하고 암초가 많지만 안은 다소 넓고 수심도 깊다. 남북으로 높은 산이 가로놓여 있어서 풍랑을 막아준다. 만의 북서쪽 안에 인가 28호가 있는데 어업에 종사하는 호가 많으며 어선 10척을 갖고 있다. 정어리 분기망, 상어 · 잡어 연승, 갈치낚시 등이 매우 성하다. 만의 머리에 사빈이 있고 정어리 지예망을 하기에 좋은 어장이지만 전적으로 시마네현[島根縣] · 후쿠오카현[福岡縣] · 미에현[三重縣] 등에서 도래한 어민에게 내맡기고 마을사람들은 이에 종사하지 않는다. 이미 이곳에 정주하고 있는 일본어민이 2호 22인이다.

방어진(方魚津)

옛날에는 '방어진(魴魚津)'으로 썼다. 울기의 서쪽, 즉 울산만 남각의 화암추(花岩湫) 동쪽에 위치한 작은 만이다. 만 입구가 남쪽으로 열려 있어 남풍을 막아주지는 못하지만 수심이 깊고 외해에 접하여 선박의 출입이 편리하다. 인가 35호가 있으며 부근에 경지가 있는데 논이 많고 땔감도 많다. 예전에는 어업에 종사하는 자가 많아서 울산군에서 손꼽을 만한 좋은 어촌이었으나 최근에 일본어민에게 압도되어 크게 쇠퇴했다. 그러나 여전히 정어리 분기망 · 지예망, 잡어 연승 등을 행한다. 일본인들이 그 어기를 좇아 내어하여 연중 그 자취가 끊이지 않는다. 삼치 유망 · 예승 어업이 가장 성하고 그 다음이 정어리 지예망 · 잠수업이다. 가을에 삼치어업이 절정을 이루면 이곳에 폭주하는 어선이 300척 이상, 승선인원은 약 1,500명에 달한다. 주로 가가와현[香川縣] · 오카야마현[岡山縣]에서 내어하는 자들이다. 항상 이들을 따라서 내어하는 일본인 무리가 있다. 연안에 임시가옥을 짓고 음식점과 극장을 열어 전적으로 어민을 고객으로 상대한다. 어민은 이곳에 이미 정주한 것이 14호 47인이다. 그중 10호는 후쿠오카현 치쿠호수산조합[筑豊水産組合]에서 운영하는 이주단체이다. 또 이에 따라 일본인이 정주하여 잡화점 · 주조업 · 이발업 · 음식점 · 숙박업[旅宿業] 등을 하고 있다. 일시적으로 건너온 사람들을 통틀어 호수는 약 160호이고 남자 약 260인, 여자 약 340인에 이른다. 이 같은 발전은 최근의 일로 아마 요즘의 기세로 보아선 장래 변화가 현저할 것으로 생각된다. 예전에 장승포 · 내해 등 부근의 이주민과 공동으로 일본인회를 조직하였지만 최근에 분리되어 이곳에 독립적으로 그 회를 조직했다. 이주상인 중에 어업을 겸하는 자도 있는데 연안에서 지예망 · 호망(壺網) 등을 사용한다. 지예망은 정어리를 주로 하고 호망으로는 청어 · 방어 · 감성돔 · 볼락 등을 어획한다.

울산만(蔚山灣)

울산만은 방어진의 서쪽에서, 북쪽으로 깊이 들어간 큰 만이며 만 내는 다소 굴곡이 있다. 만 안과 동쪽 연안은 동면에 속하고 서쪽 연안은 대현면(大峴面)에 속한다. 만 입구의 폭은 겨우 1.5해리에 불과하지만 만입이 4.5해리에 달한다. 만 내에 이르면 멀리까지 얕다. 썰물 때, 연안에 모래 언덕이 아주 넓게 드러나지만 만의 서안은 수심이 깊고 사방의 풍랑을 막아주는 작은 만이 있고 큰 배를 대기에도 족하다. 실로 부산 이북의 좋은 항만 중 하나다. 또 울산만은 유명한 청어 어업지로 그 성한 모습이 아마 전국에서 으뜸갈 것이다. 어구는 주로 정치망[魚帳]과 어살[魚箭]을 사용한다. 만 안에는 꽤 넓고 큰 염전이 있다.

하화잠동(下花岑洞, 하화금)[4]

하화잠동은 울산만의 남단에서 약 1해리 정도 들어간 곳의 동쪽 연안에 있다. 인가 17호 정도의 작은 마을이지만 부근에 경지가 많고 연안에는 청어어장이 6~7곳 있다. 이곳에는 일본인의 정어리 지예망업과 통조림 제조업에 종사하는 사람들도 있다.

상화잠동(上花岑洞, 상화금)[5]

상화잠동은 대구두포(大口頭浦)라고도 부른다. 하화잠동에서 북쪽으로 몇 정(町)

4) 본문에 '下花岑洞'이라 쓰고 읽기는 '하화금동'이라 했으나 여러 정황상 '하화잠동'이 맞다.
5) 위와 마찬가지로 본문에 '上花岑洞'이라 쓰고 읽기는 '상화금동'이라 했으나 정황상 '상화잠동'이 맞다.

떨어진 곳에 있다. 인가 12호, 어선 2척이 있다. 청어 자망·연승 등을 행한다. 연안에 상태가 양호한 정치망어장[魚帳漁場]이 있다.

염포(鹽浦)

염포는 연포(連浦) 혹은 남포(藍浦)라고도 쓴다. 음과 한자가 비슷하기 때문일 것이다. 상화잠동에서 북쪽으로 약 10리에 있다. 인가가 겨우 20호 내외의 작은 어촌에 불과하지만, 옛날에는 염포영(鹽浦營)을 두어 만호(萬戶)가 다스리는 곳이었다. 현존하는 석성은 당시의 유적에 다름 아니다. 그리고 이곳은 옛날에는 부산포(지금의 고관〈古館〉)·제포(薺浦)와 함께 대일(對日) 통상항구로 지정되었던 곳이다. 당시 일본인이 항거(恒居)하는 자가 적지 않았고 번영했던 지역의 흔적이 남아 있다. 얼마 전부터 오카야마현의 어민 2호 6인이 정주하고 있다. 그들이 과연 옛날 동포들의 역사를 알고 있을지 모르겠다.

이곳에는 어선 3척이 있고 청어 자망과 잡어 연승 등을 행한다. 부근에는 정치망어장[魚帳漁場[6])이 많다. 거주하는 일본어부는 청어·방어 등을 목적으로 호망(壺網)을 사용한다.

신장기(新場基, 신장긔)

신장기는 울산의 북동만 안의 태화강(大和江) 입구에 있다. 인가는 30여 호이고 주로 농업과 상업을 하며 어업에 종사하는 사람은 적다. 내륙에는 경주·울산·병영(兵營) 기타 각 시읍(市邑)이 가까이 있고 미곡과 기타 물품은 모두 이곳을 통해 출입하므로 상선(商船)이 항상 폭주한다. 이곳에 정주하는 일본인은 5호 14인으로 무역과 주조업 등에 종사한다.

---

6) 조선시대 많이 설치된 정치망(定置網)으로, 정치망어장은 관유(대부분 궁내부 직속)와 민유(민간에세 임대)로 구분하여 어장사용로를 낸다.

대현면(大峴面)

북서쪽은 내현면(內峴面)에, 남쪽은 청량면(靑良面)에 접하며 원래의 현남면과 현북면을 합친 것이다. 울산만의 중앙에 돌출된 반도이고 연안에 양항이 있다. 그중에 장승포가 가장 유명하다.

양죽동(揚竹洞, 양죽)

양죽동은 울산만의 서쪽 연안인 신장기(新場基)의 남쪽에 있고 장승포와 겨우 갑각 하나를 사이에 두고 있다. 인가는 47호, 어선은 15척이 있다. 청어 자망 · 수조망 · 잡어 연승 · 어살(魚箭)과 정치망[魚帳] 등을 행한다. 어살과 정치망은 모두 어획이 적지 않지만 그중에서 어살 어장의 위치가 양호하다. 양죽동에서 남동쪽으로 수 정(町) 떨어진 바다 중간에 죽서(竹嶼)라고 하는 작은 무인도 하나가 있다. 그 주위에는 암초가 있고 우뭇가사리를 많이 생산한다. 매년 일본 잠수부(潛水婦)가 와서 활발하게 채취한다.

구정동(九井洞, 구정)

구정동 또는 장승포(長承浦)라 하고 또는 장생포(長生浦)라고 쓴다. 양죽동의 북서쪽으로 깊게 들어간 작은 만 입구의 남쪽 연안에 있다. 인가는 78호이고 농업과 상업을 영위하는 자가 많고 어업을 영위하는 자는 적다. 어업은 청어 자망 · 수조망 · 잡어 연승 · 갈치 낚시 등을 행하고 어선은 4척이 있고 정치망[魚帳] 어장은 한 곳이다. 이곳에 정주하는 일본인은 31호 199명이다. 대현면의 일부, 즉 원래의 현남면과 동면에 거류하는 일본인과 함께 울산만 일본인회를 조직하여 심상 · 고등 소학교(尋常 · 高等小學校)를 설립했다. 정주자 중 어업에 종사하는 자는 10호이고 그 외에 잡화상 · 여관 등을 영위한다. 부산세관감시소 · 순사주재소 · 우편소 등이 있고 해운으로는 정기선이 기항하며 육로 교통 역시 불편하지 않다. 부근에 남창(南倉) · 목도(目島) · 내황(內隍) 등의 여러 시읍이 가까이에 있어 물화의 집산이 빈번하다. 부산에서 성냥 · 석유 · 목면 · 주류 · 설탕 · 과자류 · 잡화 등을 수입하고 구정동에서 쌀 · 콩 · 식염 · 소 · 소가죽 · 담배 · 고래 · 청어 · 정어리 · 미역 등을 수출한다. 어류를 취급하는 도매상은 1호 있고 위탁판매는 매상액의 약 10%의 중개수수료를 거두어들인다. 구정동의 서쪽 만 내에 어살과 지예망을 하는 어장이 있다. 전자는 오로지 다른 마을 사람이 경영하는 곳이고 후자는 구정동 주민과 시마네현[島根縣] 어민의 공동어장[入會帳]이다. 구정동과 대안(對岸)의 사이를 왕복하는 일본인이 경영하는 도선(渡船)이 있으며 대안의 도선장에서 북쪽으로 수 정(町) 떨어진 곳에 동양포경주식회사 사업장 두 곳이 있다(그 입구는 원래 나가사키포경회사의 해체장이고 안쪽은 원래 동양어업회사의 해체장이었다.). 포획기[獵期]에는 포경선과 운반선의 출입이 빈번하다.

내해(內海, 닉히)

내해는 도선에서의 남쪽으로 수 정(町) 떨어진 곳에 있다. 용잠동(用岑洞)의 일부로서 일본인의 거류지이다. 항상 어민이 집합하는 곳으로서 어기의 성쇠에 따라 인구가 증감하지만 이미 정주하는 자가 약 20호이고 어업과 통조림업에 종사하는 자 외에 여관 · 요리점 등을 영위하는 자도 있다. 그중 가장 성공한 것은 효고현[兵庫縣]의 모리모토[森本] 아무개가 경영하는 통조림 제조소이다. 이 사람은 명치 25년부터 조선으로 건너와 잠수기업에 종사했지만 지금으로부터 10년 전부터 이곳에 이주하여 나잠부(裸潛婦)를 사용하여 전복을 주로 하는 한편 우뭇가사리 · 해삼을 채취했다. 전복은 주로 통조림으로 제조하는데 제조액은 해에 따라 증감이 있지만 통상적으로 4통들이[打入] 700상자(函) 내지 1,000상자이다. 가격은 1상자에 10원 50전 내지 11원으로서 부산과 나가사키를 거쳐 청국에 수출한다. 이곳에 잡거하는 조선인은 약 20호이다. 평지가 좁아서 다수의 이주자를 수용하기 어렵기 때문에 재류 일본인의 사업으로서 동쪽 해안을 매축하였다. 이전에 준공된 약 150~160평인 이곳에 울기(蔚崎) 어시장이 있다. 한때 개시하였지만 정주자가 매우 적어서 지금은 완전히 중지되었다. 연안에 청어 어살과 정치망이 있고 어업의 이득은 매우 많다.

용잠동(用岑洞, 용금)

용잠동은 내해에서 남쪽으로 얼마 떨어져 있지 않다. 연안은 만입이 얕고 어선 19척이 있다. 그중 13척은 어살과 정치망에 종사하는 것으로서 다른 마을 사람들의 소유이고 나머지 6척만 본 마을 사람들이 청어자망과 채조(採藻) 등에 사용하는 것이다. 미역은 매우 많고 그 수확은 매년 500관문(貫文)을 넘는다.

용연동(龍淵洞)

용연동은 용잠의 남쪽에 있다. 인가는 89호이고 농업을 주로 한다. 어선은 3척이 있고 잡어 연승과 갈치 낚시에 종사한다. 채조업이 매우 왕성하다.

남화동(南花洞)

남화동은 용연동의 남쪽, 울산만 입구의 서쪽 연안에 있다. 앞 연안에는 암초가 바둑판처럼 흩어져있고 해조가 많다. 부근에 산림이 있는데 민유(民有)에 속한다. 인가는 73호이고 어선은 4척이 있다. 상어 자망 · 갈치 낚시 · 작은상어 연승 · 채조업 등을 왕성하게 행한다. 미역 · 우뭇가사리 · 풀가사리 · 도박[銀行草][7] 등이 많다.

황암동(黃岩洞)

황암동은 남화동의 남쪽에 있고 인가 20호의 작은 마을로서 연안에 해조가 많다. 주민은 농업과 채조에 종사한다. 어선은 겨우 1척이고 여가에 낚시를 할 뿐이다.

천곡동(泉谷洞, 천곡)

천곡동은 황암동의 남쪽에 있고 인가 8호의 작은 마을로서 어선 1척이 있다. 청어자망 · 갈치 낚시 · 채조업에 종사한다.

---

7) 홍조류의 해조로, 풀가사리같이 접착제로 사용되었다. 학명은 *pachymeniopsis elliptica* 이다.

성외동(城外洞, 셩외)

성외동은 천곡동에서 북서쪽으로 약 3해리 떨어져 있고, 만입한 작은 만 안의 동쪽 만 입구에 있다. 앞 연안에 어살[魚箭]과 정치망[魚帳]을 하는 어장이 있지만 마을 사람들은 어업에 종사하는 자가 없다. 근해에 우뭇가사리 · 진두발 등의 해조가 착생하고 있다. 예년 일본과 제주도 잠수부의 내어가 왕성하다. 또한 이곳에 정주하는 일본인은 1호 2명이다.

세죽포(細竹浦, 셰쥭)

세죽포는 성외동의 서쪽에 접하여 만의 안쪽에 있다. 주민은 어업에 종사하는 자가 많고 청어 자망 · 갈치 낚시 등이 왕성하다. 일본 어민은 이곳을 근거로 하여 가자미 수조망 · 도미 연승 · 가자미 외줄낚시 · 잠수기 · 나잠 등에 종사하는 자가 매우 많다. 특히 가자미 수조망과 그에 따르는 활주선(活洲船)이 와서 모이는 일이 가장 빈번하다. 어획물은 대개 내해로 보내 판매하지만 가자미는 끊임없이 활주선에 탑재하여 일본에 수송한다. 활주선은 적재량이 60석(石) 내지 150석으로서 1회에 약 3,000마리를 수용할 수 있다. 어획한 것은 먼저 만 내에 거치한 대나무통 안에 넣어두고 3일 이상 방치하여 활주 생활에 길들인 후에 이 배로 옮긴다. 최종 도착지인 효고(兵庫)에 이르기까지는 10일 내지 2주가 걸린다. 이미 이곳에 정주하는 일본인은 10호 69명이다. 어업에 종사하는 자 외에는 오로지 어민을 고객으로 한 음식점 · 잡화상 등을 영위하는 자도 있다. 세죽포에 조선해수산조합의 소유지가 있고 그 옆에 한일포경회사의 소유지도 있다. 본 항의 북쪽만의 양안에 5~6개의 마을이 있지만 주민은 주로 농업에 종사하고, 다만 어살을 설치하여 여가에 어업을 하는 자가 있을 뿐이다.

청량면(靑良面)

북쪽은 내현면(內峴面), 대현면(大峴面)에, 남쪽은 웅촌면(熊村面) · 온북면(溫北面) · 온산면(溫山面)에 접한다. 내륙으로 깊숙이 들어가 해안선이 매우 짧다.

신지동(新只洞)

세죽포(細竹浦)의 건너편 기슭에 있다. 인가 22호, 어선 4척이 있다. 청어 자망 · 삼치 유망 · 정어리 분기망 · 수조망 · 조기 연승 등이 성행한다.

목도(目島)

세죽포의 건너편 기슭에 있다. 해안이 멀리까지 얕아서 정박하기엔 불편하지만 좋은 지예 어장이다. 인가가 겨우 19호 있는 작은 마을이지만 매월 4 · 9일에 개시하고 물자의 집산이 비교적 활발하다. 일본어민들 사이에서는 세죽포보다도 오히려 목도가 더 유명하다. 청어 자망 · 조기 연승 · 작은상어 연승 · 도미 연승 등이 성행한다. 정치망어장[魚帳漁場] 1곳이 있다. 주요 수산물은 갈치 · 청어 · 가자미 · 넙치 · 조기 · 가오리 · 미역 · 우뭇가사리 등이다.

달포(達浦)

목도의 남동쪽에 있다. 만의 입구가 넓어 풍랑을 피하기에 적합하지 않다. 인가 36호, 어선 14척이 있다. 지예망 · 수조망 · 청어 자망 · 큰상어와 기타 연승이 성행한다. 이 지역에 지예망 어업에 종사하는 일본인들이 있다.

온산면(溫山面)

북쪽은 청량면에, 남쪽은 서생면(西生面)과 남면(南面)에 접한다. 연안은 사빈[8]이 넓어서 지예 망어장으로 적합하다.

이진(梨津, 리진)

달포의 남범월갑(南凢月岬)의 남쪽에 있는 얕은 만의 북서쪽 모퉁이에 있다. 연안은

---

8) 원문은 河濱으로 되어 있으나, 沙濱의 오자로 생각된다.

암석(岩石)이 많고 그 북쪽 모퉁이는 평탄한 사빈으로 지예망에 좋은 어장이다.[9] 인가는 26호, 어선 6척이 있다. 주민은 주로 어업에 종사하는데 청어 자망 · 수조망 · 분기망 · 소지예망, 복어 · 큰상어와 기타 연승 · 갈치 낚시 등이 성행한다. 그중 복어 연승과 갈치 낚시가 가장 중요한 어업이다. 일본인이 이 지역에 와서 지예망어업을 하는 경우가 있다.

대당포(太唐浦, 딕당)[10]

한편으로 월천(月川)이라고 부른다. 이진의 남쪽 5리쯤에 있다. 인가 83호, 주민은 어업에 종사하는 자들이 많다. 주요 수산물은 갈치 · 복어 · 청어 · 가자미 · 정어리 · 상어 · 미역 · 우뭇가사리 · 풀가사리[海蘿][11], 톳[鹿角菜][12] · 도박[銀杏草][13] 등이다.

소당포(小唐浦)

대당포의 남쪽에 만입하는 작은 만에 있다. 어선을 정박할 수 있지만 편동풍에는 위험하다. 인가 69호, 어선 6척이 있다. 어업 상황은 대당포와 같고 오직 어구에 정어리 지예망, 생산물에 미역이 빠질 뿐이다.

강구포(江口浦)

소당포의 남쪽 서생강(西生江)의 북쪽 기슭에 있다. 인가 20여 호, 주민은 농업을 주로 하지만 채조도 역시 성행한다. 어선 2척이 있다. 여가에 청어 자망 등에 종사한다. 서생강은 한편으로 대화천(大和川)이라고도 부른다.[14] 수원을 살펴보면 문주산

9) 지금은 만이 매립되어 공장부지를 건설 중이고 북쪽 사빈도 개발되었다.
10) 한글로는 딕당이라고 되어 있다.
11) 해라(海蘿)는 가사리이며 풀가사릿과의 해조류이다.
12) 녹각채(鹿角菜)는 일본에서 가사리와 톳을 의미한다. 여기서는 톳으로 생각된다.
13) 은행초(銀杏草)는 도박이라고도 하며, 지누아리과에 속하는 해조이다. 도박은 예전부터 은행초라는 상품명으로 일본에 수출되고 있었다. 이것은 주로 고아서 풀을 뽑아 석회와 섞어서 회벽을 바르는 데 사용하여 왔는데, 최근 합성수지로 된 대용품으로 대체되고 있을 뿐만 아니라 건축에서도 회벽이 줄어들고 있어서 도박의 사용도 점점 줄어들고 있다.『한국동식물도감 8 -식물편-』(강제원, 문교부, 1968)

(文珠山)[15] 부근에서 발원하고 하류에 이르러 대운산(大雲山)에서 발원한 지류와 합류하여 바다로 흘러드는데 강유역이 10해리에 이른다. 선박은 하구에서 상류로 약 2해리까지 거슬러 올라갈 수 있다. 강의 양 기슭에는 비옥한 논이 넓게 자리잡고 있어 농산이 매우 풍부하다. 지류의 상류에 남창시장[南倉市]가 있다. 물자의 집산이 비교적 활발하다.

강을 사이에 두고 남쪽 연안에 봉우리 하나가 높이 솟아 성곽처럼 둘러싸고 있는데 이를 옹성(甕城)이라고 부르며 서생포영의 옛 터이다. 먼 바다 위에서 볼 수 있는데 상당히 뛰어난 지세이다. 일본어부들은 가미노타이고[上の太閤]라는 이름으로 부른다. 생각건대 임진왜란 때 가토 기요마사[加藤淸正]가 축성한 곳이라고 전하는 터이기 때문이다.[16] 성의 내외에 마을이 있는데, 진하(陣下)[17]라고 한다. 매 5 · 10일에 장시가 열린다. 진하로부터 서생강에 이르는 일대는 평지로 제법 넓은 마을이 점점이 산재해 있다.

그 연안에는 일본 어부 중에 작은 오두막을 지어서 정어리 지예를 목적으로 하는 자가 있다.

제2절　양산군(梁山郡)

개관

연혁

본래 신라의 삽량주(歃良州)였다. 경덕왕 때 양주(良州)로 고쳤다가 고려 태조 때 양주(梁州)로 다시 고쳤다. 조선 태종조에 이르러 지금의 이름으로 고쳐 군(郡)으로

14) 대화천, 곧 태화강은 회야강의 오기로 생각된다.
15) 현재의 원효산(천성산)이다.
16) 울주군 서생면에 있는 서생포왜성을 말한다.
17) 현재는 鎭下라고 표기한다. 西生鎭의 아래라는 뜻이다.

삼았다.

경역 및 연안의 자세

북쪽은 언양군(彦陽郡)과 울산군에 접한다. 남쪽은 동래부와 기장군에 접한다. 해안선은 공단말(功端末)[18]에서 고동말(古洞末) 부근 효열동(孝烈洞)까지 약 4해리에 불과하다.[19] 연안의 형세와 어업의 상태는 대개 기장군과 매우 흡사하다. 공단말은 양산군의 북쪽 끝인 울산군에 접하여 돌출[斗出]된 갑각이다. 부근 일대는 광활한 초원을 이루고, 배후는 점점 융기하여 대운산맥에 이어지고 소나무로 울창하다. 연안은 모래와 자갈[沙礫]이며 바다 가운데 곳곳에 암초(岩礁)가 산재해 있고 그 맥이 뻗어서 앞바다 약 1해리까지 이어진다. 실제로 부산 · 울산 사이에서 항해하기 어려운 곳이다.

양산읍(梁山邑)

양산읍은 해안과 약 8해리 정도 떨어진 내륙에 있다. 군아 · 재무서 · 순사주재소 · 우체소 등이 있다. 매월 음력 1 · 6일 개시한다. 집산물은 소 · 돗자리 · 어류 · 포목 · 기름 · 소금 · 담배 등이 있다. 본읍 이외에 상삼(上森) · 화산(華山) · 연산(連山)에도 개시하지만 어느 곳도 집산이 활발하지 않다.

어업 및 수산물

연안에 있어서는 지예망과 채조, 앞바다에 있어서는 연승, 수조망과 갈치, 청어, 기타잡어 자망이 성행한다. 주요 수산물은 갈치 · 청어 · 조기 · 고등어 · 가자미 · 전어 · 붕장어[20] · 복어 · 전복 · 미역 등이 있다.

구획(區劃)

양산군은 7면으로 이루어져 있다. 바다에 인접하는 곳은 오직 외남면(外南面) 뿐이

---

18) 현재의 간절곶이다.
19) 현재는 울주군 서생면이다.
20) 원문에는 뱀장어[鰻]로 되어있지만 앞바다에서 어획한 것이므로 붕장어의 오기인 것 같다.

고, 주요 어촌의 정황은 다음과 같다.

외남면(外南面)

나토리(羅土里, 라도)[21]

공단말(功端末)의 남측에 활모양을 이루는 얕은 만에 있다. 만 내는 길고 얕아서 연안은 사빈 약 400여 칸에 이른다. 바다 가운데의 암초(暗礁)를 제외하면 지예망의 좋은 어장이다. 만의 북동쪽 모퉁이에 계선장이 있다. 주민은 어업을 주로 하고 정어리 지예망 · 청어 자망 · 정어리 분기망 · 복어 연승 · 잡어 낚시 · 채조 등에 종사한다. 미역 · 김 · 톳 · 비료로 쓰는 해조 등이 매우 많다. 미곡은 민등(泯嶝) 및 서생(西生)의 시장에서 공급받는 데 의존한다. 이곳에 일본어민이 지은 창고가 있다.

운암동(雲岩洞)[22]

나토리의 남쪽에 있는 작은 만 내에 있다. 전체 마을은 세 마을로 이루어져 있다. 동쪽 기슭에 있는 것을 송리(松里) 또는 송포(松浦)라고 한다. 만 안에 있는 것을 중리(中里)라고 한다. 서쪽 기슭에 있는 것을 신리(新里)라고 한다. 신리는 양산군 연안에 있는 가장 좋은 정박장이다. 송리에는 인가 27호가 있고, 어선 9척이 있다. 정어리 지예망 · 잡어 연승 · 잡어 낚시 · 채조 등에 종사한다. 중리에는 인가 28호가 있고 어선은 없다. 주민이 때때로 이웃 마을의 어선에 편승해서 출어하는 경우가 있다. 신리는 운암동의 주촌(主村)이고 인가 49호가 있다. 농업에 종사하는 자가 많고 경작지가 비교적 넓다. 또 민간 소유의 산림이 있다. 어업에 종사하는 자는 적지만 그래도 어선 6척이 있다. 소규모의 지예망 · 청어 자망 · 연승 · 잡어 낚시 등에 종사한다. 일본어민 중 이곳에 이

---

21) 현재는 울주군 서생면 나사리(羅士里)이다.
22) 현재의 울주군 서생면 신암리이다.

주한 자가 있다.

운암동에서 약 5리 떨어진 내륙에 민등(泯嶝) 시장이 있는데 매 1 · 6일에 개시한다.[23] 운암동에서 생산하는 잡어 · 해조 등을 주로 이 시장에 보낸다.

효열동(孝烈洞)[24]

운암동의 남쪽에 있다. 연안은 가는 모래이고 지예망의 좋은 어장이다. 좌우에 갯바위가 있다. 미역을 생산한다. 인가 28호가 있고 농업을 주로 한다. 어업의 상황은 신리(新里)와 같다.

제3절 기장군(機張郡)

개관

연혁

본래 신라의 갑화량곡현(甲火良谷縣)이었다. 경덕왕 때 지금의 이름으로 고치고 동래군의 영현으로 삼았다. 후에 양주(梁州)에 속하게 했다. 고려 현종 때 울주(蔚州)로 옮겼다. 조선조에 이르러 현으로 삼고 후에 군으로 삼았다.

경역 및 지세

북쪽은 양산군에, 남쪽은 동래부에 접한다. 고동말(古洞末) · 화포(火浦)에서 고두말(高頭末) · 구덕포(九德浦)에 이르는 약 16해리의 해안이 있다. 연안에는 굴곡이 있어 큰 배를 정박하기에 적당한 정박지가 없지만 어선이 정박할 만한 항만은 많은데 특히 남쪽이

23) 현재의 서생역 주변에 '장터'라는 지명이 보인다.
24) 현재의 울주군 서생면 효암리이다.

북쪽보다 많다. 이천만(伊川灣) 및 대변만(大邊灣)이 대표적이다. 모두 만 입구에 암초와 얕은 여울이 있어 경계하면서 출입해야 한다. 근해의 조석은 쓰시마해류[日本海流]의 영향을 받아 썰물은 2노트[節]의 속도로 북동쪽으로, 밀물은 약 1노트의 속도로 남서로 움직인다. 그리고 썰물은 9시간에 이르지만 밀물은 3시간을 초과하는 경우가 드물다.

물산

기장읍은 대변에서 서북쪽으로 약 10리 떨어진 내륙에 있다. 군아 · 순사주재소 · 우체소 등이 있고 음력 매 5 · 10일에 개시한다. 집산화물은 쌀 · 보리 · 콩 · 삼베 · 백목(白木) · 당목(唐木) · 청목(靑木) · 비단 · 종이 · 어류 · 해조 · 소금 · 담배 · 짚신 등이다. 중북(中北)에서도 또한 매 4 · 9일에 개시한다.

기장군 전체 어선은 100척이 있다. 연승 · 자망 · 수조망 등이 성행한다. 장기군의 앞바다에 와서 어업을 하는 자가 많다. 그렇지만 정치어장은 겨우 이천만에 그친다. 기타 연안에 있어서는 채조업이 매우 성행한다. 주요 수산물은 정어리 · 청어 · 갈치 · 넙치 · 가자미 · 삼치 · 가오리 · 상어 · 복어 · 미역 · 우뭇가사리 등이라고 한다.

구획

본군은 5면으로 나뉘는데 서면을 제외하고 북 · 동 · 읍내 · 남면의 4면은 모두 바다에 접한다. 주요 어촌의 정황은 다음과 같다.

북면(北面)

북쪽은 양산군에 속하는 외남면에, 남쪽은 동면에 접한다. 그 북단은 돌출해서 고동말(古洞末)을 이루고 그 서북은 활모양의 얕은 만을 이룬다. 연안은 사빈이 많다.

거암동(車巖洞)

고동말의 북측에 있다. 북쪽은 양산군 효열동과 작은 사빈을 사이에 두고 서로 마주한다. 앞쪽 일대는 갯바위가 넓게 펼쳐져 있고 배후는 구릉이 점차 높아져서 대운산맥에 이어진다. 경작지가 있지만 밭이 많고 논은 적다. 인가 55호, 어선 5척이 있다. 청어 자망 · 수조망 · 잡어 낚시 · 채조 등을 행한다.

고동(古洞)

고동말의 남쪽에 돌출한 갑각의 안쪽에 있다. 동쪽은 외해에 면하고 서쪽은 사빈이 넓게 펼쳐있고 만입해서 월내동에 이른다. 지예망의 좋은 어장이다. 서쪽 기슭에 작은 배를 정박할 수 있다. 편남풍 이외에는 안전하다. 인가 56호, 어선 1척이 있다. 정어리 지예망 및 채조가 성행한다. 부근에 평지가 적기 때문에 농산물은 마을 사람의 수요를 다 채우지는 못하지만 거암동에 비하면 비교적 풍족하다. 고동은 거암동과 함께 화포(火浦)에 연한다.

월내동(月內洞, 월닉)

고동의 북서쪽에 있다. 고동에서 월내동에 이르는 사이는 평지가 내륙으로 넓게 펼쳐져 있어서 많은 마을이 산재하고 있다. 모두 기장군의 주요한 농업지역이다. 월내동의 앞쪽 기슭은 갯바위가 넓게 펼쳐져 있지만 그 남쪽 및 북쪽의 연안은 사빈이고 모두 좋은 지예망 어장이다. 일본인이 이곳에 내어한다. 인가 107호가 있다. 농업을 주로 하고 어업 및 상업을 겸하여 종사한다. 어선 10척이 있다. 어업은 정어리 지예망 및 채조가 활발하다. 또한 자망 · 수조망 · 잡어 낚시 등을 행한다. 주요 수산물은 청어 · 정어리 · 넙치 · 고등어 · 조기 · 갈치 · 가오리 · 상어 · 해조 등이라고 한다.

임랑동(林浪洞, 림낭)

월내동의 남쪽에 있고 월내동과 함께 월포(月浦)에 연한다. 전안은 만입이 얕고 수심 또한 얕지만 작은 어선을 정박하기에 충분하다. 이 만의 서쪽에 또한 작은 만 하나가 있다. 수심이 깊어 다소 큰 배를 정박하기에 안전하다. 인가는 20호가 있다. 어업은 지예망을 주로 하고 채조 및 잡어 낚시 등을 행한다.

문동동(文東洞)

임랑동의 남쪽에 있다. 전안은 암초(岩礁)가 많아서 배를 정박하기에 편리하지 않다. 인가는 67호가 있다. 농업을 주로 하고 어업은 매우 부진하다. 겨우 채조를 하는 한편 청어 자망 · 수조망 · 잡어 낚시 등을 하는 데 불과하다. 다른 곳에 수출하는 산물은 곡물 외에 약간의 해조가 있을 뿐이다.

문중동(文中洞, 문즁)

문동동의 남쪽에 이어져 있고 경계를 구획하기가 거의 어렵다. 문동동과 함께 문포(文浦)에 연한다. 인가는 41호이고 농업을 주로 하는 자가 20호, 어업을 주로 하는 자가 12호인데 그 외에는 상업 및 잡업에 종사한다. 어선 5척이 있다. 어업 및 채조는 문동동보다도 활발해서 채조장은 문동동과 함께 공동으로 사용한다.

칠암동(七巖洞, 질암)

문중동의 남쪽에 있다. 연안은 암석(岩石)이 많아서 선박을 정박하기에 편리하지 않다. 배후에는 비옥한 경전(耕田)이 있으며 비교적 광활하다. 인가 45호가 있다. 농업은 주로 다른 마을 사람들이 경영한다. 이 마을 사람들은 주로 어업에 종사한다. 봄에는 복어 · 미역 · 톳, 여름에는 넙치 · 조기, 가을에는 갈치 · 작은 상어, 겨울에는 청어를 어획한다. 어선 7척이 있다. 채조가 가장 성행하며 전안의 암초(岩礁)에서 미역 · 톳 · 우뭇가사리 · 풀가사리 · 진두발 등이 풍부하게 생산된다.

칠암동의 남쪽 연안은 둔각을 이루고 돌출해 있다. 앞면에는 암초(岩礁)가 무수히 흩어져 있고 배후에는 작은 구릉이 이어져 어린 소나무들이 무성하다.

동면(東面)

북쪽은 북면(北面)에, 남쪽은 읍내면(邑內面)에 접한다. 연안은 굴곡을 이루며 만입하고, 북부는 암초가 들쑥날쑥하지만 대체로 사빈이 많다.

동백동(冬柏洞, 통빅)

동백동은 칠암동(七巖洞)의 남쪽에 있고, 연안은 암석이 많아 배를 대는 데 편리하지 않다. 인가는 69호이고, 어선 6척이 있다. 봄에는 미역과 잡어, 여름에는 조기, 가을에는 갈치, 겨울에는 청어를 어획한다.

이동동(伊東洞)

이동동은 동백동의 남쪽 작은 만에 있다. 앞쪽 연안은 사빈이어서 지예망어장으로 적합하다. 인가는 26호인데, 농업을 주로 하고 채조(採藻)를 겸한다. 어업은 청어 자망 및 갈치 낚시를 하는 데 불과하다. 어선 1척이 있다.

이천동(伊川洞, 이쳔)

이천동은 이동만(伊東灣)의 남쪽 귀퉁이에 있다. 앞쪽 해안은 암맥[礁脈]이 돌출해 있고, 그 서쪽에 작은 만을 형성한다. 만 안은 수심이 얕지만 연안은 평탄한 모래여서 지예망의 좋은 어장이다. 일본인이 이곳에 많이 내어한다. 인가는 약 100호이고, 어선 11척이 있다. 멸치 지예망 · 멸치 분기망 · 청어 자망 · 수조망 · 채조(採藻) 등이 매우 성하다. 주요한 수산물은 청어 · 멸치 · 갈치 · 미역 · 우뭇가사리 · 풀가사리 · 톳 · 김 등이라고 한다. 이곳 이천동의 남쪽에 작은 하천이 있는데, 유역(流域)은 3해리 남짓이고, 양쪽 기슭에 다소 넓은 경지가 있다.

정리(頂里, 졍리)

정리는 이천만구의 남측에 있다. 인가는 74호이고, 어선 8척이 있다. 뒤쪽의 경지는 다소 넓지만 토질이 척박하다. 앞쪽은 암초가 많고 점차 서쪽으로 갈수록 사빈이 있는데, 이 마을의 지예망 어장이다. 암초와 사빈 사이에 기장군 유일의 정치어장이 있다. 주로 청어를 어획하고, 그 생산도 또한 기장군 내에서 으뜸이다. 그 외 청어 자망 · 수조망 · 잡어 낚시 · 채조 등이 매우 성하다.

읍내면(邑內面)

북쪽은 동면에, 남쪽은 남면에 접한다. 연안은 굴곡이 많고, 북부는 대체로 절벽과 암초로 이루어져 있고, 남부에는 다소 깊숙이 사빈이 만입한다. 이를 대변만[太邊灣]이라고 하고, 유명한 양항(良港)이다.

두모포(豆毛浦) · 광계말(廣溪末) · 시모노타이고[下ノ太閤]

두모포는 정리의 남쪽으로 만입한 작은 만 안에 있는데, 이를 두모포라고 한다. 동풍(東風) 외에는 배를 매어두어도 안전하다. 포구 안에 마을이 2개 있는데, 하나는 두호(豆湖)이고, 다른 하나는 월전(月田)이다. 두호마을은 인가 72호, 어선 12척이 있고, 월전마을은 인가 29호, 어선 2척이 있다. 모두 어업에 종사하는 자가 많다. 어구는 지예망 · 자망 · 분기망 · 수조망 · 연승 등을 사용한다. 주요 수산물은 청어 · 정어리 · 갈치 · 복어 · 조기 · 미역 · 우뭇가사리 · 풀가사리 · 톳 등이다. 부근에 경지가 적어 미곡은 주로 기장(機張) 및 좌천(佐川)에 의지한다. 일본인이 이곳을 근거로 하여 지예망을 사용하는 자가 있다. 만의 남쪽 귀퉁이, 즉 월전의 남쪽에 돌출한 갑각을 광계말(廣溪末)이라고 한다. 부근은 암초가 많고 조류가 급격해서 어선 여러 척이 난파된 곳이다. 일본 어민이 이곳을 '시모노타이고[下ノ太閤]'라고 한다. 아마도 두모포는 원래 만호가 있던 곳으로 사방을 석성으로 둘렀기 때문일 것이다.[25]

대변[太邊, 틱변]

대변 혹은 선두포(船頭浦)라고도 한다. 광계말의 남쪽에 만입한 작은 만이 바로 이곳이다. 만구는 남쪽으로 향하고, 앞에 죽도(竹島)가 떠 있다. 동쪽 끝에 돌제(突堤)[26]를

---

25) 광계말 북쪽 청강천 어귀에 죽성리왜성이 있다.

26) 강 또는 항구와 연결되어 해류를 조절하거나 항구나 해안을 파도로부터 보호하기 위해 고안된 해안구조물과 연결된 여러 가지 토목구조물.

설치하여 소선(小船)의 정박에 편리하다. 사방의 풍랑을 피할 수 있지만 겨우 몇 척만 수용할 수 있을 뿐이다. 인가는 77호, 어선 10척이 있다. 어업에 종사하는 자가 많다. 어업은 정어리 분기망 · 청어 저자망 · 외줄 낚시 및 연승 등을 행한다. 어장이 넓어 성어기에는 무차포(武次浦) · 태내포(太內浦) · 두모포 · 다대포[多太浦] 등 멀리 떨어진 곳에서 내어하는 자도 많다. 주요 수산물은 조기 · 갈치 · 청어 · 정어리 · 복어 · 미역 · 풀가사리 · 우뭇가사리 · 김 등이다. 이 만의 서쪽 안에 조선해수산조합(朝鮮海水産組合)의 소유지가 있다. 후쿠오카현의 어민 12호가 이곳에 이주하였다. 또 미에현[三重縣]에서 독자적으로 이주한 자도 있고, 기타 어기를 쫓아 일본에서 내어하는 어선의 출입이 연중 끊이지 않는다. 특히 삼치 어기에는 유망 어선이 와서 가장 많이 모인다. 여기에 따라서 다수의 상인이 밀고 들어와 갑자기 시끌벅적한 시장이 된다. 이주한 일본 상인이 이미 2호 있다.

이곳에서 남쪽의 과천각(過川角)에 이르는 연안은 약간 활모양의 만입을 이루지만 험한 절벽이 많아서 사빈을 볼 수 없다. 앞쪽에는 암초가 흩어져 있다.

신암동(新巖洞)

신암동은 대변만의 남쪽에 위치하고, 무차포(武次浦) · 월외포(月外浦) 등의 별칭이 있다. 인가 45호이고, 농업을 주로 하며 어업을 겸한다. 어선 3척이 있다. 정어리 분기망 · 청어 자망 · 수조망 · 잡어 낚시 · 연승 및 채조 등을 행한다.

남면(南面)

북쪽은 읍내면에, 서 · 남쪽은 동래부(東萊府)에 접한다. 북부에 사빈의 만입이 있고, 남부는 대체로 절벽과 암초가 많다. 항만으로서 양호한 것은 없지만 멸치어장으로 유명한 송정(松亭)이 있다.

동암리(東巖里)

동암리는 과천각(過川角)의 남측에 있는 작은 마을로 태내포(太內浦)라고도 한다. 연안은 암초가 들쑥날쑥해서 위험하지만 작은 어선이 피박하는 데 지장이 없다. 부근에 산림이 많고 경지는 적다. 인가는 35호이고, 어선 5척이 있다. 농업 · 어업 · 벌목 등을 업으로 하고, 정어리 분기망 · 자망 · 수조망 · 갈치 낚시 및 잡어 낚시 등을 행한다.

공수동(公須洞, 공슈)

공수동은 동암리의 남쪽에 위치하고 인가 17호의 작은 마을이다. 마을 주위에는 송림이 무성하다. 어선 5척이 있다. 봄은 채조(採藻), 여름 · 가을은 정어리 분기망 및 잡어 낚시에 종사하고, 겨울에는 벌목을 업으로 한다. 연안에 암초가 많지만 공수동의 북동쪽에 약간의 사빈이 있어 지예망을 사용할 수 있다. 종래는 송정동 어민이 전유하는 곳이었지만 최근 일본인도 역시 이곳에 내어하는 자가 있다.

송정동(松亭洞, 송졍)

송정동은 공수동의 남쪽에 있는데 두 곳의 사이에는 하나의 갑각으로 구분된다. 그 북쪽에 작은 하천이 통하고, 하구에 사빈이 있어 작은 지예망을 사용할 수 있다. 하천 앞 남쪽 바다 속에 작은 각이 돌출해 있다. 작은 각의 남쪽에 약 400간(間)에 이르는 사빈이 있는데, 부산 · 울산 사이에서 저명한 멸치어장으로 일본인의 내어가 많다. 경지가 있지만 토질이 척박해서 농업이 넉넉하지 못하다. 약간의 산림이 있는데 모두 민유(民有)에 속한다. 인가 74호가 있고, 그중 24호는 주로 어업에 종사한다. 어선 6척이 있다. 지예망을 주로 하고, 기타 잡어낚시 및 채조 등을 행한다. 주요 수산물은 멸치 · 갈치 · 우뭇가사리 · 미역 · 풀가사리 · 톳 · 비료용 해조 등이고, 정어리는 재주 일본인에게 판매한다. 그 외에는 때때로 기항하는 상선, 혹은 시장에 판매한다. 시장은 부산(釜山) · 부산진(釜山鎭) · 동래(東萊) 등인데, 부산은 육로 50리, 수로 9.5해리 거리에 있다. 기장읍까지는 겨우 15리에 불과하지만 물가가 높으므로 왕래하는 일이 없다.

제4절 동래부(東萊府)

개관

연혁

본래 장산국(萇山國) 또는 내산국(萊山國)으로 불렸다.27) 신라 때 병합하여 거칠산군(居漆山郡)을 두었고 경덕왕 때 지금의 이름으로 고쳤다. 고려 현종 때는 울산에 속하게 했다가 뒤에 현으로 삼았다. 조선 초까지도 현(縣)이었으나 나중에 부(府)로 하여 지금에 이른다.

경역

북쪽은 고두말(高頭末) 부근의 구덕포(求德浦)28)에서 장산 · 금정(金井) 등 여러 산까지 이르는 일대이며 기장과 양산, 두 군과 접한다. 서쪽은 낙동강을 기준으로 김해군과 경계를 이루고 남쪽은 바다에 면한다. 그 바다는 소위 대마도의 서수도(西水道)이다.

지세

지세는 산악의 기복이 있지만 높은 산은 적다. 대개는 구릉이며 낙동강과 수영강(水營江) 연안에는 비교적 넓은 평지가 있어서 경지가 풍부하다.

해안선

해안선은 굴곡이 많다. 다소 만입이 두드러진 곳은 수영만(水營灣)과 부산만이다. 수영만은 트여 있고 수심이 얕아 계선에 적합한 곳은 아니지만 부산만은 유명한 양항으로 개항지이다. 그 외 작은 배들이 정박할 만한 곳은 감래포(甘萊浦)와 다대포[多太浦]29) 등이다.

---

27) 『삼국사기』에서는 거칠산국이 있었다고 기록하고 있다.
28) 원문에는 求德浦로 되어 있으나, 현재의 지명은 九德浦이다.
29) 원문에는 多太浦로 되어 있다.

부치소재지(府治所在地) 및 동래읍(東萊邑)

부치는 지금의 부산, 초량(草梁) 사이에 해당하는 영주(瀛州)에 있다. 그 외의 대략적 상황은 따로 기록할 것이다. 구읍(舊邑)은 곧 동래로, 봉래(蓬萊) 또는 봉산(蓬山)이라고도 부른다. 옛날에는 수군절도사를 두어 좌도수군의 여러 영(營)을 통제했던 지역이다. 현재 관서(官署)로는 겨우 순사주재소를 두는 데 그칠 뿐이다. 온천이 있고 기후가 온화하므로 정양(靜養)하기에 적합한 곳이다. 특히 요즘에 이곳과 부산진 사이에 경편철도(輕便鐵道)가 부설되어 교통이 매우 편리해져서 놀러오는 사람들이 항상 끊이지 않는다. 이와 동시에 갑자기 발전해서 현재는 일본인 정주자도 60호, 225인이며 자치단체로 일본인회를 조직하였는데 옛날의 번영을 능가할 조짐을 보이고 있다. 부근에 금정산(金井山) 및 범어사(梵魚寺) 등이 있는데 이 또한 경승지이다.

시장

동래부 내의 시장은 ▲부산장 4 · 9일 ▲동래장 2 · 7일 ▲사하장(沙下場) 1 · 6일 ▲좌이장(左耳場) 3 · 8일 ▲사중장(沙中場) 5 · 10일에 각각 개시한다. 집산물은 청목(青木) · 비단[緞子][30] · 중국 목면 · 삼베 · 명주 · 종이 · 담뱃대[烟管] · 돗자리[蘆蓆] · 쌀 · 보리 · 콩 · 소금 · 소(生牛) · 어류 등이며 담뱃대는 동래군의 특산물이다. 어류 중에서 대구 · 청어는 그 생산이 특히 많아 조선인들 사이에서는 예로부터 유명한 물산으로 알려져 있다.

경지

토지는 수영강과 낙동강 등의 하천으로부터 관개(灌漑)의 편리함이 있어서 도처에 논이 있다. 논이 없는 곳은 겨우 동지동(東之洞)과 영선동(瀛仙洞)뿐이다. 지가(地價)는 일반적으로 높은 편인데 초량 · 두중동(豆中洞) 부근은 논, 밭의 가격 차이가 크지 않다.

---

30) 생사(生絲) 또는 연사(鍊絲)로 짠 광택이 많고 두꺼운 무늬 있는 수자(繻子) 조직의 견직물.

수산물

주요 수산물은 청어 · 정어리 · 대구 · 갈치 · 조기 · 도미 · 고등어 · 전어 · 볼락 · 갯장어 · 붕장어 · 오징어 · 상어 · 전복 · 홍합[貽貝] · 대합 · 소라 · 미역 · 우뭇가사리 · 대황[荒布][31] · 감태[搗布] 등이다. 특히 미역이 가장 많이 생산된다. 정어리류는 멸치[かたくち]가 많다. 조선인과 일본인 모두 지예망을 사용하여 정어리를 잡는다. 조선인은 그 어획의 절반을 식용으로 하고 나머지는 비료로 쓴다. 일본인은 주로 쪄서 말린 후 제조하는데 겨우 일부만 비료로 만든다. 어획고는 조선인이 아직 일본인에는 미치지 못한다.

어구는 자망 · 분기망 · 지예망 · 어살[魚箭] · 정치망[魚帳] 등이 가장 성행한다. 어살과 정치망과 어장은 도회지에 거주하는 자본가의 소유에 속하는 것이 많다. 이따금 일본인이 그것을 사들이거나 빌려서 호망을 설치하는 경우도 있다.

구획

동래부는 14개 면으로 구획된다. 바다에 면하는 것은 동하면(東下面) · 남상면(南上面) · 남하면(南下面) · 석남면(石南面) · 부산면(釜山面) · 사중면(沙中面) · 사하면(沙下面) 7개 면이다.

동하면(東下面)

북쪽은 기장군에, 남쪽은 남상면에 접한다. 고두말(高頭末)과 승두말(蠅頭末)에 의해 형성된 수영만의 북동쪽 연안에 있다. 연안에는 암초가 많지만 곳곳에 사빈이 있다. 주요 어촌은 구덕포(求德浦) · 청사포(青沙浦) · 미포(尾浦) · 운촌(雲村) 등인데 운촌[32]은 수심이 멀리까지 얕으나 그 외 마을은 앞쪽에 암석이 많아서 계선에 불편하다.

---

31) 갈조식물 다시마목 감태과의 흑갈색의 바닷말.
32) 지금의 해운대이다.

정어리 지예망 · 상어 자망 · 넙치 낚시 · 갈치 낚시 · 채조 등을 행한다. 미포에는 창고를 짓고 정어리어업에 종사하는 일본인이 있다.

남상면(南上面)

북동쪽은 동하면, 남쪽은 석남면과 접한다. 수영만의 서쪽 안에 있다. 연안은 사빈과 암초가 섞여 있다. 청어 · 정어리어업이 매우 성하다.

덕민동(德民洞)

덕민동은 운촌의 남서쪽 작은 하구에 있다. 이 하구는 곧 계선장으로 수심이 얕아 큰 배를 수용할 수 없지만 작은 어선의 출입에는 지장이 없다. 북동쪽으로 이르는 약 30정 일대는 사빈으로 지예망에 좋은 어장이다. 인가는 32호이고 마을 사람들은 지예망에 종사하는 것 외에 정치망어업[魚帳漁業]에 고용되어 타지로 출가하는 경우가 많다. 덕민동에는 정치망어장 5곳이 있으나 매년 대개 일본인에게 빌려주는 것이 일반적이다. 그 요금은 매년 풍흉의 전망에 따라 결정된다. 또한 일본인이 이곳에 호망을 설치했다.

평민동(平民洞)

평민동은 덕민동의 남쪽에 있다. 연안은 암석이 많다. 수심이 얕아서 계선에 불편하므로 어선을 덕민동에 댄다. 어장이 많은데 덕민동과 공동으로 운영한다. 인가는 43호이다. 지예망 · 자망 · 수조망 · 채조 등을 행한다. 주요 수산물은 청어 · 정어리 · 삼치 · 미역 · 우뭇가사리 등이라고 한다.

호암포(虎巖浦)

호암포는 평민동의 남쪽에 있다. 연안은 사빈으로 지예망에 좋은 어장이다. 인가는 45호가 있다. 어업은 정어리지예망을 주로 한다. 일본인들도 이곳에 창고를 짓고 정어리어업에 종사하는 경우가 있다.

남천리(南川里)

남천리는 평민동의 남쪽에 있다. 앞쪽에 암석이 많다. 동남단은 사빈으로 수심이 얕아 계선에 불편하다. 인가는 74호이고 청어 · 정어리 · 갈치 · 미역 · 김 등을 생산한다. ▲청어는 11~12월까지 자망을 사용해 어획하고 ▲정어리는 분기망과 지예망을 사용해 어획한다. ▲갈치는 8~9월까지 멀리 대변[太邊] 근해에 이르러 외줄낚시로 어획하고 정어리는 대개 식용으로 햇볕에 말린다. 풍어일 때는 비료용 건조 정어리로 제조한다.

석남면(石南面)

북쪽은 남상면에, 서쪽은 남하면에 접하고 동남쪽 두 쪽은 바다에 가깝다. 즉 수영만의 남측을 형성하는 반도에 있다. 그 수영만에 면하는 연안은 사빈이 많고 그 외에는 낭떠러지와 암초가 많다.

용호(龍湖, 룡호)

용호는 남천리의 남쪽, 수영만의 남측에 있다. 연안은 평평한 사빈이고 인가는 159호이다. 채조 및 소금행상을 하는 부녀자가 많다. 어업은 겨우 자망을 이용해 청어 및 대구를 어획할 뿐이고 부근에 염전이 많다. 일본인이 정주하여 제염에 종사하는 자가 있다. 그 중 사토[佐藤] 아무개가 경영하는 것이 가장 크고 염전 30정보(町步) 및 간석지 30여 정보를 가지고 있다. 또 탁지부(度支部)가 운영하는 제염 시험장이 있다. 서쪽 육로는 부산진까지 10리가 채 안 되고 도로는 양호해서 왕래가 편하다.

용당(龍塘, 룡당)

용당은 승두말(蠅頭末)의 서쪽 부산만의 오른쪽 연안에 있고 앞 연안은 평평한 사빈이다. 인가는 82호이고 어업에 종사하는 자가 많다. 자망이 가장 성행한다. 어살 어장이

6곳 있고 갈치 낚시도 역시 행한다. 주요 수산물은 청어 · 정어리 · 미역 등이라고 한다. 이곳에 야마구치현[山口縣] 수산조합의 경영에 따라 야마구치현 사람 중에 이주한 자가 16호, 53명이다. 또한 장래에 증가할 것으로 예상된다. 수조망과 도미 · 붕장어의 연승 및 외줄낚시에 종사하고 어획물은 부산에 보내어 판매한다.

감만(戡蠻)

감만은 용당의 서쪽에 있다. 인가는 64호이고 어업에 종사하는 자가 많다. 청어자망 및 채조업이 매우 성행한다. 어살 어장은 8곳이 있다. 이곳에 일본 어선이 출입하는 일이 항상 끊이질 않는다.

남하면(南下面)

동쪽은 석남면에, 서쪽은 부산면에 접한다. 전면이 깊고 내륙이 넓게 이어져 겨우 그 남단만 바다에 임하여 부산만 동쪽 연안의 일부를 이룬다. 연안선이 짧아서 어촌이 적다.

우암포(牛巖浦)

우암포는 감만의 서쪽에 있다. 인가는 20호이고 어업에 종사하는 자가 적으며 오직 자망으로 청어를 어획한다. 어살 어장이 3곳 있다. 연안에 일본 수조망선이 내어하는 경우가 많다.

부산면(釜山面)

북동쪽은 남하면에 남쪽은 사중면에 접한다. 동쪽은 부산만의 북서쪽 안에 가깝다. 연안은 멀리까지 얕아서 좋은 항만이 부족하다. 부산진은 부산면에 있다. 과거 230년 남짓한 사이 일본과의 통상구였던 부산포는 이 해안이다. 지금은 고관(古館)이라고 칭한다. 부산진과 나누어져있지만 원래 부산진에 소속된 곳이다. 그래서 그 고관이라는 이름은 아마 왜관[日本館]의 옛 땅이라는 의미에서 비롯된 것 같다.

노하(路下, 로하)

노하는 우암(牛巖)의 서쪽에 있다. 인가는 59호이지만 어업을 자영하는 자는 적고 정치망어업에 고용되어 다른 마을에 출가하는 자가 많다. 단지 채조업을 왕성하게 해서 그 장소는 절영도에 이른다. 감태[搗布] · 모자반이 가장 많아서 주로 채조하여 다른 곳으로 보낸다.

좌일(佐一)

좌일은 우암의 남쪽에 있다. 인가는 175호이고 수조망 · 해삼 형망(桁網) · 조기 및 갈치 외줄낚시 · 소라 채집[突] 등을 행한다.

좌이(佐二)

좌이는 좌일의 남쪽에 있다. 인가는 89호이고 어업에 종사하는 자는 적다. 수조망 · 조기 및 갈치 외줄낚시 등을 행한다.

수창(水昌, 수챵)

수창은 좌이의 남쪽에 있다. 인가는 228호이고 어업은 다소 성행하고 봄에는 가자미 · 넙치 ▲여름 · 가을에는 정어리 · 고등어 · 갈치 · 가오리 ▲겨울에는 청어 · 대구 등을 어획한다. 어구에는 수조망 · 자망 · 연승 · 외줄낚시 등을 행한다.

두중(豆中, 두즁)

두중은 수창의 남쪽에 있다. 인가는 124호가 있다. 수조망 · 청어 자망 · 잡어 연승 · 갈치 그 외 기어(磯魚) 외줄낚시 등을 행한다. 정치망 어장이 5곳 있지만 그 대개는 매년 일본인이 빌려서 호망(壺網)을 설치한다.

사중면(砂中面)

북쪽은 부산면에, 남쪽은 사하면에 접한다. 동쪽은 해안에 면한다. 그 남단의 앞쪽에 절영도가 앞바다에 길게 가로 놓여 스스로 풍랑을 막고 연안에 양항을 형성한다. 초량·부산이 그러하다. 부산은 어업지역은 아니지만 통상항으로 가장 유명하다.

초량(草梁, 됴양)

두중의 남쪽에 있다. 옛날에는 적막한 한촌(寒村)에 불과했지만 경부철도의 종착점으로 정거장이 설치된 이래 내외국인의 왕래가 많아져 지금은 갑자기 활발한 지역이 되었다. 현재 경부철도의 종착역은 부산으로 옮겨졌지만 여전히 이 지역은 활기를 잃지 않았다. 게다가 두 지역이 발전하여 인가가 서로 이어져 한 지역이 되기에 이르렀다. 현재 호수 502호, 인구 2,616명, 일본인 500호, 2,248명이다. 이 지역에 청국인 거류지가 있다. 현 거주자 38호, 201명을 헤아린다. 구미인 역시 이 지역과 영주(瀛州)에 거류한다. 그 지역에 사는 사람은 프랑스인 1호, 1명, 영국인 1호, 4명이다. 일본인은 부산과 함께 거류민단을 조직하여 민단이 세운 소학교가 있다. 명치 38년에 개설되었고 학동의 증가에 따라 근년 교사를 증축했다. 우편소가 있으며, 전신·전화·전등·수도·위생·소방 등 그 지역 제반 생계의 편의는 부산과 다른 것이 없다. 연안은 어장이 몹시 풍부하다. 자망과 어살을 사용하고 주로 청어와 대구를 어획한다.

영주(瀛州, 영쥬)

초량의 남쪽으로 연결되며 현재 동래부의 소재지이다. 부산지방 재판소와 구 재판소도 이 지역에 두었다. 인가 400여 호, 주민은 어업에 종사하는 자가 적지만 여전히 어살을 설치하여 청어와 대구를 어획하는 자가 있다. 일본인 29호, 145명, 미국인 4호, 9명이 있다. 일본인은 농업과 상업, 미국인은 포교·의료업에 종사한다.

부산항

부산항은 처음으로 개항한 항구로서 북위 35도 7분, 동경 129도 5분에 위치한다. 대마도의 북각에서 30해리이다. 만의 중앙에는 절영도가 가로놓여 천혜의 양항을 형성한다. 그 동쪽 육지의 동남각을 승두말(蠅頭末)이라고 부르고, 서쪽 절영도의 남동각을 상이말(湘伊末)[또는 입석기(立石崎)라고도 한다.]이라고 부르는데 약 2.5해리의 거리이다. 이것이 즉 부산의 동쪽 입구로 부산항의 기본 수로이다. 만은 이 대각선으로부터 북서쪽을 향해 4.5해리 정도 만입한다. 안쪽은 넓고 해안에 연해서 많은 마을이 있다. 만 내륙의 북쪽 모퉁이에 있는 것이 부산진이고 그 남서쪽에 초량이 함께 있고 서쪽 모퉁이에 있는 부산거류지에 이른다. 그리고 이 두 지역의 연안, 즉 만 안쪽의 북쪽 모퉁이로부터 서쪽 모퉁이에 이르는 해안선은 2해리 남짓이라고 한다. 또한 만의 동쪽, 즉 부산진 동남쪽에는 연동(連洞) · 우암(牛岩) · 용당(龍塘) 등이 있다. 다만 이곳들은 전에 이미 그 대략적인 상황을 설명한 바 있다.

정박지 및 서쪽 입구

정박지[錨地]는 절영도의 북서쪽, 즉 육지와의 해협이다. 수심 6~8길이고 사방의 바람을 막는다. 그 서쪽 입구는 수심이 얕은 곳이다. 그러므로 작은 배가 아니면 통과하기 어렵다. 일본으로부터 대마도를 거쳐 오는 해저전선은 이 수로를 통과하여 거류지 남쪽에 다다른다. 백도부표(百塗浮漂)를 설치하고 그 방향을 표시해서 부근에 닻을 내리는 것을 금지한다.

조석

조석은 삭망고조가 8시 17분, 대조승 4피트 1/4, 소조승 3피트, 소조차 1.1/2피트이다.

항내 조류

조류는 정박지에서 밀물은 남서쪽으로, 썰물은 북동쪽으로 흐른다. 그 속도는 1노트를 넘지 않는다. 그렇지만 초량과 절영도와의 사이에 있는 해협 근처에서는 증가한다. 또한 삭망 때의 썰물은 항구에 강한 소용돌이를 일으킨다.

항구의 장해물

항구의 장해물은 동쪽 입구의 북쪽에 있는 고암(鼓岩)〈해운말과 제뢰(鵜瀨)와의 사이에 있는 높이 1피트의 바위이다. 그로부터 남서쪽에는 약 1케이블[鏈] 정도 여울이 이어진다. 북쪽은 얕은 여울로 인해 육지 해안과 이어진다.〉, 거치초(据齒礁)〈고암의 남서쪽 항로의 중앙에 있는 암초로서 가장 얕은 부분의 수심이 2와 3/4피트라고 한다. 이 암초를 표시하기 위해 그 부근 대저조(大低潮) 때 수심 30피트가 되는 곳에 부표를 설치했다. 이 부표는 내부표(內浮漂)라고 한다.〉, 제뢰(鵜瀨)〈현지 명칭으로는 흥리도(興利島)라고 부른다. 항구로부터 안쪽으로 약 3해리의 항로 부근에 가로놓여 있는 높이 6피트의 암석이다. 남서쪽으로 약 0.5케이블의 장소에 여울이 넓게 이어진다. 암석 위에는 괘등입표(掛燈立標)가 설치되어 있고, 등의 높이는 고조 때 20피트, 날씨가 맑을 때의 광달거리는 6해리이다.〉, 연암(燕岩)〈항로의 남쪽에 있고 제뢰와 마주하는 절영도의 북각으로부터 북쪽 1.5케이블에 위치하는 높이 1피트의 암석이다. 암석 위에 홍도롱(紅塗籠)을 걸었는데 높이 17피트의 입표이다.〉 등이다. 등대는 항문(港門)을 표시하는 것으로 절영도 등대가 있다. 그 위치는 북위 35도 8분, 동경 129도 6분으로 등화의 높이는 고조 때 171피트이며 맑은 날 광달거리는 20해리이다. 기타 도등(導燈)으로 초량의 고등(高燈)・저등(低燈)이 있다. 또한 일본거류지의 잔교(棧橋)에도 등간(燈竿)이 있다.

일본거류지 주위는 호안(護岸) 석축이 완전하여 어선과 소범선이 연안에 정박할 수가 있다. 현재의 선착장은 규모가 작다. 그러므로 정부는 연락의 완전함과 정박의 안전을 도모하기 위해 항만개량을 꾀하여 현재 공사 중이다. 그 개요는 교통과 함께 기술할 것이다.

개항연혁

부산항은 조선 개국 당초로부터 한일양국 교통의 문호로서 옛날 일본인의 거류지였던 소위 삼포(三浦)의 한 곳이다(삼포로는 동래부의 부산포, 울산군의 염포, 창원군의 제포가 있다.). 그리고 개국 485년, 명치 9년 2월 22일 강화부에서 조인된 조일수호조규에 있어서도 그 제4관에서 "부산, 초량항에는 일본공관이 있어 이전부터 양국인민이 통상하는 지역이다. 지금부터 종전의 관례와 세견선 등의 일을 개혁하여 이제부터 새로 세운 조항을 기준으로 삼아 무역사무를 처리해야 할 것이다."라고 하여 별도로 개항의 일을 말하고 있다. 부산항의 개항은 이와 같이 예부터 있었기 때문에 이곳은 통상항으로서 가장 오랜 역사를 가지고 있는 동시에 그 역사는 즉, 한일 양국의 교통사에 다름 아니다. 삼포로써 일본과의 통상구로 정한 것은 계해약조에 기인한다.〈고려 말기 왜구의 변경침략이 계속되자 이에 공민왕이 사신을 대마도로 보내어 종씨(宗氏)와 평화관계를 요구하고 또한 변방의 일을 맡겼다. 종씨는 요구에 응하여 조약을 맺었다. 그런데 조선 세종 25년, 다시 이예(李藝)[33]라는 사람을 종씨에게 보내어 종래 문서화하지 않은 수교를 고쳐 다시 성문화하여 협약을 맺었다. 이것이 즉, 계해약조이다. 일본에서는 이것을 가길조약(嘉吉條約)이라고 부른다. 고하나조노(後花園) 천황 [아시카가 요시카츠 足利義勝] 가길 3년에 해당한다.〉 그 협약이 맺어진 것은 즉, 개국 52년으로 지금으로부터 실로 466년 전이다. 당시 부산포라고 불린 곳은 현재의 지역이 아니고 지금의 고관(古館) 지역이었다. 현재 지역이 그 지역을 대체한 것은 개국 281년 현종 13년 임자년, 즉 일본 관문(寛文) 12년(이 해 일본 공관[34]을 이 지역에 옮기는 조약을 맺었다.)으로 지금 융희 3년에서 거슬러보면 237년 전이라고 한다.

거류지

거류지는 완전한 일본제국의 전관지이다. 그러므로 그 연혁은 즉 개항의 연혁으로, 전에 이미 개략적으로 설명한 바와 같이 그 옛날 지역의 초기로부터 지금에 이르기까지

---

33) 고려 말 조선 초기의 외교관(1373~1445)으로 대마도, 일본 본토, 유구국 등을 40여 차례 왕래하며 조선과 일본 간의 계해약조를 맺는 데 주도적인 역할을 하였다.

34) 원문은 일본 공관이라고 하였으나 사실은 倭館을 가리킨다. 왜관은 일본의 공관이라고 부르기는 어려우며 대마도의 왜인들이 거주할 수 있도록 조선이 땅을 제공한 곳이다. 이곳을 명치정부가 강제로 접수하여 일본 공관으로 삼았으므로 이를 합리화하기 위하여 일본 공관이라고 부른 것이다.

통산 466년의 긴 세월이 흘렀다. 그렇지만 거류민의 전부가 현재 지역으로 이주한 것은 이관약조를 맺은 지 6년 후인 숙종 4년 무오년, 개국 287년, 연보(延寶) 6년이라고 하는데 그 햇수를 계산하면 즉, 현재로부터 232년 전이라고 한다. 이와 같이 장구한 시간 동안 그 거류지는 계속되었으며 사변으로 인해 거류민이 퇴출되거나 한 것은 오직 고관에 있을 당시의 3번에 그친다. 현재 지역으로 옮긴 이래 일찍이 그런 일이 없었고 그 고관에 있을 당시에 퇴출되었지만 제일 마지막을 제외하면 한두 해 내로 복구되어 그 교류가 오랫동안 끊기는 일이 없었다. 옛 지역에 있을 때 퇴출되었던 것은 경오의 변, 신축의 변, 임진으로부터 무술까지의 큰 전쟁(임진왜란) 등의 각 사변이 원인이었다.

경오(庚午)의 변

계해약조로부터 67년 후인 중종(中宗) 5년(1510), 즉 영정(永正) 7년에 부산포 왜인[居留民]이 그 지역 첨사와의 사이에 분쟁을 일으키고 제포의 왜인과 서로 모의해서 첨사청을 엄습하여 첨사 이하 이원(吏員)을 죽이고, 또한 나아가 웅천성을 함락시켰다. 일이 경성에 보고되어 출병했는데 아직 도달하기 전에 왜인은 함께 떠났다. 이것이 경오의 변 또는 삼포의 난이라고 한다.

신축(辛丑)의 변

경오의 변 후 31년이 지난 중종 36년(1541), 즉 천문(天文) 10년에 제포의 왜인이 그 지역 백성과 싸움을 벌였다. 순전히 개인적인 싸움이었지만 이전의 일이 있었으므로 출병해서 삼포의 왜인을 물러가게 했다.

이 두 사변에 의해 왜인은 한때 물러났었지만, 모두 1년 뒤에 복구했다. 그렇지만 2번의 철퇴 후 제포에 설치했던 왜관[日本公館]을 이 지역으로 옮기고 다른 두 포는 철폐해서 이 지역만 오직 왜관으로 존재하게 되었다.

임진왜란

세 번째 전쟁[임진왜란]은 개국 201년에서 207년에 걸친 큰 전쟁이었다. 전쟁이 끝난 후 양국 간의 수교가 단절된 지 6년째인 개국 212년 선조 37년 갑진년에 사신을 도쿠가와씨[德川氏]에게 보내어 과거의 교린을 복구시켰지만 여전히 거류민을 보는 데 이르지는 못했다. 그 후 개국 213년, 광해군 무오년, 원화(元和) 4년, 즉 전쟁이 일어난 후 20년이 지나 왜관이 중건되었고 이에 비로소 거류민도 또한 복구하게 되었다. 그 이후로 평온하게 지내어 이제껏 한 번도 퇴출한 일이 없는데 즉 최후의 복구로부터 지금에 이르기까지 실로 392년이라고 한다.

현 거류지의 연혁은 대마 종씨의 신하, 츠에 효오고[津江兵庫]의 공을 빼놓을 수 없는 바가 있다. 처음 츠에 효오고는 본국의 뜻을 받들어 옛 지역의 불편함을 내세워 효종 9년, 즉 만치(萬治) 원년에 이관(移館)을 교섭하였다. 그러나 지지부진한 것이 오랫동안 지속되어 허락받지 못했다. 츠에는 그 사명을 다하지 못한 것을 개탄하여 병들어 죽었다. 이에 국왕이 그 의용에 감탄하여 마침내 그 요구를 받아들이고 이관을 승낙했다. 즉 츠에는 죽음으로써 사명을 다한 것이다. 현재 이와 같은 관인이 몇 사람이나 있겠는가. 부산의 거류민은 그를 제사지내고 있는가.

면적은 대략 10만 평이라고 한다. 서북으로 산을 등지고 남동은 바다에 면해서 절영도가 그 앞을 병풍처럼 막고 있는데 그 사이의 거리는 겨우 수 정(町)이다. 석유발동기선 및 작은 배의 왕래가 빈번하다. 몇 분만 하면 도달할 수 있다. 더욱이 수심이 깊어 큰 배의 통행에 방해되지 않는다. 시가의 중앙에 구릉이 있는데 용두산이라고 한다. 구릉이 일단 평지로 꺼져서 다시 바다로 잠겨서 작은 구릉을 융기시켰는데 이를 용미산이라고 한다. 모두 노송이 울창해서 용두산의 경우는 낮임에도 어두운 곳이 있다. 조선 도처에 벌거숭이산이 아닌 곳이 없다. 그렇지만 맹렬하게 싸웠던 땅에 이러한 그윽하고 깊숙한 곳이 있다. 아마 모두 이곳 연혁의 오래됨을 이야기하는 것으로 실로 또한 그 거류민들이 보호해서 물려준 것이다. 용두산은 이 지역의 공원이다. 조망이 아름답고 항의 전경을 한눈에 바라볼 수 있다. 시가는 북빈정(北濱町)·본정(本町)·상반정(常盤町)·금평정(琴平町)·입강정(入江町)·남빈정(南濱町)·초장정(草場町)·토성정(土城町)·행정(幸町)·서산하정(西山下町)·서정(西町)·대청정(大廳町)·보수정(寶水町)·부평정(富平町)·부민정(富民町)·대장정(大藏町)·매립신정(埋立新町)·대창정(大倉町)·중야정(中野町)·안본정(岸本町)·고도정(高島町)·경부정(京釜町)·지노정(池の町)·중도정(中島町)·좌등정(佐藤町) 등이 있다. 길거리가 정연하고 가옥의 구조는 모두 일본풍이다. 완연한 일본의 한 도회인 것 같고 매우 번성한 모습이다. 거류민의 호구는 지금 융희 3년 12월 말 현재 호수는 3,054호, 인구는 16,562명이고 야마구치현 사람이 가장 많다. 그 다음이 나가사키현 사람이라고 한다. 거류지는 3면이 산으로 둘러싸여 있고 한 면은 바다에 연해서 지역이 넓지 않으므로 애초부터 많은 인구를 수용하기 어려웠다. 때문에 사람들이 넘쳐서 건너편 기슭의 목도[牧島: 절영도] 및 초량 기타 철도선로에 연한 각 지역에 거주하는 자가 매우 많다. 아래에 과거 수년간의 인구통계를 실어 변화 상태를 살펴볼 것이다.

연도	인구(인)	연도	인구(인)
명치 34년(1901)	6,916	명치 39년(1906)	15,905
명치 35년(1902)	10,355	명치 40년(1907)	19,948
명치 36년(1903)	9,116	명치 41년(1908)	15,106
명치 37년(1904)	9,939	명치 42년(1909)	16,562
명치 38년(1905)	13,364		

앞의 표에 의거해 보면, 이곳은 일찍이 발전했지만 인구가 격증한 것은 다른 지역과 마찬가지로 러일전쟁 후이고, 그중 가장 많은 것은 명치 40년(1907)이다. 그런데 그 후에 감소한 것은 부근의 발전을 의미하는 것으로, 직접적인 관계는 종관철도의 개수가 끝나고 일본과의 연결이 잘 이루어져 여객이 이곳에 체재할 필요가 없어졌기 때문이라고 한다. 교통상황이 이곳의 성쇠에 영향을 미치는 것은 자연스러운 이치이다. 그렇지

만 이곳은 지리적으로 유리하고 오래도록 발전해 왔으므로 타격을 입는 일은 매우 적고, 각지의 발달과 함께 장래 더욱 더 진보하게 될 것은 의심할 만한 여지가 없다.

민단지역(民團地域)

민단지역은 거류지를 중심으로 사방 10리라고 한다. 그렇지만 영도 · 초량 · 고관 · 부산진 등에 거주하는 일본인의 경우도 또한 이곳의 민단에 가입했다. 때문에 그 구역은 매우 넓다. 이곳의 민단이 스스로 기록한 연혁을 보니 명치 6년(1873) 보장(保長)을 둔 것을 처음으로 한다. 명치 14년(1881) 거류지제도가 반포됨과 동시에 거류지회의를 열고 보장을 고쳐 거류민총대(居留民總代)라고 하고, 총대사무소[總代役所]를 설치했다. 명치 35년 거류민총대사무소를 거류지사무소[居留地役所]로, 총대를 민장(民長)으로 고쳤는데, 통감정치(統監政治)가 되고 민단법(民團法)이 발포되면서 곧 이 법에 의해 명치 39년(1907) 8월에 현 민단을 조직하기에 이른 것이다.

교육기관(教育機關)

교육기관은 일찍이 완비하여 심상소학교, 심상고등소학교 외에 고등여학교 · 상업학교가 있다. 그런데 이들은 모두 이 지역 민단이 설립한 것이다. 지금 명치 42년 4월 말 현재 학생수는 ▶ 부산심상소학교 1,306인 ▶ 부산심상고등소학교 411인 ▶ 고등여학교 220인(본과 168인, 기예과 52인) ▶ 상업학교 99인이라고 한다.

도서관

서산하정(西山下町)에 도서관이 있는데, 부산도서관(釜山圖書館)이라고 한다. 창립은 명치 34년(1902) 10월이고 일본홍도회(日本弘道會) 부산지부가 설립한 곳이다.

위생기관(衛生機關)

위생기관은 웬만한 것은 다 갖추었다. 민단소속 병원으로 부산병원(釜山病院) 및 전염병원(傳染病院)이 있다. 부산병원은 원래 명치 9년 일본해군성(日本海軍省)에서 설립한 관립제생병원(官立濟生病院)이다. 명치 18년 폐원됨과 동시에 거류지총대소(居留地總代所)에서 인계를 받고 공립병원(共立病院)이라고 불러 왔지만 지난 명치 41년 공사비 36,000여 원을 들여 개축(改築)했으며, 지금의 이름을 칭하기에 이르렀다고 한다. 용두산의 남측에 위치하는데 병원으로 아주 적합한 곳이다.

식수[飮料水]

식수는 수도(水道)가 이미 만들어져 아쉬울 것이 없다. 또한 현재 수도 외에 신설될 계획으로 지금 공사 중이다. 이 신설수도는 오는 명치 43년 12월에 준공할 예정이다. 이 수도가 완성되는 날에는 신 · 구 모두 아울러 55,000인에게 급수할 수 있을 것이라고 한다. 현재 수도는 거류민이 경영하는데, 지난 명치 33년에 기공하여 명치 35년 1월에 통수식(通水式)을 거행한 것이다. 그렇지만 그 설비가 불완전할 뿐 아니라 특히 요즘 인구가 증가해서 급수가 부족하기에 이르렀으므로, 민단은 조선정부와 공동경영하에 완비할 것을 요구했다. 따라서 그 개수와 함께 신설공사를 도모해서 지난 광무 10년(명치 39년) 공사비 117만 원을 예산으로 올리고, 정부가 공사를 감독해서 이듬해 6월 착수, 지난 융희 원년(명치 41년)[35] 11월에 준공하기에 이르렀다.

교통

교통은 해륙 모두 매우 편리하다. 이곳은 동래부 종관철도의 기점(起點)이자 종점이다. 동시에 또 일본과의 연결지점이다. 신의주(新義州)까지의 직통열차는 하루에 2회 출발한다. 이 열차는 연락선(連絡船)으로 일본의 산요[山陽] 및 규슈[九州] 두 곳을 연결하는 것이다. 기타 부근 역으로는 매시에 발차(發車)한다. 그러므로 초량 · 부산진 · 구포의 경우에는 하루에 여러 차례 왕복할 수 있고, 또 마산에도 하루에 왕래할 수 있다. 교통 관계는 이와 같으므로 전국 각지에 이르는 여객(旅客) 및 철도화물의 대부분은 이곳을 경유한다. 부관(釜關)[36] 사이의 연락선은 지난 명치 38년(광무 9년) 9월부터

35) 융희 원년은 1907년이고 명치 41년은 1908년이다.

개항되었다. 최근 2년간 왕래한 승객 및 화물을 표시하면 다음과 같다.

연도	오는 것		가는 것		계	
	승객(인)	화물(건)	승객	화물	승객	화물
명치 41년(1908)	62,890	29,634	57,218	11,606	120,108	41,240
명치 40년(1907)	53,618	10,656	51,407	9,911	105,025	20,567

이 밖에 연락선에 의하지 않는 경우의 왕래를 합해서 10,427인이 있다. 그 내역은 도래 7,110인, 퇴거 3,317인이고, 수출입 화물은 별도로 무역 부분에서 상세히 설명할 것이다.

일본 사이의 교통선은 부관연락선 이외에 오사카상선회사[大阪商船會社]의 한국선(韓國線), 우선회사(郵船會社)의 '고베[神戶]·블라디보스톡[浦鹽]' 및 '고베·북청(北淸)'선, 기타 사외선(社外船)의 기항이 매우 많지만 제1집에서 개설하였으므로 생략한다. 내국연안회항선(內國沿岸回航船)으로는 부산기선회사(釜山汽船會社), 대한협동우선회사(大韓協同郵船會社) 및 원산길전회조부(元山吉田回漕部)[37], 기타의 기선이 있다. 부산기선회사는 '부산·영일만' 및 '부산·목포' 사이의 항해를 경영한다. 그리고 부산·목포 사이의 항로에는 지방순회 및 근해순회의 두 노선이 있다. 지방순회선은 마산·통영·삼천포·여수·나로도·완도·벽파진을 경유하고 월 3회, 근해순회선은 장승포·욕지도·안도·거문도·우도(제주도의 부속섬)·제주읍·소안도·벽파진을 경유하고 월 1회 항해한다. 각 노선 항로의 총 거리는 영일만선 100해리, 목포간 지방순회선 250해리, 근해순회선 290해리, 총 640해리이다. 승객 및 화물운임 등은 다음 표와 같다.

36) 부산과 시모노세키(下關)을 말한다.
37) 원산에서 吉田會社가 운영하는 연안 순회 노선을 말한다.

연안항로 승객운임표 (단위 : 円)						명치 42년 3월 3일 협정			
부산 · 목포 간 지방순회선						총 거리 250해리			
부산	1.00	1.50	2.00	2.50	3.00	3.50	4.00	4.50	
	마산	1.00	1.50	2.00	2.50	3.00	3.50	4.00	
부산		통영	1.00	1.50	2.00	2.50	3.00	3.50	
1.00	장승포		삼천포	1.00	1.50	2.00	2.50	3.00	
1.50	1.00	욕지도		좌수영	1.00	1.50	2.00	2.50	
2.00	1.50	1.00	안도		나로도	1.00	1.50	2.00	
2.50	2,00	1.50	1.00	거문도		완도	1.00	1.50	
3.20	3.00	2.50	1.50	1.00	우도		벽파진	1.00	
3.50	3.20	2.80	2.50	1.50	1.00	제주도		목포	
3.50	3.20	3.00	2.50	2.50	2.30	1.50	소안도		
4.00	3.50	3.50	3.20	3.20	3.00	2.80	1.20	벽파진	
4.50	4.00	4.00	3.50	3.50	3.20	3.00	2.00	1.00	목포
부산 · 목포 간 근해순회선						총 거리 290해리			
부산									
1.20	울산								
2.50	1.50	영일만							

비고 : 1등은 정액의 2배 ◀2등은 정액의 1.5배 ◀소아 12세 미만은 반액, 4세 미만은 1명 무임, 그 외는 본 금액의 0.25%

연안항로 하물(荷物) 운임 일람표(명치 42년 3월 3일 부산항에서 협정)

품목	단위	장승포 마산	욕지도 통영	안도 삼천포	좌수영[38)] 거문도	나로도 완도 소안도 벽파진	목포	우도 제주도
1등품	1재[39)]	6전	9전	10전	11전	13전	13전	15전
2등품	1재	5전	7전	8전	9전	10전	10전	12전
3등품	1재	4전	5전	6전	7전	8전	8전	10전
원가급	100원	20전	25전	39전	45전	50전	60전	60전
지폐	100원	6전	8전	10전	12전	14전	18전	28전
곡물류	100석	15원	20원	25원	25원	25원	20원	25원
명태	1개	10전	12전	15전	20전	20전	18전	23전

해삼 말린전복 말린조개 상어 지느러미	1개	7전	8전	9전	10전	12전	13전	13전
쪄서 말린 멸치	1재	4전	5전	6전	7전	9전	6전	10전
말린 정어리	100근	15전	20전	25전	30전	30전	20전	35전
염장한 청어류	1재	6전	8전	9전	10전	11전	12전	15전
해초류	100근	15전	20전	25전	30전	30전	20전	35전
미역	1개(10재)	30전	30전	40전	45전	55전	40전	60전
목면	1개(60단)	20전	25전	30전	50전	70전	90전	80전
옥양목	1개(50단)	30전	40전	50전	70전	90전	80전	1원10전
인도목면	1개(40단)	25전	25전	30전	40전	60전	60전	80전
방적사	小(8재) 大(10재)	20전 25전	25전 30전	30전 40전	40전 50전	60전 70전	50전 70전	80전 90전
한전 (韓錢)	20관문 들이 10관문 들이	15전 10전	20전 12전	23전 14전	25전 15전	30전 18전	20전 12전	30전 18전
한약	1재	3전	5전	6전	7전	8전	6전	10전
설탕	1개(3재5푼 들이)	10전	15전	20전	25전	30전	20전	35전
식염	1개(90근 들이)	8전	11전	14전	16전	20전	15전	22전
밀가루	1개(37근 들이)	6전	8전	9전	10전	12전	8전	13전
청주	1통	25전	30전	35전	50전	60전	50전	70전
맥주	1개	20전	25전	30전	40전	40전	32전	40전
석유	1개	8전	10전	12전	15전	18전	10전	20전
철물	100근	15전	20전	22전	30전	30전	25전	40전
가마니	1개(30매)	20전	25전	30전	35전	45전	30전	50전
새끼줄	1개(20발)	20전	25전	30전	35전	45전	30전	50전
낱개	1개	25전	25전	30전	35전	40전	40전	50전

38) 전라도의 좌수영. 여수.

39) 재(才)는 尺貫法의 체적 단위이다. 배의 화물이나 석재를 계량할 때 한 변이 1척인 입방체, 즉 立方尺을 뜻한다. 약 27.8 l 이고 10배를 1石(278 l)이라고 한다. 흔히 '사이'라고 한다.

비고

운임산출

화물의 중량은 재원(才員)과 원가에 대한 운임을 비교하여 가장 높은 것으로 받는다. ▲화물의 재원은 모두 반올림법을 사용한다. ▲운임은 전(錢) 단위에서 끊고 반올림법을 사용한다.

화물등급

1등품은 상등 직물류, 상등 세공물, 기타 잡품 1재에 원가가 25원 이상인 것 또는 생어(生魚) ▲2등품은 직물류 · 가죽류 · 식료품 · 도기 · 담뱃대 · 종이류 · 일용품류 · 기타 잡품 1재에 원가가 1원 이상인 것 ▲3등품은 한약 · 절임류 · 자리류[40] · 하등 세공물 · 고도구(古道具)[41] 기타 잡품 1재에 원가가 1원 이하인 것.

낱개 취급

4재 이하로 가격이 20원 미만인 것.

운임할증

무게가 많이 나가는 것[重量品], 고가품[崇高品], 길이가 길고 큰 것[長大品], 위험물, 갑판에 적재해야 하는 물품 등은 그 물품의 대소경중에 따라 정가의 2할 이상을 가산함.

40) 원문은 疊蓙蓙이다. 疊은 일본어로 타타미를 말하며, 蓙蓙는 깔개의 일종으로 등심초로 짠 것으로 구조는 첩표, 즉 타타미의 겉에 대는 골풀 돗자리와 거의 같다.
41) 이미 사용하여 낡은 물건을 말한다.

위험물운임

화약 · 탄약 · 폭발물, 기타 발화하기 쉬운 것은 규정운임의 5배를 받는다. 1톤 이하의 수량은 1톤으로 계산하고 1톤 미만도 5톤의 운임을 받는다.

특별운임

금은화폐, 유가증권 등은 지폐와 같은 값의 운임을 받는다. ▲화폐 300원 미만은 300원분의 운임을 받는다.

부산기선회사는 원래 한남기선회사(韓南汽船會社)로 작년 융희 2년(명치 41년) 5월에 설립되었다. 업무를 개시한 것은 그해 12월이었고 올해 5월에 사명(社名)을 변경했다. 정부는 해운장려를 지시하여 융희 2년부터 향후 3년간 매 3만 원씩 교부하기로 결정하고 항해를 장려하는 명령을 내렸다(교부방법은 매 1년의 교부금 3만 원을 4회에 나누고 매 3개월 규정한 항해를 마친 후 교부하는 것이다). 단 이 금액은 대부금으로 융희 12년(명치 51년)부터 매년 1만 원씩 향후 9년에 걸쳐 전액을 완납하도록 정했다. 그 자세한 사항은 제1집에 게재된 요시다 히데지로(吉田秀次郎)에 대한 것과 큰 차이가 없으므로 생략한다. 요시다 연안항로부문 및 대한협동기선회사의 항로는 북한선(北韓線)이다. 자세한 내용은 제1집에 게재한 바가 있고 당시와 큰 차이가 없으므로 이 역시 생략한다.

항만개량공사

부산항은 바다와 육지의 교통이 빈번하고 또한 철도는 일본철도와 이어지지만 아직 해륙을 연결하는 설비는 완전하지 않다. 때문에 정부는 항만개량공사를 실시하여 이 결점을 보완하기 위해 대체로 아래의 설계에 의하여 지난 광무 10년(명치 39년)에 기공하여 이미 토목공사의 대부분을 완료했다. 오는 융희 7년(명치 46년) 중에 완공될 예정이다.

현 정거장의 지선(地先) 13,164평을 매축하고 그 남단부터 약 239칸[間]의 돌제(突堤)[42]를 축조한다. ▲ 돌제의 안쪽에는 길이 약 150칸의 철각(鐵脚)편잔교(片棧橋)[43]를 세워서 수심 4길[尋]을 유지하게 하여 3,000톤 내외의 기선 2척을 동시에 계류할 수 있게 한다. ▲ 돌제의 중간 부분에는 1,166평의 헛간[上屋][44]과 650평의 창고를 건축한다. ▲ 헛간과 창고의 앞과 뒤에는 철로를 부설하여 정거장 구내의 철로와 연결시킨다. ▲ 또 잔교 위에는 기중기를 갖추어서 무거운 화물을 본선(本船)에서 바로 화물차로 옮기도록 편리를 제공한다. ▲ 또 잔교에서 정거장으로는 별도로 승객을 위한 통로를 설치한다.

앞서 기술한 공사가 완공된 이후에는 세관을 이 지구에 옮기고 현재 세관 구내의 몇 부분과 현재 배가 들어오는 일대를 어항(漁港)[45]으로 할 계획이다. 어항 설계의 개요는 아래와 같다.

어항계획

- 어항의 면적

현재 부산 세관 구내는 총면적이 약 10,200평이고 그 안의 약 3,100평은 육지이며 그 외 7,100평은 남북 양쪽의 파도를 막는 돌제에 의해 둘러싸여 있는 해면이기 때문에 다시 약 1,100평의 매축공사를 실시한다. 방파

42) 해류나 조류의 흐름을 유도하고 수로에 퇴적물이 쌓이는 것을 방지하기 위하여 항구나 하구 혹은 항로에 해안으로부터 물로 뻗어져 나가게 설치한 인공 구조물.

43) 잔교(棧橋): ① 해안선이 접한 육지에서 직각 또는 일정한 각도로 돌출한 접안시설. 선박의 접안이 용이하도록 바다 위에 말뚝을 박고 그 위에 콘크리트나 철판 등으로 상부시설을 설치한 교량 모양의 접안시설이 원래의 형식이다. ② 여객의 승하선 및 화물의 하역을 위해 건조된 선박계류시설.

44) ① 수송 화물을 임시 보관, 선별하기 위해 역이나 부두 근처에 지어 놓은 건물. ② 역 또는 부두 등에서 비나 눈을 막으려고 기둥과 지붕만으로 지어 놓은 임시 건물. ③ 궂은날에도 일할 수 있도록 건물 위에 지은 임시 건물.

45) 고깃배가 정박하는 항구. 어획물의 양륙, 판매, 수송에 관한 설비 또는 어획물의 일부를 가공 또는 저장할 시설을 갖추기도 함.

제 내에는 다소 장방형에 가까운 어선의 계류지[船留]를 만든다. 그 연안에는 길이 약 212칸에 걸쳐서 호안(護岸) 석축 · 물양장(物揚場) 석축 · 물양장 계단을 축조한다.

- 헛간과 창고

호안 돌담에 가깝게 헛간과 창고를 건축한다. 헛간은 벽이 없는 양식[吹拔][46]의 목조 2동(棟)으로 총면적은 약 417평으로 한다. 또한 140평 1동은 오로지 수산물의 경매와 그 수송장으로 충당할 예정이다. 창고는 벽돌건물 2동 · 목조 2동, 총면적은 약 246평으로 한다. 벽돌건물에는 식염과 염장품, 목조에는 건제품과 잡품을 수용한다. 또한 면적 약 400평을 구획해서 건조장으로 충당한다.

- 제빙고(製氷庫)와 냉장고

내항(內港)의 연안에 접하여 목조 2동, 총면적 약 183평의 제빙고와 냉장고를 설치한다. 레밍턴(Remington)사의 암모니아 압착기(壓搾機) 2대를 설치하고, 하루 9톤의 제빙력과 6톤의 냉장력을 유지시킨다.

- 도로와 경편철도

내항의 주변을 둘러싸고 있는 것은 헛간 · 창고 · 제빙고 · 냉장고 등으로서 그 주위에는 경편철도와 도로를 개설한다. 경편철도는 모두 복선으로 하고 연장하여 부산잔교회사 잔교에 이른다. 도로는 구내에 있어서는 폭 3.5칸, 5칸 및 6칸인 3종류로 한다. 부산항 시구개정에 따른 폭 8칸의 추요(樞要) 도로에 직속시킨다. 구내 중요한 장소에는 전등을 설치한다. 또 수도를 부설하여 선박에 식수를 공급한다.

46) 취발(吹拔, 후키누케) 양식: 건축의 한 양식으로서 2층과의 구분선인 천장이나 마루를 두지 않고 2층 이상의 높이로 집을 짓는 양식을 말한다.

- 세관출장소와 수산물취급사무소 등

구내 중요한 몇 곳에 세관출장소와 수산물 취급사무소 각 1동을 세운다. 또 구내 8칸 도로에 이어 수산조합원 구락부(俱樂部) 1동 · 수산물판매점 1동 · 제빙판매점 1동 · 선구상(船具商) 2동 · 여관 2동 · 식당 1동을 건축할 예정이다. 그 부지로서 면적 약 318평을 둔다.

통신

부산우편국은 관리사무분장국으로서 그 관리구역에 속하는 우편취급소 이하는 경상도의 개관[概勢]에서 보였다. 부산항의 우편사무는 명치 9년 11월에, 전신은 명치 17년 2월에, 전화는 명치 35년 6월에 개시되었다. 부산우편국 외에 본정[本町, 혼마찌]에 우편취급소가 있다. 보수정(寶水町)에 우편소가 있고 전화가입자는 지난 명치 41년 말 현재 610명이다. 시외 통화지역은 부산진 · 동래 · 마산 · 울산 · 장생포 · 대구 · 군위 · 의성 · 안동 등이라고 한다. 명치 42년 3월 말 현재 전화선로의 길이는 가공(架空)[47] 나선(裸線)이 830리 6정(町) 8칸 3척이고 케이블 전화선로가 10리 7정 15칸 3척, 그 피복선[心線]의 길이는 1,140리 29정 46칸이다. 즉 그 총길이는 1,970리 35정 54칸 3척에 달한다.

무역

부산항의 무역의 대세를 무역연표로 살펴보니 지난 융희 2년 중에 출입한 선박의 총수는 8,897척, 2,390,730톤으로서 그 내역은 외국 무역선(출입 모두) 5,724척, 2,260,647톤 · 연안무역선 3,173척, 130,083톤이다. 그리고 그 무역 총액은 20,309,913원에 달하고 외국 무역은 13,729,435원 · 연안 무역은 6,580,478원이다. 각각 크게 나누어 표시하면 아래와 같다.

47) 공중(空中)에 가로 건너지르도록 전선을 가설하는 것을 뜻한다.

제1표 출입선박종류별

구별	척(隻) 톤(噸)	입항			출항			합계		
		외국 무역선	연안 무역선	계	외국 무역선	연안 무역선	계	외국 무역선	연안 무역선	계
기선	척	1,450	581	2,031	1,446	575	2,021	2,896	1,156	4,052
	톤	1,098,160	47,226	1,145,386	1,092,080	47,584	1,139,664	2,190,240	94,810	2,285,050
범선	척	397	18	415	373	19	392	770	37	807
	톤	18,324	772	19,096	16,484	743	17,227	34,808	1,515	36,323
정크[48]	척	1,093	1,010	2,103	965	970	1,935	2,058	1,980	4,028
	톤	18,789	17,592	36,381	16,810	16,166	32,976[49]	35,599	33,758	69,357
계	척	2,940	1,609	4,549	2,784	1,564	4,348	5,724	3,173	8,897
	톤	1,135,273	65,590	1,200,863	1,125,374	64,493	1,189,867	2,260,647	130,083	2,390,730

48) 원문은 戎克로 중국의 소형 범선을 말한다.
49) 본문에는 32,970이라고 되어 있으나 정오표에 의해 수정함.

제2표 외국무역

수출		수입	
종목	가액	종목	가액
내국품	4,302,040	곡류 및 종자	32,771
곡물류	3,261,292	음식물	423,712
쌀	2,193,961	설탕 및 당과류	330,770
콩	1,037,613	주류	273,309
기타곡물	29,718	묘피골각류[皮毛角牙類]	15,741
수산물	397,512	수산물	174,803
생어	158,768	식염	98,342
건어	44,128	염장한 어류	50,202
염장한 어류	12,704	다시마	7,300
전복	6,335	건어	7,814
말린 새우	14,118	어유(魚油) 및 고래기름	327
상어지느러미	12,749	기타수산물	10,818
해삼	26,747	약재화학 약 및 제약	78,504
염장한 고래	73	기름 및 밀랍	567,569
말린 조개관자	1,395	염료, 채료 및 약료	23,112
고래 뼈	70	실, 노끈, 새끼줄 및 동 재료	68,986
어유(魚油) 및 고래기름	667	타면(打綿)[50]	51,248
풀가사리	18,593	면직사	910,929
물고기 비료	65,126	포백 및 포백제품	173,425
기타수산물	36,039	면포	1,644,730
음식물	31,006	마포	104,608
담배	47	견포	160,697
모피각아류	136,278	의복 및 부속품	268,926
약재 및 염료 도료	4,013	종이 및 종이제품	154,705
기름 및 밀랍	15,941	광물 및 광석	274,903
실 및 포백	1,397	금속 및 금속제품	592,333
광물 및 광석	101,869	차량 · 선박 및 여러 기계	722,210
금속 및 금속제품	3,231	담배	198,433
기타제품	349,454	기타제품	2,011,660
외국품	169,309	내국품	2
계	4,471,349	계	9,258,086
총계			13,729,435

50) 면화의 씨앗을 빼어 솜뭉치로 만드는 것을 開綿이라고 하고, 이를 다시 잘 풀어서 불순물을 제거하고 자리처럼 넓게 편 솜 혹은 그 과정을 말한다.

제3표 연안무역

이출		이입	
종목	가액	종목	가액
내국품류	1,265,836	내국품류	2,856,663
곡물류	522,521	곡물류	1,082,204
쌀	442,511	쌀	704,371
콩	1,459	팥	299,963
밀	32,021	보리	43,303
기타곡류	46,530	밀	34,567
수산물	53,496	수산물	1,278,444
생 · 건 · 염어	24,432	생 · 건 · 염어	66,740
해조	29,064	명태	1,140,074
음식물류	104,781	생선내장	21,938
면포	177,153	해삼	13,876
종이류	78,334	해조	33,322
약재	37,735	식염	2,493
마포 및 갈포	93,470	음식물	5,830
담배	25,432	마포 및 갈포	294,998
기타제품	172,914	제 면포	24,430
외국품류	2,307,842	소가죽	24,759
식염	135,041	기타제품	145,998
설탕 및 당과류	87,483	외국품류	150,137
음식물류	189,004	식염	17,724
곡류	20,533	음식물류	10,054
석유	311,494	담배	26,977
면직사	175,077	면직사	1,857
옥양목	417,635	옥양목	5,880
담배	166,493	석유	3,690
각종 면포	199,644	약재 및 제품	1,017
의복 및 부속품	47,414	각종 면포	1,315
약재 및 도료	8,018	견포	3,545
타면	15,249	포백 및 제품	5,175
포백 및 제품	71,462	철사	6,845
금속 및 금속제품	60,974	금속 및 제품	5,076
성냥	25,985	초 및 윤활유	3,886
기타제품	376,336	기타제품	57,096
합계	3,573,678	합계	3,006,800
총계			6,580,478

앞의 세 표 중 제2표 외국무역을 보면 수출품 중 가장 액수가 많은 것은 곡물이고 그 가액은 3,261,292원에 달한다. 내국품 수출 총 가액 4,302,040원에 비하면 실로 그 3분의 2 이상을 점한다. 이에 다음가는 것은 수산물이고 그 가액은 397,512원이다. 그렇다면 부산항의 외국무역은 이 두 수출품(곡물 · 수산물)이 주도하는 것이고 두 수출품의 성쇠는 바로 부산항 무역의 성쇠인 것을 알 수 있다.

다시 제3표 연안무역을 보면 이출(移出) 가액 3,573,678원 중 내국품은 1,265,836원이고 외국품은 2,307,842원으로 이출품 중 가장 액수가 많은 것은 또한 곡물이고 그 가액은 522,521원이다. 그 이입(移入)에 있어서는 총 가액 3,006,800원 중 곡물 1,082,204원, 수산물 1,278,444원이고 그 합계는 2,360,648원이다. 이 또한 총 가액의 3분의 2 이상에 달하는 것이다. 그러므로 이로써 보면 부산항의 무역은 곡물 및 수산물이고 실로 이 두 품목은 부산항 상업의 생명이라는 것을 알 수 있다.

이입 내국품 중 곡물은 그 대부분이 외국으로 수출하는 것이지만 수산물의 대부분은 명태이고 그 가액은 1,140,074원을 상회한다. 대개는 내지로 육송(陸送)되며, 외국으로 수송하는 것은 극히 소액이다. 이것이 수산물의 수출 가액치고는 액수가 많지 않은 이유라고 한다.

부산항 무역의 개관은 이와 같고 여기에 과거 수년간의 수출입 총 가액을 표시함으로써 그 진보 상황을 살펴보는 자료로 삼고자 한다.

연도	수출품 가액	수입품 가액	합계
고종[51] 29년(명치 25년)	1,282,000円	1,019,000円	2,301,000円
동 30년(동 26년)	854,000	849,000	1,703,000
동 31년(동 27년)	684,000	1,072,000	1,756,000
동 32년(동 28년)	861,000	1,636,000	2,497,000
건양(建陽) 원년(동 29년)	2,601,000	1,912,000	4,513,000
광무(光武) 원년(동 30년)	4,700,000	2,727,000	7,427,000
동 2년(동 31년)	2,818,000	2,958,000	5,776,000
동 3년(동 32년)	1,830,000	2,390,000	4,220,000
동 4년(동 33년)	3,346,000	2,236,000	5,582,000

동 5년(동 34년)	3,120,000	2,732,000	5,852,000
동 6년(동 35년)	2,660,000	2,763,000	5,423,000
동 7년(동 36년)	1,984,000	4,230,000	6,214,000
동 8년(동 37년)	1,678,000	6,469,000	8,147,000
동 9년(동 38년)	2,096,000	8,219,000	10,315,000
동 10년(동 39년)	2,957,000	7,938,000	10,895,000
융희(隆熙) 원년(동 40년)	4,408,000	8,723,000	13,131,000
동 2년(동 41년)	4,471,000	9,258,000	13,729,000

수산물 수출액

다시 또 과거 수년간에 걸쳐 매 1년 내외 여러 항에 수송된 수산물의 가액을 표시함으로써 그 개관을 볼 수 있는 자료로 삼고자 한다.

연도	외국으로	내국 개항으로	계	연도	외국으로	내국 개항으로	계
광무(光武) 5년(명치 34년)	227,522円	45,104円	272,626円	광무 9년(명치 38년)	182,757円	104,187円	286,944円
동 6년(동 35년)	144,201	49,005	193,206	동 10년(동 39년)	250,798	79,763	330,561
동 7년(동 36년)	189,014	103,659	292,673	융희(隆熙) 원년(동 40년)	381,586	94,727	476,313
동 8년(동 37년)	137,806	155,372	293,178	동 2년(동 41년)	397,512	53,496	451,008

앞의 표는 모두 내국산품만을 통계낸 것으로 외국산품을 재수출하는 것은 모두 제외했다. 지금 그 종류를 크게 나누면 다음과 같다.

51) 원문은 先帝이다. 고종황제를 뜻한다.

연도	말린 전복	해삼	생건염어 및 비료	해조	상어 지느러미	고래 및 고래기름
광무 5년(명치 34년)	14,405円	36,881円	117,881円	86,212	10,944円	6,303円
동 6년(동 35년)	5,534	28,072	62,505	87,200	8,396	1,499
동 7년(동 36년)	5,151	34,739	145,103	90,715	13,319	3,646
동 8년(동 37년)	3,064	31,111	196,870	51,149	10,193	791
동 9년(동 38년)	5,415	47,612	134,037	89,495	8,271	2,114
동 10년(동 39년)	6,842	51,527	164,935	94,217	11,601	1,439
융희 원년(동 40년)	8,467	44,661	292,943	115,488	13,961	793
동 2년(동 41년)	6,335	26,747	356,710	47,657	12,749	810

선어 수송액

이처럼 대부분은 일본으로 수송된 것이다. 지금 선어(鮮魚)의 수송을 보니 지난 융희 2년, 즉 명치 41년 중 일본으로 수송되었던 양은 '제2표 외국무역'에 보이는 것처럼 158,768원이다. 다시 같은 해 중 내지로 수송되었던 것을 보면 부산역에서 발송한 각종 수산물 7,330톤 중 선어(鮮魚)는 1,100톤으로 기입되었다. 시험삼아 이것을 환산하면 295,680관(貫)인데, 1관목(貫目)의 시세를 평균 70전(錢)으로 가정하면 그 가액은 206,976원이다. 이를 일본으로 수송된 것과 합산하면 365,774원에 달한다. 이 수는 원래 내수 계산에 불과하지만 역시 또한 부산어시장의 1년 육양액[水楊高]에 비교해 과반수에 달하는 것을 알 수 있다.

물품 출시 시기[貨物出盛期]

부산항의 물품 출시 시기는 곡류가 매년 10월부터 이듬해 2~3월경까지, 해조류는 6~9월경까지, 어류는 1~5월까지 및 10~12월까지가 가장 많이 수출된다. 수입품 중 주요한 것의 판매[賣行]는 일용잡화가 2절기, 즉 일본인은 1월 및 음력 7월, 조선인은 음력 정월 및 8월 15일 추석 이전을 주로 한다. 옥양목 · 방적사(紡績絲) · 백목면(白木綿)[52] 등은 10월부터 이듬해 1월 경까지, 식염은 2~4월까지 및 9~10월 두 달이 가장

52) しろもめん[白木綿]: 1. 표백한 무명실. 2. 실을 염색하거나 하지 않고 바로 짠 면직물의 총칭.

성하다.

엽전(葉錢) 시세

엽전 시세는 고저(高低)가 일정하지 않지만 과거 5년간 매년의 최고 · 최저 및 각 월별 평균 시세를 표로 나타내면 다음과 같다.

단위(割)	명치 41년	명치 40년	명치 39년	명치 38년	명치 37년~
최고	23.40	(11월) 24.55	(11월) 19.49	(9월) 19.60	(10월) 19.16
최저	20.20	(1월) 19.58	(5월) 16.16	(1월) 17.27	(4월) 13.47
평균	21.70	21.88	18.34	18.65	15.88

* 이 표의 거래시세는 엽전에 대한 일본화(日本貨)의 비율[割]이다. 예를 들면 20할(割)이라는 것은 엽전 1관문(貫文)이 일본화 2원에 상당한다는 것을 말한다.

여러 회사

현재 부산항에 본사를 설치한 여러 회사는 총 18개이고 그중 주식회사 13, 합자회사 3, 합명회사 2개이다. 그 명칭 · 소재 · 자본, 기타는 다음과 같다.

회사	소재지	창업시기	자본총액	불입액
한국창고주식회사 (韓國倉庫株式會社)	좌등정 (佐藤町)	명치 40년 4월	2,000,000	500,000
부산창고주식회사 (釜山倉庫株式會社)	상반정 (常盤町)	명치 29년 11월	25,000	13,000
부산수산주식회사 (釜山水産株式會社)	남빈정 (南濱町)	명치 36년 1월	600,000	180,000
부산전등주식회사 (釜山電燈株式會社)	본정 (本町)	명치 34년 9월	100,000	100,000
부산연초주식회사 (釜山煙草株式會社)	보수정 (寶水町)	명치 40년 4월	100,000	31,850
부산식량품주식회사 (釜山食粮品株式會社)	남빈정	명치 40년 4월	100,000	35,000
만한운수주식회사 (滿韓運輸株式會社)	본정	명치 40년 9월	50,000	12,500

산서주조주식회사 (山西酒造株式會社)	부평정 (富平町)	명치 41년 12월	75,000	45,000
부산잔교주식회사 (釜山棧橋株式會社)	좌등정	명치 37년 11월	150,000	150,000
부산제분주식회사 (釜山製粉株式會社)	입강정 (入江町)	명치 41년 3월	100,000	30,000
한국산업주식회사 (韓國産業株式會社)	매립신정 (埋立新町)	명치 40년 2월	100,000	25,000
부산기선주식회사 (釜山汽船株式會社)	본정	명치 41년 12월	600,000	150,000
한국대염판매합자회사 (韓國臺鹽販賣合資會社)	입강정	명치 37년 11월	60,000	60,000
대지회조합자회사 (大池回漕合資會社)	본정	명치 40년 9월	20,000	20,000
합자회사한국시보사 (合資會社韓國時報社)	서산하정 (西山下町)	명치 25년 7월	24,000	24,000
오도합자회사 (五島合資會社)	본정	명치 41년 5월	40,000	40,000
부산연극합명회사 (釜山演劇合名會社)	서정 (西町)	명치 40년 4월	30,000	20,000

그 외에 일본에서 회사를 가지고 있고, 지점이나 출장소를 부산항에 설치한 것으로 제일은행(第一銀行) 지점〈본정(本町)에 있다.〉· 십팔은행(十八銀行) 지점〈금평정(琴平町)에 있다.〉· 제백삼십은행(第百三十銀行) 지점〈원래 오십팔은행(五十八銀行)으로 입강정(入江町)에 있다.〉· 부산매축주식회사(釜山埋築株式會社) 지점〈대청정(大廳町)에 있다. 본점은 도쿄(東京).〉· 일한임업주식회사(日韓林業株式會社) 지점〈서정(西町)에 있고, 본점은 고베시[神戶市].〉· 대한협동우선회사(大韓協同郵船會社) 지점 · 오사카상선주식회사[大阪商船株式會社] 지점〈변천정(辨天町)에 있다.〉· 일본우선주식회사(日本郵船株式會社) 대리점〈본정(本町)에 있다.〉 등이 있다. ▲ 또 보험회사의 대리점으로 명치화재(明治火災) · 일본화재(日本火災) · 일종화재(日宗火災) · 일본주조화재(日本酒造火災) · 명치생명(明治生命) · 진종신도생명(眞宗信徒生命) · 제국생명(帝國生命) · 일본생명(日本生命) · 애국생명(愛國生命) · 일종신도생명(日宗信徒生命) 등 각 보험주식회사의 대리점이 있다.

동업조합

또 동업조합으로 조선해수산조합(朝鮮海水産組合)·곡물상조합(穀物商組合)·곡물수출상조합(穀物輸出商組合)·우피수출상조합(牛皮輸出商組合)·해산상조합(海産商組合)·활우매매동업조합(活牛賣買同業組合)·어중매상조합(魚仲買商組合)·송함석유특약조합(松函石油特約組合)·신용조합(信用組合)·잠수기업조합(潛水器業組合)·해륙운반업조합(海陸運搬業組合)·기타 각종 영업조합 등이 있다.

여러 공장

각종 공장이 적지 않지만 같은 업종이 많고, 또 성행하는 것은 정미공장(精米工場)이다. 그 수는 거류지에 7개, 대안(對岸)인 영도[牧島]에 1개로 총 8개이다. 그리고 큰 것을 부산정미소(釜山精米所) 및 대지정미소(大池精米所)라고 한다. 부산정미소는 설립한 지 가장 오래되었는데 창립한 때는 판로가 좁고 사업이 곤란했지만 수요가 점차 증가함에 따라 현재의 융성함에 이르게 되었다. 판로는 일반에 확대되어 지금은 동래부의 전체 관할 구역[全管]은 물론이고 멀리 북한 각지 및 만주·블라디보스톡에 이른다. 정미업 다음으로 성한 것은 식염재제업(食鹽再製業)이다. 그 공장은 대염판매합자회사가 경영하는 곳으로 판로는 연안에서는 동해안[東岸] 각 항, 내륙에서는 경부선(京釜線)의 각 역을 거쳐 대전[太田]에 이른다. 중요 공장의 소재, 자본, 기타를 표시하면 다음과 같다.

명칭	소재	창립 혹은 개업 시기	자본	직공	원동력	생산품 가액
대지제일정미소(大池第一精米所)	부평정(富平町)	명치 39년 9월	100,000	17	증기	22,600
대지제이정미소(大池第二精米所)	절영도(絶影島)	명치 39년 9월	150,000	77	동	30,000
부산정미소(釜山精米所)	행정(幸町)	명치 35년 11월	70,000	38	동	52,000

나수정미소 (那須精米所)	매립신정 (埋立新町)	명치 40년 7월	50,000	14	동	6,000
상전정미소 (上田精米所)	서정 (西町)	명치 41년 7월	15,000	30	석유 발동기	5,000
부산전등주식회사발전소 (釜山電燈株式會社發電所)	본정 (本町)	명치 34년 9월	100,000	11	증기	46,243
동강연와제조소 (桐岡煉瓦製造所)	절영도	명치 37년 3월	20,000	115		27,000
대염판매합자회사공장 (臺鹽販賣合資會社工場)	절영도	상동	60,000	44	증기	42,500
부산연초주식회사공장 (釜山煙草株式會社工場)	보수정 (寶水町)	명치 40년 4월	31,850	203		25,800
중촌조선소 (中村造船所)	절영도	명치 25년 3월	20,000	16		20,000

이외에 자본 1만 원 이하의 소공장으로 토비정미소(土肥精米所) · 기곡정미소(磯谷精米所) · 일한정미소(日韓精米所) · 입화연와공장(立花煉瓦工場) · 전대제분소(田代製粉所) · 부산수산회사제조소(釜山水産會社製造所) · 하조철공장(下條鐵工場) · 죽청석감[53]제조소(竹淸石鹼製造所) · 소야염공장(小野染工場) · 하야제도소(河野製餡所) 등이 있다.

시장

시장으로 어시장, 채소시장, 곡물시장이 있다. 어시장은 부산수산주식회사가 경영하는 곳으로 영업상황은 이미 제1집에서 상세히 설명했기 때문에 여기에서는 생략한다.

금융

금융기관은 거류지에 있는 제일은행 · 십팔은행 · 백삼십은행 · 주방은행(周防銀行)의 각 지점 외에 초량에도 경상농공은행(慶尙農工銀行) 지점이 있다. 지난 융희 2년 중에 거류지 각 은행 지점의 예금취급총액은 27,367,236원이고, 그해 말 현재는

53) 石鹼: 재래식 비누의 하나. 명아주를 태운 재로 잿물을 받쳐 석회가루와 섞어서 굳혀 만든다. 이것을 끓는 물에 풀어서 세탁을 한다.

1,420,215원이다. 이것을 전년의 예금총액 27,686,615원, 연말 현재 1,923,169원과 비교하면 현저하게 감소한 것이다. 그렇지만 많이 감소한 것은 관공예금(官公預金)이 적어진 것이 원인이고, 일반 예금에 있어서는 큰 차이를 보이지 않았다. 과거 3년간의 예금취급액을 종류별로 표시하면 다음과 같다.

예금 종류별

연도 / 종별	명치 41년		명치 40년		명치 39년	
	총액	연말 현재	총액	연말 현재	총액	연말 현재
정기	1,348,789	448,176	1,260,521	493,110	761,042	225,683
당좌	20,287,790	531,331	19,393,723	622,419	18,147,307	567,138
소액 당좌	2,059,588	295,333	2,216,246	418,314	2,313,219	308,991
기타	2,336,766	55,771	3,172,084	146,117	949,768	139,732
소계	26,032,933	1,330,611	26,042,574	1,679,960	22,171,336	1,241,544
관공금	1,334,303	89,604	1,644,041	243,209	949,831	76,167
합계	27,367,236	1,420,215	27,686,615	1,923,169	23,121,167	1,317,711

다시, 명치 41년의 취급총액을 각 은행별로 구분하면 대략 다음과 같다.

은행 명	총액	연말 현재
제일은행(第一銀行) 지점	12,544,446	585,816
십팔은행(十八〃) 〃	8,406,670	461,510
백삼십은행(百三十〃) 〃	6,193,455	358,952
주방은행(周防〃) 〃	222,665	13,937
계	27,367,236	1,420,215

비고 - 주방은행 지점의 취급액이 적은 것은 주방은행이 그해 7월에 업무를 개시했기 때문이다.

은행 대출금

다음으로 대출금을 보면, 명치 41년의 총액은 30,955,052원, 연말 현재 2,605,641

원으로 이를 전년 총액인 34,535,186원, 그해 연말의 2,917,785원과 비교하면 전게한 예금액의 감소에 따라서 현저히 감소하였다. 아마도 상업 부진의 결과일 것이다. 그러나 이것을 명치 39년과 비교하면 상당히 많은 편이라 대체로 상업이 진보하는 상태에 있음이 분명하다. 과거 3년 동안의 각 은행 대출금 총액을 종류별로 표시하면 다음과 같다.

종별 \ 연도	명치 41년		명치 40년		명치 39년	
	총액	연말 현재	총액	연말 현재	총액	연말 현재
대부금	4,652,549	1,342,474	3,833,258	1,332,373	5,817,722	1,109,502
당좌예금 대월	15,754,698	410,434	18,841,067	644,733	15,320,941	611,796
할인 어음	7,831,367	760,544	8,464,708	801,425	5,711,654	733,492
화환 어음	2,716,438	92,189	3,396,153	139,254	1,868,630	176,730
합계	30,955,052	2,605,641	34,535,186	2,917,785	28,718,947	2,631,520

다시, 예금액의 경우처럼 작년, 명치 41년 중의 대출액을 각 은행별로 표시하면 다음과 같다.

은행 명	총액	연말 현재
제일은행	17,676,757	1,227,533
십팔은행	8,278,872	501,208
백삼십은행	4,848,396	841,513
주방은행	151,027	35,387
계	30,955,052	2,605,641[54]

대출금 담보

전게한 대출 연말 현재금에 대해 담보별로 보면 신용이 가장 많은 928,550원, 다음이 부동산으로 806,612원, 그 다음이 상품으로 500,499원이다. 유가증권은 매우 적은데 220,316원에 불과하다. 그전 2년간의 예를 봐도 마찬가지다.

54) 본문에는 22,605,641이라고 되어 있으나 정오표에 의거하여 수정함.

송금환 및 어음

다음으로 명치 41년에 각 은행 지점이 취급한 송금환과 기타 어음을 종류별로 하여 각 총액을 표시하면 다음과 같다.

	은행 명	수입 (단위 円)			지급[拂出]			합계	
		송금환	화물환[55]	대금 추심[56]	송금환	화환	대금 추심	수입	지급
내국	제일은행 지점	1,280,040	90,276	843,187	2,154,584	58,850	1,027,579	2,213,503	3,241,013
	십팔은행 〃	491,750	142,248	282,113	418,944	157,274	606,974	916,111	1,183,192
	백삼십은행 〃	195,428	18,077	28,882	421,990	31,830	152,949	242,387	606,769
	계	1,967,218	250,601	1,154,182	2,995,518	247,954	1,787,502	3,372,001	5,030,974
일본	제일은행 지점	1,777,934	453,593	1,734,339	952,898	1,014,437	528,781	3,965,866	2,496,116
	십팔은행 〃	1,132,172	749,886	1,162,451	1,139,631	988,745	902,944	3,044,509	3,031,320
	백삼십은행 〃	828,359	72,492	487,538	811,634	166,330	116,641	1,748,389	1,094,605
	주방은행 〃	36,580	16,303	8,825	16,840	16,151	1,738	61,708	34,729
	계	3,775,045	1,292,274	3,393,153[57]	2,921,003	2,185,663	1,550,104	8,820,472	6,656,770
청국, 기타	제일은행 지점	200	-	67,519	52,162	1,555	11,856	67,719	65,573
	십팔은행 〃	5,550	450	-	62,228	166,067	58,159	6,000	286,454
	백삼십은행 〃	171	-	-	13,288	1,100	2,552	172	16,940
	계	5,921[58]	450	67,519	127,678	168,722	72,567	73,891	368,967
합계	제일은행 지점	3,058,174	543,869	2,645,045	3,159,644	1,074,842	1,568,216	6,247,088	5,802,702
	십팔은행 〃	1,629,472	892,584	1,444,564	1,620,803	1,312,086	1,568,077	3,966,620	4,500,966
	백삼십은행 〃	1,023,959	90,569	876,420	1,246,912	199,260	272,142	1,990,948	1,718,314
	주방은행 〃	36,580	16,303	8,825	16,840	16,151	1,738	61,708	34,729
	계	5,748,185	1,543,325	4,974,854	6,044,199	2,602,339	3,410,173	12,266,364	12,056,711

55) 원문은 貨爲替이다.
56) 챙겨서 찾아 가지거나 받아 낸다는 뜻으로, 어음이나 수표를 가진 사람이 거래은행에 어음과 수표의 대금 회수를 위임하고, 위임을 받은 거래은행은 어음과 수표의 발행점포 앞으로 대금 지급

표에서 보면, 각 종류 중에서 액수가 가장 많은 것은 송금환이다. 그러나 이 중에는 관공금이 포함되어 있음을 알아야 한다. 그 총액을 전년과 비교하면 다음과 같다.

연차	수입	지급[拂出]
명치 41년	12,266,364	12,056,711
명치 40년	16,561,248	16,636,173

즉, 명치 40년에는 예금, 대출금 등의 액수가 많았고 이와 동시에 여러 어음의 수불(受拂)도 최고를 보였다.

절영도(絶影島, 절형도)

절영도 혹은 목도[牧の島][59]라고 칭하는데, 원래 관의 목장이 있었기 때문이다. 섬은 북서쪽에서 남동쪽으로 길게 뻗어있어 부산항을 에워싸며 북서부는 폭이 넓고 남동부는 좁다. 둘레는 70리라고 한다. 가장 높은 지점은 북서부의 폭 넓은 곳에 있고 세 봉우리가 나란히 서있다. 그 가장 높은 것은 고갈산(古碣山)이라고 하고 해발 1,297피트이다. 다음은 절영 앞산으로서 1,280피트이고 세 번째는 1,198피트이다. 남동쪽을 달려 구릉을 이루고 다시 융기하여 절영 뒷산을 이룬다. 또 태종대, 수망대(峀望臺)를 이루고 바다에 잠긴다. 섬은 이와 같이 높은 봉우리가 있어서 대개 경사가 급하고 평지가 협소하다. 그렇지만 개간이 비교적 이루어져 경지가 산허리까지 점점이 산재하고 있음을 볼 수 있다. 섬 전체 모두가 붉은 민둥산으로서 푸른빛을 볼 수 없고 또 여름에는 잡초가 무성해서 담청색을 나타낼 뿐이다. 그렇지만 지금으로부터 수십 년 전까지는 수목이 울창했다고 한다. 최근에 부산민단은 기본 재산으로서 부분림을 경영한다(암남반도와 두송, 평도 산림은 1,050정보에 나무를 심을 것을 계획한다. 단 명치 42년도부터 46년도에 이르는 계속 사업으로서 지출예산이 7,000원

을 요청하는 일련의 절차를 말한다.

57) 원문에는 3,753,153으로 되어 있으나 계산상 3,393,153이 옳다.

58) 원문에는 5,922로 되어 있으나 계산상 5,921이 옳다.

59) 목장이 있는 섬이라는 뜻으로 영도의 별칭으로 쓰였다.

이라고 한다.). 때문에 장래에 다시 울창한 산림을 볼 날이 있을 것이다. 섬 전체가 붉은 민둥산이지만 산의 모습은 우아하고 아름답다. 특히 봄여름 날에는 대부분 연무가 그 정상을 지나가서 변화무쌍한 경치 또한 뛰어나다. 부산의 아름다움은 생각건대 절영도에 의지하는 바가 크다.

절영도의 각 마을

마을은 부산거류지와 서로 마주보고 있고 대풍포(待風浦) · 영선동(瀛仙洞)이 있다. 북동측에 용동(龍洞) · 하구룡(下駒龍) · 상구룡(上駒龍)이 있다. 하구룡의 서쪽 섬의 매우 좁아지는 거의 중앙부에 영주동(瀛州洞)이 있다. 또 그 서쪽에 대풍포(大風浦)가 있다. 각 촌락 중 가장 큰 것은 영선동이다. 호구는 섬 전체를 통틀어 549호, 2,465명이다. 농업에 주로 종사하지만 역시 어업을 영위하는 자도 적지 않다. 자망 · 어살 · 외줄낚시 등을 행하여 대구 · 청어 · 갈치 · 조기 · 잡어 · 오징어 · 미역 등을 생산한다.

영선동의 해안에는 일본 해군의 저탄장이 있다. 대풍포(待風浦)의 해안에는 일본인이 잡거하는 경우도 많다. 또 부산거류민이 경영하는 각종 공장이 있다. 그 주가 되는 것은 오이케[大池] 제2정미소 · 대만소금합자회사 소속 식염 재제장(再製場) · 키리오카[桐岡] (붉은)벽돌공장 · 나카무라[中村]조선소 등이라고 한다.

대풍포(待風浦) 남서쪽의 작은 만입, 즉 일본인의 소위 살마굴[薩摩堀, 사쓰마보리]을 사이에 두고 부산포의 서쪽 입구에 면하는 사각(沙角)[60]이 있는데 일본인은 주비(洲鼻) 또는 주갑(洲岬)이라고 한다. 어호(漁戶) · 잡화점 · 음식점 등 집들이 즐비하여 절영도에서 가장 번성한 곳이다. 이곳은 완전히 모래와 자갈로 이루어져 근 3~4년 전까지는 사람이 살지 않는 황무지였다. 그런데 그 해안은 작은 배를 묶어두기에 적합하기 때문에 어선이 항상 모여 있었고 이에 따라서 상가도 들어서고 어부도 역시 그 가족을 데리고 와서 정주하게 되면서 갑자기 지금과 같은 성황을 보이기에 이르렀다. 이들 어민은 각각 독립적으로 경영하는 자들로서 그 출신은 일본의 거의 전체 현에 걸쳐있다. 모두 이곳을 근거지로 하여 1년 내내 그 업을 영위한다. 따라서 이들 어부들

60) 모래로 된 사주(砂洲).

은 서로 제휴하여 어선이 모이는 일이 적지 않다. 때문에 그 출입이 항상 끊이질 않고 하루에 적어도 70~80척에 이른다. 부산거류지에 공급되는 생선은 물론, 같은 곳 수산회사의 어시장에 공급하는 생선의 대부분은 이곳 어부 또는 이곳으로 몰려드는 어선이 가져오는 것이다.

이곳과 절영도 사이를 연결하기 위해서 살마굴의 만구에 다리 하나를 가설하였다. 본만은 만조를 타고 작은 배가 들어올 수 있지만 대부분의 경우는 바닥이 드러나 있다. 부산민단은 그것을 매축하여 이용하고자 기획하고 출원하여 허가를 얻었다. 그 매축이 완성되면 이곳은 한층 더 발전할 것이다. 부산과의 교통으로는 절영도와 주비로부터 나룻배가 주야간에 끊임없이 왕래하여 불편이 없다.

영도[牧の島]의 일본인 호구

거류 일본인의 호구는 올해 말 현재 섬 전체를 통틀어 451호, 1,801명이라고 한다. 그 대다수는 주비에 있고 부산거류민과 공동거류민단을 조직하였다. 소학교는 재작년 명치 40년에 신축하였다. 부산심상소학교의 분교로서 개교했다. 올해 말 현재 학생 170명이다. 우편소는 올해 4월에 설치되었고 이어서 11월에 전신 · 전화도 개통했다.

부민동(富民洞)

부민동은 부산포 서쪽 입구의 북쪽에 있고 주비와 서로 마주본다. 일본인이 한 외딴 집[一つ家, 히토쯔야]이라고 부르는 곳이 이곳이다. 앞 연안이 활 모양을 이루는 데 불과하여 돌제를 설치해서 겨우 배를 정박시키기 편리해졌다. 인가는 597호이고 어선은 16척, 어전어장이 3곳 있다. 봄 겨울에는 청어와 대구를 어획하고 여름 가을에는 채조를 한다. 또 부산포에 가서 노동에 종사하는 자도 많다. 이곳 교육은 일반적으로 진보한 듯하여 서당에 통학하기도 하고 외지에 유학하는 자도 많다.

암남포(巖南浦)

암남포는 부민포의 남쪽으로 겨우 5, 6정 떨어진 곳에 있고 부산과 약 30정 떨어진 곳에, 노송이 울창한 작은 갑이 있다. 그것을 수어말(鱃魚末)이라고 한다. 그리고 그 연결부의 마을이 곧 암남포이다. 앞에 바위섬이 가로놓여 있어 파도를 막아주기 때문에 어선을 대기에 충분하다. 부근에 사빈이 있어 지예망에 좋은 어장이다. 인가는 세 마을로 나뉘어 있고 총계 87호, 어선은 10척, 지예망 2통, 어살어장이 6곳 있다. 청어 · 대구 · 정어리 · 조개류와 해조 등을 어획 · 채취한다. 수어말의 어살어장은 부근에서 유명한 좋은 어장이다. 또 부산에 가서 노동에 종사하는 자도 많다. 일본인이 임시가옥을 짓고 대부망 및 그 밖의 어업에 종사하는 자가 있다. 도쿠시마현[德島縣] 수산조합에서는 이곳을 어민 이주지로 선정했다.

감래만(甘來灣, 감릭)

감래만은 암남포(巖南浦)의 끝에 있는, 두도(頭島)를 서쪽에서 에워싸고 북쪽으로 깊숙이 들어간 긴 주머니 형태의 만으로 입구 넓이 약 1해리, 깊이 약 2해리이고 흔히 대포(大浦)라고도 부른다. 만 안쪽으로 조금의 사빈이 있다. 양 기슭은 대부분 험준한 언덕이고 암초(暗礁)가 많다. 수심은 5길 내지 10길, 만 내는 어류가 풍부하여 호망(壺網) · 정치망[魚帳] · 지예망 · 양조망(揚操網) 등이 성행한다. 특히 호망의 경우에는 일년 내내 쉬는 일이 없다. 양 기슭에 마을이 있다. 동쪽에 있는 것을 감천포(甘川浦), 서쪽에 있는 것을 구서평포(舊西平浦)라고 한다.

감천포(甘川浦)

감천포는 암남포의 서쪽에 있다. 호수는 123호, 어선 10척, 어살어장[魚箭漁場]은 다른 마을사람에게 빌려주는 경우가 많다. 지예망 어장이 있는데 1년에 15원으로 일본인에게 빌려준다. 연안에는 우뭇가사리가 많고 주로 충청 · 전라 · 강원도 등지로부터 오는 잠수부가 채취하도록 맡겨둔다. 잠수부 1인으로부터 징수하는 채취료는 1관 500문으로 이로써 공동의 재정을 보충한다. 경작지는 인구에 비해서 좁다. 일본인은 이 지역을 근거로 어업을 영위하는 자가 미에현[三重縣] 사람의 지예망 · 일동조(日東組)의 대부망 · 히로시마현[廣島縣] 사람의 호망 · 도쿠시마현[德島縣] 사람의 잠수기 등이 있다. 기타 석재 채취를 위해서 오는 자 역시 적지 않다.

구서평포(舊西平浦, 구셔평)

구서평포는 인가 50호, 어선 7척, 지예망 1통, 어살어장[魚箭漁場] 8개소가 있다. 주요 수산물은 청어 · 대구 · 갈치 · 조기 · 붕장어 · 갯장어 · 우뭇가사리 · 미역 · 감태[搗布] 등이 있다. 경작지가 있지만 농산물은 마을의 수요를 채우는 데 부족하다. 일용물자는 하단시장 혹은 부산에서 구한다. 식수는 풍부하지만 질이 나쁘다. 일본인은 이 지역에 와서 1개당 연 60원을 지불하고 어장을 빌려 지예망어업에 종사하는 자가 있다.

다대해(多太海, 다틱히)

감래만의 서쪽으로 곶 하나를 사이에 두고 있는 만이다. 입구는 약 1해리, 만입은 1.5해리에 달한다. 그 동쪽 기슭은 험준한 절벽으로 수심이 깊고 서쪽 기슭은 갑각이 들쑥날쑥해서 여러 개의 작은 만을 형성하여 풍취가 대단히 뛰어나다. 다대해라고 한다. 만에 연하는 마을은 만 입구에 송도포(松島浦), 북동쪽으로 나포(羅浦), 북서쪽으로 남림포(南林浦), 북서 안쪽으로 다대포가 있다.

다대포는 왕년에 수군만호를 설치한 지역으로 당시는 다대포영이라 칭했다. 그 현존하는 석성은 곧 당시의 유적이다. 호수 258호, 인구 1,655인이 있는 큰 마을로 주민은 농업을 주로 하지만 어업도 역시 성행한다. 어선 42척, 지예망 2통, 어전어장 2개소가 있다. 그 주요 수산물은 청어 · 정어리 · 조기 · 전어 · 볼락 · 붕장어 · 갈치 · 도미 · 고등어 · 상어 · 전복 · 홍합 · 대합 · 소라 · 미역 · 우뭇가사리 등이라 한다.

이 지역에는 일본인 거주자 23호, 100명이 있다. 순수한 어촌으로 그 내역은 어호 15, 의사 1, 잡화상 3, 기타 3호이다. 이미 작년 융희 2년(명치 41년) 4월 중 일본인회를 조직했다. 또한 소학교도 신축했다. 어업은 정어리 지예망 · 호망 · 연승 등인데 호망을 설치하는 장소는 마을사람 소유의 어살어장을 차입하는 경우가 있다. 그 차입료는 1개당 1년에 좋은 곳은 300원, 보통인 곳은 200원, 나쁜 곳은 100원 내외라고 한다. 어획물은 부산에 수송하여 쌀 · 소금 · 석유 · 옷감[反物] · 성냥 · 기타 잡화를 사들여 돌아와 마을사람들에게 판매한다.

송도포, 나포, 남림포 등은 모두 정어리 지예의 좋은 어장이다. 청어 · 갈치 · 조기 · 대구 등의 어획도 역시 적지 않다.

장림포(長林浦, 쟝림)

장림포는 다대포의 서쪽에 있다. 인가 57호, 어선 3척이 있다. 어업은 활발하지 않다. 주로 봄부터 가을까지 대합을 채취할 뿐이다.

평림포(平林浦)

평림포는 장림포와 약 10리 떨어져 있다. 인가 144호, 어선 3척, 어살어장 4개소가 있다. 잡어, 조개류, 해조 등을 생산한다. 일본인 이주자 3호, 9인이 있고 어업과 상업에 종사한다.

하단포(下湍浦)

하단포는 평림포와 경계를 접한다. 인가 106호, 어선 6척, 어살어장 3개소가 있다. 장시가 있어 매월 1 · 6일에 개시하고 매우 성행한다. 일본인 이주자가 많다. 부근의 이주자와 함께 일본인회를 조직하여 심상소학교(尋常小學校)를 설립했다. 총 호수 45호, 인구 110명이 있다. 어업과 상업 등에 종사한다.

구포(龜浦, 기포)

구포는 하단포의 북쪽 약 40리, 낙동강 입구의 오른쪽 기슭에 있어 경부선에 연한다. 인가 267호이고 어업에 종사하는 자가 적고 오직 잉어 · 농어 등을 어획하는 데 불과하다. 이 지역은 마침 부근 각 지역 교통의 요충지에 해당하여 해륙운수의 중계지이기 때문에 자연이 상업이 매우 번성하였다. 장시가 있어, 매월 3 · 8일에 열린다. 일본인 이주자 65호, 220인이 있다. 일본인회를 조직하여 심상소학교를 설립했다. 주로 상업에 종사했다.

제5절 김해군(金海郡)

개관

연혁

가락국의 옛 땅이다. 신라가 병합하여 군으로 삼고 원래의 국명을 취하여 금관군(金官郡)이라고 칭했으나 경덕왕 때 지금의 이름으로 고쳤다. 고려조에 현으로 삼고 임해(臨海)라고 불렀다가 군으로 삼고 금주(金州)라고 칭했다. 도호부를 두고 금녕(金寧)이라고 하였다. 목을 두고 다시 금주라고 칭했으나 충선왕에 이르러 다시 부로 삼고 김해로 다시 고쳤다. 조선에 서군으로 삼았고 여전히 옛 이름을 따라 지금에 이르렀다.

경역

동쪽은 양산군 및 동래부에, 북쪽은 밀양군에, 서쪽은 창원부에 접한다. 군내는 대개 평야이고 낙동강 하류가 여러 개의 줄기로 나뉘어 그 사이를 관류한다. 때문에 토지가 비옥하고 곡식의 생산이 풍부하다. 주민은 주로 농업에 종사한다.

군읍

김해읍은 군의 거의 중앙에 있다. 옛 이름은 김녕 또는 분성(盆城)이라고 한다. 옛날 금관국 때 임나일본부를 두었던 곳이 바로 이 지역이다. 현재 군아 외에 순사주재소, 구재판소(區裁判所), 우편소 등이 있다. 수많은 화물이 모여드는 상업의 번성지이다. 일본인으로 이주한 자가 매우 많고 가락면(駕洛面) · 활천면(活川面) · 좌부면(左部面) · 우부면(右部面) · 칠산면(七山面)에 있는 자들과 공동으로 일본인회를 조직하고 심상소학교를 설립했다. 총 호수는 50호, 인구는 175명이다.

시장

시장이 있으며 매월 2 · 7일에 개시한다. 집산화물은 식염 · 삿자리[蘆蓆] · 송아지

· 생어 · 포백 등이고 식염은 특산품이다. 집산지역은 김해군내 및 동래, 구포 등 각 지방이라고 한다. 그 외 영강(永康) · 유하(柳下) · 진례(進禮) · 중북(中北) · 하동(下東)에 시장이 있다. ▲영강은 매월 5 · 10일에 개시한다. 집산화물은 갈대 · 식염 · 포백 · 생어 등이고 갈대는 특산품이다. 집산지역은 동래 · 웅천 지방이라고 한다. ▲유하는 매월 3 · 8일에 개시한다. 집산화물은 삿자리[蘆蓆] · 생어 등이고 집산지역은 창원 · 웅천 지방이라고 한다. ▲진례는 매월 5 · 10일에 개시한다. 집산화물은 곡물이고 집산지역은 창원 지방이라고 한다. ▲중북은 매월 4 · 9일에 개시한다. 집산화물은 송아지 · 포백이고 집산지역은 밀양 · 창원 지방이라고 한다. ▲하동은 매월 4 · 9일 개시한다. 집산물은 생어이고 집산지역은 김해 지방이라고 한다.

구획

김해군은 21개의 면이 있는 큰 군이지만 연안선이 매우 짧고 겨우 명길면(鳴吉面)만 바다에 접한다.

명길면(鳴吉面)

명길면은 곧 낙동강의 하구에 가로놓여 있는 삼각주로 명호도(鳴湖島)라는 명칭이 있는 곳이다. 연안에 진동(鎭東) · 하신전(下薪田) · 선암리(仙巖里) 등이 있다. 진동에는 인가 78호가 있는데 어업에 종사하는 자가 가장 많고 어선 14척, 예망 10통이 있다. 주요 수산물은 대구 · 숭어 · 갯장어 · 서대기 · 농어 · 뱀장어 · 연어 · 송어 · 뱅어 · 가오리 · 새우 · 게 · 전복 · 조개 · 해조 등이 있다. 뱀장어는 낙동강 입구에서 많이 생산되어 일찍이 일본인의 내어가 활발했었지만 지금은 크게 감소했다. 또 명길면은 간석지가 많아 제염업이 매우 성행한다.

제6절 창원부(昌原府)

개관

연혁

본래 신라의 굴자군(屈自郡) 및 골포현(骨浦縣) 땅이다. 고려때 이곳을 병합해서 의안군(義安郡)이라고 칭했다. 현종 때 금주에 예속시켰으나 후에 다시 의창(義昌), 회원(會原) 두 현으로 나누었다. 조선 태종에 이르러 다시 병합해서 창원부를 두었는데 작년 융희 2년에 이르러 다시 웅천 · 진해 두 군을 폐지하고 창원부에 편입시켰다.

경역

동쪽은 김해군에, 서쪽은 고성군에, 북쪽은 함안군 및 밀양군에 접한다. 원래 웅천 · 진해 두 군 사이에 끼여 있어서 경역이 협소했었지만 현재는 이들 두 군을 병합해서 관내가 넓어졌다. 연안은 굴곡과 만입이 들쑥날쑥하고 또한 도서가 많다. 도서 중 가장 큰 것은 거제도이며 거의 전 연안의 전면을 에워싼다. 그리고 그 서쪽 끝은 겨우 작은 수로가 있어 작은 배가 통과할 수 있다. 동쪽 끝은 해도에서 말하는 가덕수도이다. 즉 전 연안은 거제도와 함께 마치 호수와 같은 큰 만을 형성한다. 이를 진해만이라고 한다. 만 안이 넓고 수심이 깊어 큰 선박의 출입과 정박이 자유롭다. 또한 만 안에는 여러 작은 항과 도서가 있어 어선의 정박이 편리하다. 진해만의 동쪽에는 북쪽을 향해 깊게 만입한 큰 만이 있다. 그 안에 마산포가 있다.

창원읍

마산포에서 수 정 떨어진 내륙에 창원읍이 있다. 현재 부청이 있는 곳이다. 일본인으로 이주한 자는 38호, 119명이 있다. 일본인회를 조직하고 심상소학교를 설립했다. 우편소, 순사주재소 등이 있다. 창원부 남동쪽의 웅읍면(熊邑面) 연안에서 겨우 수 정 떨어진 곳에 웅천읍이 있다. 또 창원부 남서쪽의 진동면 연안에 진해읍이 있다. 모두 원래 군아가 있었던 곳이고 우편소, 순사주재소 등이 있다.

시장

마산 · 구읍(舊邑) · 자여(自如) · 완암(完岩) · 웅천 · 진해 · 고현(古縣)에 시장이 있다. ▲마산은 매 5 · 10일에 개시한다. 집산화물은 쌀 · 보리 · 콩 · 소금 · 비단[紗緞] · 무명[白木] · 흰모시 · 삼베 · 종이 · 어류 · 해조류[海毛] · 소 · 유기 · 삿자리[蘆蓆] · 멍석[草蓆] · 철물 · 담배 · 과일 · 숯 등이고 그중 쌀과 소금은 특산물이다. 집산구역은 함안 · 의령 · 영산 등이라고 한다. ▲구읍은 2 · 7일에 개시한다. 집산화물은 마산과 같다. 그렇지만 어류가 가장 많고 마산에 다음가는 큰 시장이다. ▲자여는 1 · 6일에 개시한다. 집산화물은 비단[紗緞] · 무명 · 종이 · 담배 · 어류 · 자리 등이다. ▲완암은 4 · 5일[61]에 개시한다. 집산화물은 자여와 같다. ▲웅천은 매월 4 · 9일에 개시한다. 집산화물은 옥양목 · 어류 · 소금 · 해조류[海毛] · 무명[白木] 등이다. ▲진해는 매월 4 · 9일, ▲고현은 2 · 7일에 개시한다. 집산화물은 모두 웅천과 같다. 그리고 집산지역은 모두 창원부 내 일원이라고 한다.

수산물

수산물은 매우 풍부하고 그 주요한 것은 대구 · 정어리 · 청어 · 숭어 · 도미 · 갈치 · 조기 · 민어 · 가자미 · 넙치 · 오징어 · 문어 · 굴 · 피조개 · 홍합 · 해삼 · 미역 · 우뭇가사리 · 김 등이다. 그중 대구 및 멸치가 가장 많다. 대구는 주로 조선인이 어살 · 정치망 · 자망 및 연승을 사용해서 어획하는 것이 성행한다. 어살 · 정치망이 가장 성행하는 곳은 가덕도 동부 일대이고 자망 및 연승은 연해 도처에서 사용된다. 정어리류는 멸치 및 정어리가 많고 주로 일본인이 예망 · 양조망(揚繰網) 등을 사용해서 어획하여 삶아서 말린 정어리로 제조한다. 대근도(大根島) 부근에서는 조선인 중 분기망 어업을 하는 자가 다소 있다. 일본인 중 히로시마현 어민이 가장 많고 각각 일정한 근거지를 점유한다. 매년 5월 상순에 와서 11월 경까지 어업에 종사하는데 그중에는 이미 이주한 자도 있다.

---

61) 5일은 9일의 오류로 생각된다.

그 내어자가 많은 것과 정어리 어업이 성행하는 것이 실로 전국에서 으뜸간다고 할 만하다. 내어자의 수는 매년 다소 차이가 있지만 약 100조(組)에 달한다. 히로시마현만 해도 70조 이상에 이른다. 한 조의 조직은 히로시마현에서는 그물배 2척(1척에 9명에서 10명 승선한다), 수선(手船) 3척(1척에 2명 승선한다), 가마솥을 구비한 평저선 1척으로 이루어진다. 어획물은 바다 위에서 바로 삶고 찌며 상륙한 후 자리 위에 펼쳐놓고 건조시킨다. 제조가 끝나면 가마니에 넣어 일본으로 수송한다. 그 외 도미 연승 · 수조망 · 해삼 형망 · 갈치 문어, 낙지 낚시 · 조개 채취 · 해조 채취 등이 성행한다.

구획

창원부는 21개 면으로 나뉜다. 그중 바다에 접하는 곳은 웅동(熊東) · 천가(天加) · 웅읍(熊邑) · 웅중(熊中) · 웅서(熊西) · 외서(外西) · 구산(龜山) · 진동(鎭東) · 진서(鎭西) 9개 면이다.

웅동면(熊東面)

동쪽은 낙동강을 사이에 두고 김해군(金海郡)에, 서쪽은 웅읍면(熊邑面)에 접한다. 연안 동쪽 절반 일대는 황량한 모래와 펄로 이루어진 퇴적물이 있어서 배가 통행할 수 없다. 중앙은 돌출하여 갑각을 이루고 서쪽으로 작은 만을 형성한다. 만 안은 바람을 피하기에 안전하지만 수심이 얕고, 깊은 곳도 2길이 넘지 않는다. 이곳에서 피조개[赤貝]를 많이 생산한다. 채취 시기는 3~4월 두 달이다. 또 도처의 간석지(干潟地)에 낙지[手長蛸]가 많아 연안의 주민은 간조 때 항아리를 끌고[曳摺] 걸어가다가 서식하는 구멍을 발견하면 그 속에 손을 넣어 움켜쥔 다음 항아리 속에 던진다. 이렇게 채취한 것은 지름 9촌, 깊이 5촌 정도의 그릇에 해수(海水)를 약간 덜 채운 상태(80% 정도 채운 상태)에서 입구까지 가득 찰 정도로 넣어서 도미연승의 미끼로 판매한다. 또한 수조망의 좋은 어장이기도 하다. 일본인의 내어가 적지 않다. 수산물은 이상의 것 외에 대구 · 도미 · 갈치 · 홍합 · 해삼 등이 있다. 주요 어촌은 원리(院里) · 안골(安骨) · 청천(晴天) · 안성(安城)·산양(山陽) 등인데, 안골 및 안성에는 정치망·어살 어장이 있다.

천가면(天加面)

웅동면의 앞쪽 약 5해리의 바닷속에 가로놓여 있는 가덕도(加德島) 및 그 부근에 흩어져 있는 삼신산열도(三神山列島)인 입도(立島)·굴해(崛海)·암도(巖島) 등의 도서로 이루어진다.

가덕도(加德島)

가덕도는 둘레가 약 80리 남짓이다. 동쪽은 다대포[多太浦]와 마주하고 서쪽은 여러 개의 작은 섬을 끼고 거제도의 북단과 마주하는데, 그 사이를 가덕수도(加德水道)라고 한다. 동안은 깎아지른 절벽이고, 북안은 높고 험준하며, 남안과 서안에 어선을 정박하는 데 편리한 항만이 여러 곳 있다. 그중 서안에 있는 천성만(天城灣)은 남쪽을 막아주어 흘수(吃水)[62] 16피트 이하의 선박 2~3척을 수용할 수 있다. 근해는 대구·청어의 어리가 풍부하고, 겨울에 정치망·어살을 설치하는 곳이 많다. 특히 동안 일대가 가장 성하다. 도미·조기·갈치·갯장어·해삼·문어·미역·풀가사리·우뭇가사리 등도 또한 많다. 일본인의 내어가 매우 빈번하다. 주요 어촌은 눌차(訥次)·남선(南仙)·남평(南坪)·대정(大頂)·장항(獐項)·성북(城北)·동선(東仙) 등이라고 한다. 눌차는 정치망과 어살이 가장 성행하는 곳으로 어장이 23곳이다.

웅읍면(熊邑面)

동쪽은 웅동면에, 서쪽은 웅중면에 접한다. 연안은 굴곡과 만입이 풍부하고, 수심이 얕아서 큰 선박을 수용할 수는 없지만 어선의 정박에는 적합하다. 동쪽은 웅동면과 함께 소위 웅천만(熊川灣)을 형성하는데 수심이 특히 얕다. 부속 도서가 많은데 앞쪽 2~3해리에 늘어서 있다. 이것을 열거하면 초리도(草理島)·웅도(熊島)·지계리도(地計

---

62) 흘수(吃水) : 선저로부터 수면까지의 연직거리.

理島)·궤도(簣島)·음지도(陰地島)·우도(友島)·수도(水島)·고장도(古章島)·연도(椽島)·조미도(條味島)·송도(松島)·저도(著島) 등이다. 이 중에서 가장 먼 곳은 장리도·웅도·연도이다. 이들 도서의 외면(外面)은 수심이 깊어 즉 가덕수도가 된다. 연안 어촌 중 주요한 곳은 와성(臥城)·괴정(槐井)·제포(薺浦)·삼포(參浦)·명동(明洞)·죽곡(竹谷)·원포(院浦)·수치(水治) 등이라고 한다. 대구, 청어 정치망 및 어살·수조망·지예망·해삼형망·갈치낚시·문어낚시·채조 등을 행하고, 도서에서는 채조가 가장 성행한다. 특히 초리도·웅도·우도·수도·연도에서는 미역을 많이 생산한다.

제포(薺浦, 지포)

제포는 웅읍면의 서쪽 끝의 작은 만 안에 있다. 만 안은 다소 넓고 물이 깊지 않지만 어선을 매어두는 데 적합하다. 이곳은 옛날 계해약조[癸亥協約]에 기초해서 일본과 통상하기 위해 부산 및 염포와 함께 개항되어 당시 왜관[日本公館]이 있었던 곳이다. 폐쇄한 것은 신축년(辛丑年)의 난 때문이며〈부산의 기사 참조.〉, 북동안에 인가 약 30호가 있다 수조망·해삼형망·대구연승 등을 행한다. 일본 수조망선의 내어가 적지 않다. 부근에 낙지[手長稍]가 많아 도미연승의 미끼로 제공한다.

수도(水島)

수도는 제포의 앞쪽에 가로놓인 작은 섬으로 인가 45호가 있다. 주민은 대개 어업에 종사한다. 부근에 청어·조기·가자미·갈치·문어[稍]·오징어·해삼·홍합·미역 등이 많다. 어채물은 앞쪽 연안의 원리(院里) 및 웅천으로 보내어 판매한다.

연도(椽島)

연도는 수도의 남동쪽에 있는 가덕도의 북서쪽에 가로놓인 험준한 작은 섬으로 그 북동안에 인가 63호가 있다. 주민은 대개 어업에 종사한다. 정치망·수조망·대구연승·홍합 채취·채조 등을 행한다.

웅중면(熊中面)

동쪽은 웅읍면에, 서쪽은 웅서면에 접한다. 연안은 만입이 깊은데 이를 행엄만(行嚴灣)이라고 한다. 만 안 일대는 평사(平沙)이지만 물이 다소 깊다. 어촌 중 주요한 것은 행엄(行嚴) · 풍호(豊湖) · 동천(凍川) 등이라고 한다. 수조망이 가장 성하다. 행엄에는 정치망 · 어살어장이 많다. 부속 도서가 있는데 죽도(竹島) · 화도(花島) · 와도(臥島) 등이라고 한다. 와도가 가장 커서 둘레 약 10리이고, 섬 안에 맑은 샘이 있다. 수질은 양호하며 수량(水量)도 많다. 그 부근에 대구 · 정어리 · 도미 기타 잡어가 많다.

웅서면(熊西面)

동쪽은 웅중면에, 북서쪽은 외서면(外西面)에 접한다. 남서쪽은 바다에 면하고 마산만의 오른쪽 연안을 이룬다. 연안이 자못 길고 굴곡과 만입이 많다. 또 수심이 깊어서 선박을 매어두기 편하다. 주요 어촌은 안곡(安谷) · 중평(中坪) · 도만(道萬) · 현동(縣洞) · 비봉(飛鳳) · 귀산(貴山) · 용호(龍湖) 등이라고 한다. 근해에서 정어리 · 도미 · 숭어 · 갈치 · 대구 · 학꽁치 · 붕장어 · 해삼 등을 생산한다. 지예망 · 수조망 · 도미 연승 · 대구 자망 · 갈치 낚시 · 해삼 형망 등을 행한다. 수조망이 특히 성행한다. 매년 일본인이 건너와서 정어리 · 멸치어업에 종사하는 자가 있다. 비봉도 부근에서 가장 성행한다. 부속 도서가 많은데, 박도(朴島) · 마도(馬島) · 미도(尾島) · 목도(木島) · 부도(釜島) · 율도(栗島) · 모지도(帽池島) · 화도(花島) · 쌍기도(雙起島)라고 한다. 부도는 마산만 입구에 가로놓여 있으며, 부근의 여러 섬 중 가장 큰 것이다. 섬 안 곳곳에 작은 나무로 이루어진 숲[矮林]이 산재한다. 동안에 있는 작은 만 안에 마을이 있는데, 그 연안은 지예망의 좋은 어장이다. 매년 일본인이 이곳에 근거해서 정어리어업에 종사하는 자가 많다.

외서면(外西面)

마산만 안에 연하는 작은 면으로, 남동쪽은 웅서면에, 서쪽은 구산면(龜山面)에 접한다. 땅은 외해(外海)와 멀리 떨어져 있어 어장이 부족하다. 연안은 대체로 모래펄이다. 남쪽 끝에 이르면 물이 점차 깊어지고, 산호(山湖)·서성(西城)·오산(午山) 등의 마을이 있다. 또 저도(猪島)·오도(梧島)의 두 섬이 있다. 그렇지만 어업은 오직 봄·여름에 주로 수조망을 이용해 잡어를 어획하는 데 불과하다. 외서면의 위치도 이와 같아서 어업이 매우 부진하지만 개항장이고, 특히 군사적으로 유명한 마산포가 있다.

마산포(馬山浦)

마산포는 조선의 개항지 중 하나로, 동경 128도 34분, 북위 35도 10분에 위치한다. 부산에서 육로로 120리, 해로로는 40해리 떨어져 있으며 대마도와의 거리는 50해리이다.

마산만은 만입이 매우 깊어 거제도의 북단에서 만 안에 이르는 거리가 약 15해리이다. 만은 폭이 좁은 곳이 약 10여 정, 수심 8~9길인데 대형 선박의 출입이 자유롭다. 마산만에서 항로표지로 유명한 것은 만 입구의 부도(釜島) 부근 즉, 만의 남서각인 맥랑말(麥浪末) 동쪽 2해리에 있는 간출암(干出岩)[63]의 괘등입표(掛燈立標)[64] 뿐이다. 아마 마산만이 파도가 심하지 않고 장애물이 적기 때문일 것이다. 이 입표에서 마산 정박지[錨地]까지는 약 11해리이다.

정박지[錨地]

정박지는 각국 거류지의 앞쪽으로 북·서·남, 삼면이 구릉으로 둘러싸여 있다. 수심은 그 중앙부가 약 4길인데 바닥이 진흙이다. 그러나 그 북서쪽 연안은 일대가 얕다. 구마산포(舊馬山浦) 부근은 1길 안팎에 불과하다.

---

63) 조석의 간만에 따라 수면 위에 나타났다 수중에 감추어졌다 하는 바위. 저조 시 나타난다.
64) 바닷속의 암초 위에 석재(石材)나 콘크리트로 구조물을 만들고 석유등이나 가스등을 달아 항로 표지로 삼는 등표(燈標)를 말한다.

조석(潮汐)

조석은 삭망고조[65]가 8시 43분이며 대조승[66]이 7과 3/4피트, 소조승[67]이 4와 1/2 피트이며 소조차[68]는 2피트이다.

항만 설비

항만 설비로는 부두의 석벽[石垣] 3기 외에 잔교 3개가 있다. 그중 가장 큰 것은 세관 잔교로 길이가 13칸이다. 주변은 항상 다소의 수심을 유지하지만 최저조(最低潮) 때는 드러나는 경우도 있다.

연혁

마산포의 개항 시기는 광무 3년 5월로 군산 · 성진 등과 동시에 개항했다. 그러나 이곳은 옛날부터 합포(合浦)라고 불리는, 일본과의 교역 요충지였다. 특히 일본 역사에서도 유명한 원구(元寇)[69] 때, 원의 수군이 출항을 준비하던 곳도 이 마산포이며 당시에 정동행성(征東行省)을 두었던 곳이 지금의 창원읍 지역이다. 마산포는 이전부터 이미 일본과의 관계상, 이와 같은 역사를 가지고 있었다. 가깝게는 러일 전쟁 때, 마산포와 어떤 관계에 있었는지는 널리 알려진 바이다. 그러므로 만약 이곳에 놀러 와서 고금의 사적을 방문한다면 흥미가 깊고 감개가 저절로 용솟음치는 데 이를 것이다.

거류지

거류지는 개항조약이 성립하던 당시, 오로지 각국의 거류지밖에 없었으나 광무 5년

---

65) 삭일과 망일 이후, 달이 자오선을 통과하고 고조에 도달할 때까지 걸리는 시간을 말한다.

66) 기본 수준면에서 대조(사리, 삭과 망이 지난 뒤 1~2일 만에 생긴 조차가 극대인 조석)의 평균 고조면의 차이를 말한다.

67) 기본 수준면에서 소조(조금, 상현 및 하현이 지난 뒤 1~2일 만에 생긴 조차가 극소인 조석)의 평균 고조면의 차이를 말한다.

68) 소조 때의 저조와 고조 사이의 수면 차이를 말한다.

69) 원나라가 고려군와 함께 1274년, 1281년 두 차례에 걸쳐 일본의 잇키, 대마도, 후쿠오카 부근을 침략한 사건을 일본 측에서 지칭하는 용어이다.

(명치 34년), 5월에 일본이 각국 거류지에 붙여서 전관거류지를 설정했다. 이윽고 러시아 역시 일본거류지의 남쪽을 선택하여 전관지를 설정하였다. 그러나 러시아의 전관거류지는 그저 구역만 나누고 어떠한 설비도 하지 않았고, 결국엔 철거하기에 이르렀다. 그러므로 현재 남아 있는 것은 각국 거류지와 일본 전관, 두 구역이다. 각국 거류지가 설정되면서 동시에 일본인은 그 지역에도 거주하였으며 지금은 거류지의 전부를 일본 전관지로 볼 수 있다.

각국 거류지는 10만 평이라고 한다. 배후에는 반룡(盤龍)과 무학(舞鶴), 두 봉우리가 높게 솟아있고 좌우 양쪽에는 작은 구릉이 연이어져 평지가 협소하다. 그러나 땅이 높고 건조해서 경치가 좋으며 게다가 기후가 온화하여 전국 제일의 휴양지라고 일컬어진다. 지구(地區)의 경매되지 않은 땅[未競賣地]으로 잔존하는 것이 59,491m^2이다. 다만 그 소유가 명확한 것이 300,295m^2로 그중 일본인 관민이 가진 땅은 합계 199,165m^2이다.(융희 3년 6월 말 현재 조사에 의함)

호구(戶口)

이번 융희 3년, 12월 말 현재, 거류민의 호구는 일본인 1,132호, 4,381명. 프랑스인 1호, 1명. 러시아인 1호, 2명. 청국인 16호, 79명이다. 다만 청국인은 구마산(舊馬山)에 거주하는 사람이 많다. 다음에 과거 수년간에 걸친 거류 일본인의 호구 통계를 제시하여 그 진보 상태를 엿볼 수 있는 자료로 삼는다.

연도	호수	인구(명)	연도	호수	인구(명)
명치 34년 (광무 5년)	-	261	명치 39년 (광무 10년)	-	2,594
〃 35년		312	〃 40년	-	3,219
〃 36년		396	〃 41년	965	3,655
〃 37년		649	〃 42년	1,132	4,381
〃 38년		1,248			

일본인 단체

일본인은 개항 당시에 이미 일본인회를 조직했다. 명예 총대(總代)를 선거로 뽑아 그 사무를 볼 수 있도록 하였고 후에 총대를 이사(理事)로 고쳤다. 그리고 통감정치가 시작되자 명치 39년 9월 1일, 거류민단을 설립하여 지금에 이르고 있다.

관공서 단체

관공서에는 이사청 · 세관 · 경찰서 · 일본거류민단 사무소[役所]가 있다. 교육기관은 민단이 경영하는 심상고등소학교 하나가 있을 뿐이다. 또 위생기관으로는 병원이 있는데 경치가 좋은 곳을 차지하고 있어 병원으로서는 적합한 곳이다. 그 외에 주요한 회사 · 조합 등을 열거하면 한국은행출장소 · 한국척식회사출장소 · 마산곡물주식회사 · 마산수산주식회사 · 조선해수산조합지부 등이다. 또 구마산에 마산금융주식회사 · 경상농공은행지점 · 창원지방금융조합 등이 있다.

구마산(舊馬山)

조선인 마을은 현재 구마산으로 불린다. 고려 때 합포로 불린 지역이 바로 이곳이다. 이후 오랫동안 공미(貢米)의 집적지로 곡식 창고를 설치하였다. 함경도 원산 · 충청도 강경과 더불어 3대 나루의 하나로 꼽혀 그 명성이 두루 알려졌다. 마산포가 개항되어 거류지가 월영동(月影洞) 연안에 설정되자 이곳을 구마산으로 부르기 시작했지만 여전히 예전의 번영을 유지하고 있다. 작년 말 현재, 호수 1,566호, 인구 7,071명이 살고 있는데 객주가 20여 호이다. 또 일본인과 청국인도 섞여 살아 상업이 매우 번성하다. 주요 거래물은 미곡과 어류라고 한다. 시장이 있는데 매 5일에 개시한다. 시장에 집합하는 물품도 많고 그에 따라 집산액도 많다.

경승지[勝地]

부근에 경승지가 많고 오래된 유적이 많다. 월영대(月影臺)는 거류지의 남단에 있다. 수목이 울창하고 특히 한여름에 더위를 식히는 데 적합한 곳이다. 달밤의 경치가 가장 아름다워서 이런 이름이 생겨난 것이다. 그 외에 돗섬(猪島, 마산만 내에 떠있는 작은 섬) · 근위구(近衛丘, 일본 전관거류지의 일각이다. 명치 34년 옛날 고노에[近衛]공작이 경치가 빼어난 곳이라고 해서 별장지로 선정한 곳이다) · 광산사(匡山寺, 匡盧山의 중턱에 있고 수목이 울창하며 그윽하고 고요한 곳이다) · 웅사(熊寺, 창원군 泉善洞의 산중에 있다) · 마산성지(馬山城趾, 창원군 古口洞의 북쪽에 있고 옛날 일본 장군 시마즈 요시히로[島津義弘]가 지은 성채라고 한다) · 몽고정호(蒙古井戶, 거류지와 구 마산과의 중간 길가에 있다. 몽고가 일본을 공격하고자 하여 마산포에 주둔해 있을 때 우물을 판 곳이라고 전해진다) 등이 있다.

교통

교통은 육로로 부산까지 약 120리, 북동쪽으로 창원읍까지 약 30리, 남서쪽으로 진해읍까지도 역시 마찬가지이다. 도로는 각각 개수되어서 거마의 왕래가 자유롭다. 관찰도 소재지인 진주읍까지의 100여 리 거리는 작년 대대적인 개수에 착수하였고 이미 공사가 대략 종료되어 이곳 역시 거마가 통과하기에 충분하다. 정거장은 거류지의 북단에 있다. 철도는 창원과 진영 등을 지나 삼랑진에 이르러 경부선에 연결되고 그 사이는 55여 해리이다. 하루에 4회 발착하기 때문에 부산과는 하루에 왕복하는 것이 가능하다.

해로는 부산까지 40해리, 통영까지 25해리이다. 남서 연안을 항행하는 정기선은 매일 출입하지만 일본에 이르는 것은 고베[神戶]와 인천 사이를 항행하는 오사카[大阪] 상선회사의 기선이 한 달에 겨우 2번 왕복 기항하는 데 그친다. 때문에 개항지로서는 기선의 왕래가 매우 적어서 항 내는 항상 적막하다.

지난 융희 2년 중 여객의 왕래와 화물의 출입은 대개 아래와 같다.

여객과 화물출입

구별	기차(汽車)편에 의한 것			기선(汽船)에 의한 것		
	입	출	계	입	출	계
여객	35,875	3,934	39,809	7,747	7,291	15,038
화물	3,637 톤	9,851	13,488	5,944 톤	9,797	15,741

통신

통신기관은 마산거류지에 우편국 외에 정거장에 전신취급소, 구마산에 우편소 · 조선해수산조합 마산지부 순라선 우편소가 있다. 우편물은 철도편에 의한 것은 매일 3회 발착하고 해로는 송진(松眞) · 통영 · 여수(麗水) 등에 이르는 것은 거의 매일 발송된다. 그 외 부근 각 읍에 이르는 것은 진해에 매일 1회, 함안 · 영산 · 마천 등은 월 15회 체송[70]한다. 전신선은 부산선 · 송진선 · 통영선 · 진주선으로 네 선이 있고 전화는 구마산을 아울러 한 지구로 한다. 가입자는 지난 명치 41년 말 현재 143명이다. 그 시외 통화지역[對話地]은 동래 · 부산진 · 초량 · 부산 · 장생포 · 울산 · 대구 · 군위 · 의성 · 안동 등이라고 한다.

출입선박

본 항은 개항지임에도 불구하고 무역은 매우 부진하다. 생각건대 위치는 부산에 접하고 백화집산구역은 지극히 좁으며 만입이 지나치게 깊어서 선박이 출입하는 데 많은 시간을 요하는 결점이 있기 때문이다. 그래서 그 출입선박의 경우도 매우 적어서 무역항으로서의 가치가 없다. 무역연표를 보면 지난 융희 2년(명치41년)에 출입한 선박 총수는 2,415척, 146,200톤으로서 그 내역은 아래와 같다.

구별		입항			출항			합계		
		외국 무역선	연안 무역선	계	외국 무역선	연안 무역선	계	외국 무역선	연안 무역선	계
기선(汽船)	척	76	400	476	77	396	473	153	796	949
	톤	45,018	17,492	62,510	45,883	16,612	62,495	90,901	34,104	125,005
범선(帆船)	동	38	-	38	33	-	33	71	-	71
	동	1,692	-	1,692	1,620	-	1,620	3,312	-	3,312
정크[戎克][71]	동	478	231	709	435	251	686	913	482	1,395
	동	6,341	2,600	8,941	6,137	2,805	8,942	12,478	5,405	17,883
계	동	592	631	1,223	545	647	1,192	1,137	1,278	2,415
	동	53,051	20,092	73,143	53,640	19,417	73,057	106,691	39,509	146,200

70) 체송(遞送): 차례로 여러 곳을 거쳐서 전하여 보냄.

무역

그 무역의 개세를 보면 지난 같은 해 중에 외국무역은 수출 250,717원, 수입은 385,160원으로서 통계 635,877원이지만 연안무역은 이출 67,947원, 이입 55,844원으로서 통계 123,791원에 지나지 않는다. 생각건대 본 항은 부산, 목포 사이에 끼어있어서 내지에 상업구역이 좁고 연안 역시 좁으며 그 독점지역이라고 간주할 만한 것은 오직 겨우 진해만의 연안에서 통영에 이르는 사이에 그친다. 지금 그 무역의 내용을 표시하면 아래와 같다.

제1표 외국무역

수출		수입	
종목	가액(円)	종목	가액(円)
내국품	243,222	곡류 · 종자	677
곡물류	184,842	음식물류	20,846
쌀	141,575	설탕 · 당과류	13,527
보리 · 밀	208	주류	12,689
콩 · 팥	42,890	약재류 · 기름 · 밀납	6151
기타곡류	169	염료 · 채료 및 도료	4,784
수산물	8,647	수산물	6,106
우뭇가사리	518	식염	4,695
건어	3,427	함어	41
함어(鹹魚)	79	다시마	393
상어지느러미	17	건어	461
고래 뼈	12	생어	517
물고기 비료	4,593	실 · 노끈 · 새끼 및 재료	34,149
기타 수산물	1	제(諸) 포백 · 포백제품	8,988
쇠가죽 · 소뼈	2,159	면포	21,865
오배자(五倍子)	170	견포	794
기름 · 밀랍	70	의복 · 부속품	16,136
소	39,533	금속 및 금속제품	51,800

71) 정크[戎克]: 중국의 소형 범선.

광물 · 광석	6,237	차량 · 선박 및 제 기계	8,188
기타제품	1,564	목재 및 목제품	68,362
외국품	7,495	기타제품	110,098
계	250,717	계	385,160
총계			635,877

제2표 연안무역

이출		이입	
종목	가액(円)	종목	가액(円)
내국품	22,165	내국품	34,175
곡물류	12,514	곡물류	17,975
쌀	12,427	쌀	11,092
콩류	87	보리 · 밀	49
수산물	1,261	콩류	6,834
생 · 건 · 염어	1,178	수산물	3,357
명태	17	생 · 건 · 염어	2,875
해조	66	명태	14
음식물	4,376	해조	243
마포 · 갈포	452	식염	225
기타제품	3,562	술, 간장, 된장	1,682
외국품	45,782	기타제품	11,161
식염	1,404	외국품	21,669
음식물류	3,052	음식물류	5,507
약재 · 기름 · 도료	1,935	약재 · 기름 · 도료	412
포백 및 포백제품	2,561	포백 및 포백제품	1,674
문방구류	422	종이	113
철재 및 철제품	139	철재 및 철제품	375
금속제품	2,038	담배	5,597
목재 및 목제품	14,794	목재 및 목제품	1,012
담배	648	성냥	450
기타제품	18,789	기타제품	6,529
계	67,947	계	55,844
총계			123,791

표를 살펴보면 마산포 무역의 주요 품목은 곡물로 수출내국품 가액 243,222원 중 184,842원이 곡물이다. 그리고 두 번째로는 생우가 다소 많은 액수로 올라가 있고 기타 품목은 극히 적다. 진해만 내의 정어리 생산액은 매우 많지만 마산포를 통과하는 것은 아직도 적어서 앞의 표를 봤을 때 수산물 총 수출액은 겨우 8,647원이다. 아마 직접 부산에 수송되는 것이 많기 때문일 것이다. 그 연안무역을 보면 내국품의 이출은 겨우 22,165원에 불과한데 외국품의 이출은 45,782원에 달한다. 그렇지만 그 이입은 내국품이 34,175원을 헤아리고 외국품은 21,669원이다. 즉 그 차액을 계산해 보면 외국품의 이출이 이입을 초과하는 것이 24,113원[72]이지만 내국품에 있어서는 반대의 결과를 보인다. 이입액이 이출액을 초과하는 것이 12,010원이다. 본래 이는 한 해 동안의 현상에 불과하지만 마산포의 경우, 무역으로 인해 발달해야 할 내국생산품의 이출이 적다는 것은 명백한 사실로서 장래에도 두드러진 발전은 기대하기 어려울 것이다.

다음에 제시한 외국무역 총가액 누년비교표를 보면 마산항 무역이 최근 다소 발전한 상태에 있지만 그 내용은 여전히 또한 앞에서 본 것과 같은 상태이다. 그러므로 마산항이 무역항으로서의 가치가 매우 부족하다고 단언하는 것을 주저할 필요가 없다.

외국무역 누년비교

연도	수출품 가격(円)	수입품 가격(円)	계(円)
광무 3년(명치 32년)	399	1,252	1,651
동 4년	6,252	13,735	19,987
동 5년	19,731	45,615	65,346
동 6년	72,217	33,301	105,518
동 7년	87,472	29,262	116,734
동 8년	35,642	48,971	84,613
동 9년	37,573	106,169	143,742
동 10년	66,877	390,430	457,307
융희 원년	337,451	835,719	1,173,170
동 2년	250,717	385,160	635,877

72) 원문에는 24,111원으로 기록되어 있다.

앞의 표에서 융희 원년 무역액이 갑자기 증가한 것은 철도재료의 수입에 기반한 것으로 그 수출액도 액수가 가장 많은 것은 당시 공사 때문에 일반적인 상업 상황이 활기를 보였기 때문이다.

내국산 수산물 출항액 누년비교

다시 내국 수산물만을 가지고 누년비교를 시도하면 다음과 같다.

연도	외국으로(円)	내국 개항지로(円)	계(円)	연도(円)	외국으로(円)	내국 개항지로(円)	계(円)
광무 5년 (명치34년)		219	219	광무 9년 (명치38년)	112	2,614	2,726
동 6년	56	2,372	2,428	동10년	1,235	389	1,624[73]
동 7년	18	5,311	5,329	융희 원년	7,076	3,667	10,743[74]
동 8년	250	749	999	동 2년	8,647	2,665	11,312

표를 살펴 보면 수산물의 외국수출은 소액이지만 최근 몇 년간 발달이 뚜렷하다. 생각건대 이 업종이 발전하게 된 것은 마산수산주식회사가 생어와 그 밖의 것들을 일본으로 수송하기 시작한 것도 또한 하나의 원인일 것이다.

융희 2년 중 마산 정거장에서 육송되었던 수산물은 식염 294톤 · 절인 생선과 말린 생선 529톤 · 명태 156톤 · 선어 698톤 · 해초 157톤으로 합계는 1,834톤이다. 이들 수산물 중 식염은 거의 전부가 외국산품이라고 한다. 이는 동년의 수입 수산물 6,106원 중 그 액수가 4,694원에 달하는 것을 봐도 분명하다. 그 외의 수산물 중 이입품에 해당하는 것은 명태이고 다른 것은 모두 부근에서 생산된 것으로 간주해도 지장이 없을 것이다. 그러므로 마산항에 있어서도 또한 수산물은 중요무역품 중 하나라는 것이 분명하다. 육송된 선어는 거의 전부가 마산수산주식회사가 취급하는 것이고 그 밖의 것은 조선인이 취급하는 경우가 대부분이다.

마산항의 무역은 이와 같고 그 상업 거래는 곡물 및 수산물을 주로 한다. 그리고 그 상권은 여전히 아직 구마산포에 있는 조선인 객주의 손에 있어서 거류지로

73) 원문에는 1,622라고 되어 있으나 정오표에 의거하여 수정함.
74) 원문에는 10,643이라고 되어 있으나 정오표에 의거하여 수정함.

이전되지 않았다.

금융

마산에 있는 금융기관은 거류지에 한국은행 지점이 있다. 그렇지만 한국은행 지점은 올해 말 개시했고 그전에는 제일은행 출장소가 맡아서 처리하는 곳이었다. 또 구마산에 경상농공은행(慶尙農工銀行) 지점이 있고 창원지방금융조합이 있다. 현재 융희 2년의 예금액을 보면 대개 다음과 같다.

은행예금

은행명	총액(円)	연말 현재(円)
제일은행 출장소	1,879,052	127,956
농공은행 지점	333,992	11,319
계	2,213,044	139,275

앞의 표는 각 관공금도 포함한다. 즉 총액으로 48,882원, 연말 현재에 1,381원이 있다. 기타 많은 부분은 당좌 및 소액당좌 2종류라고 한다.

은행대출금

다음으로 융희 2년 중의 대출금을 보면 다음과 같다.

은행명	총액(円)	연말 현재(円)
제일은행 출장소	2,087,857	100,265
농공은행 지점	292,553	62,828
계	2,380,410	163,093

이와 같이 제일은행 출장소의 대출금을 종류별로 보면 그 액수가 가장 많은 것은 당좌예금대월 1,090,144원, 할인어음 678,454원이라고 한다. 다음은 하물환어음이고 보통대부금이 가장 적다. 농공은행지점에 있어서도 또한 대개 같은 상황이고 그 액수가 가장 많은 것은 할인어음 179,339원이다. 그렇지만 보통 대월금액도 다소 많아 총액이 109,280원에 달하고 연말 현재는 43,000원이다. 농공은행 지점의 연부(年賦) 대부금

은 매우 적고 연말 현재 겨우 1,409원에 불과하다.

은행대출금 담보

지금 이러한 대금의 연말 현재액에 대하여 담보별로 보면, 제일은행출장소에서는 신용이 가장 많아 45,986원에 달한다. 다음은 상품이 22,490원을 헤아리고, 그 다음은 부동산이고, 유가증권이 가장 적다. 농공은행 지점에서는 그 성격상 부동산이 가장 많아 51,509원에 달하고, 다음은 신용이 9,734원이라고 한다.

송금환 · 기타 어음 수불금액

다음으로 또 전의 같은 해(융희2년, 명치41년, 1908년) 중 두 은행 지점이 취급한 송금환, 기타 어음의 수불액을 종류별로 표시하면 다음과 같다.

종별 \ 은행별 및 지방별		제일은행출장소			농공은행 지점(円)	합계(円)
		내국(円)	일본(円)	계(円)		
송금환	수(收)	1,145,254	131,726	1,276,980	113,866	1,390,846
	불(拂)	453,045	312,190	765,235	124,217	889,452
하물환	수	135	41,934	42,069	-	42,069
	불	-	240,802	240,802	-	240,802
대금 추심	수	239,394	163,926	403,320	10,351	413,671
	불	479,264	53,596	101,522	66,782	168,304
계	수	1,384,783	337,586	1,722,369	124,217	1,846,586
	불	932,309	606,587	1,538,896	190,999	1,729,895

본 마산포의 개세는 이와 같고, 무역은 아주 성하지는 않다. 어업에 관해서도 역시 만입이 너무 깊어서 어장과도 멀리 떨어져 있어 중요지역이라고 할 수 없다. 요즘 이곳에 선어(鮮魚)의 수송이 점점 많아지기에 이른 것은 다름 아니라 수산회사가 자신 소유의 석유발동기선으로 거제도나 통영 부근까지 수용하는 데 힘쓴 결과이다. 현재 정주하는 일본어부는 30호, 120명이 있다. 그들은 진해만 및 거제도 연해 및 욕지도 부근에

나아가 어업한다.

구산면(龜山面)

동쪽은 외서면(外西面)에, 서쪽은 진동면(鎭東面)에 접한다. 남쪽은 바다를 향해서 돌출하고 연안은 굴곡과 만입이 뒤섞여 있으며 그 남쪽 끝의 서안(西岸)에는 부속 섬이 많다. 주요한 것은 화도(花島)·저도(猪島)·실리도(實利島)·목과도(木果島)·영도(寧島) 등이라고 한다. 연안선은 길어서 어촌이 매우 많다. 주요한 것은 율구미(栗九味)·가포(架浦)·덕동(德洞)·수정(水晶)·안녕(安寧)·옥포(玉浦)·남포(藍浦)·심리(深里)·원전(元田)·용호(龍湖)·구복(龜伏)·명주(明珠) 등이다. 근해에서 청어·대구·정어리·갈치·도미·고등어·숭어·전어·해삼·대합·기타 잡어를 생산한다. 정치망·어살·수조망·갈치 낚시·해삼 형망 등을 행한다.

율구미(栗九味, 늪구미)

율구미는 마산에서 남서로 약 20정 거리에 있다. 원래 러시아 전관거류지였지만 현재는 치바[千葉] 어민의 이주지이다. 호수는 15호, 인구는 45명, 어선 8척이 있다. 명치 38년, 즉 광무 9년 중에 이주했다. 많은 곤란을 거쳐 이제야 점차 순조로운 환경으로 나아가 기초가 점점 확실해지게 되었다. 건착망(巾著網), 지예망, 유망, 연승 등을 이용해 숭어·전어·정어리·도미·삼치·방어·농어 등을 어획한다. 또 패권(貝卷)을 이용해서 대합을 채취한다.[75]

남포(藍浦)

남포는 율구미의 남쪽으로 약 30리이고, 마산만구 서안(西岸)에 있는 작은 만 안에 있다. 만구는 약 0.5해리, 만입은 약 1.5해리이며, 수심은 5~6길로 선박을 정박하기에 적합하다. 주변의 구릉에는 수목이 울창하다. 인가는 71호, 어선은 12척이 있다. 어업에

75) 조개를 잡기 위한 바구니 모양의 어구를 끌어올려 조개를 잡는 방법을 말한다.

종사하는 자가 많고, 연안에 정치망[魚場]어장 6곳이 있다.

진동면(鎭東面)

동쪽은 구산면에, 서쪽은 진북면(鎭北面)에 접한다. 연안은 대개 물이 깊고, 서쪽 끝은 만입하며 진흙이 쌓여 있다. 진동면의 중앙에서 약간 서쪽으로 치우쳐 해안 가까이에 진해읍(鎭海邑)이 있는데 인가가 조밀한 도회(都會)이다. 일본인 재류자도 또한 많다. 근해에 산재하는 소속 도서가 있는데 주요한 것은 주도(酒島) · 송도(松島) · 양도(羊島) · 수수도(手水島) 등이다. 어촌 중 주요한 곳은 다음과 같다.

다구동(多求洞)

다구동은 진동면의 서단(西端)에 있다. 산악이 바다에 가까워 연안 수심이 깊다. 인가는 64호, 어선 11척이 있다. 어선은 대부분 일본형이고 그중 한 척은 주로 일본어민으로부터 갈치 · 조기 · 대구 등을 사들여 각 시장으로 운반하는 용도로 제공된다. 어업은 소수조망(小手繰網) 및 문어 낚시를 주로 한다. 소수조망은 음력 3~5월까지 근해에서 잡어를 어획하고, 문어 낚시는 음력 7~8월까지 행한다.

주도동(酒島洞, 쥬도)

주도동은 다구동의 서쪽에 있고, 연안의 상태는 다구동과 유사하다. 인가 22호가 있고, 주민은 대개 농업에 종사한다. 겨울철 농사일이 한산할 때에는 형망을 이용하여 해삼을 채취하는 자가 있다.

요장동(蓼場洞, 료창)

요장동은 주도동의 서쪽에 있고, 두 개의 마을로 이루어져 있다. 인가 52호가 있는데, 해빈에 있는 주민은 대개 어업 및 제염업에 종사한다. 자망을 이용하여 전어 및 청어를 어획한다. 전어는 음력 3~4월까지 및 7~9월까지, 청어는 11월부터 이듬해 1월까지를 어기로 한다. 청어는 방렴을 이용해서 어획하지만 요즘 청어의 내유가 드물어, 수지가 맞지 않는 상태가 되었다. 소금가마[鹽竈]는 3곳 있다. 염전의 매매가격은 상등 15관문, 하등 4~5관문이다.

동촌동(東村洞)

동촌동은 요장동의 서쪽에 있다. 요장에서 동촌동 부근까지의 연안 일대는 진흙펄이 넓고 얕으며 조석 간만의 차가 매우 심해서 선박의 출입이 매우 불편하다. 인가 106호, 일본형 어선 12척이 있다. 연승 · 수조망 등을 행한다. 연승은 도미 및 대구를 어획한다. 도미는 음력 3~9월까지, 대구는 11월부터 이듬해 1월까지를 어기로 한다. 수조망은 주로 농사가 한가할 때 사용한다. 제염업은 매우 번성하여 여기 종사하는 자가 16호 있다. 가마 2개를 이용해서 각 호가 윤번으로 제염을 한다. 앞 연안에 동촌동 소속의 섬이 있는데, 송도(松島) · 양도(羊島) · 화도(花島)이다. 송도에는 인가 5호가 있고 주민은 어업에 의해 생계를 영위한다. 그 외에는 대부분 무인도이다. 송도 및 양도에는 매년 일본어민이 와서 정어리어업에 종사한다.

서촌동(西村洞, 셔촌)

서촌동은 동촌의 서쪽에 있고 인가 126호이다. 어업 및 제염에 종사하는 자가 많다. 소금가마 1곳을 가지고 있으며 각 호가 교대로 사용한다. 어업의 상황은 동촌과 다르지 않다.

남산동(南山洞)

남산동은 서촌의 서쪽에 있다. 연안 일대는 진흙이 쌓여 배가 다니기 매우 불편하다. 인가 51호가 있는데, 농업을 주로 하고 어업에 종사하는 자는 없다. 농업을 하면서 제염을 하는 자가 16호 있다. 소금가마 4곳이 있다.

죽전동(竹田洞, 쥭전)

죽전동은 남산의 서쪽에 정하고 인가 60호가 있다. 연안의 상태는 남산과 같고 주민은 주로 농업에 종사한다. 제염업을 겸하는 자가 10호 있으며, 소금가마 1개를 가지고 있다.

고현동(古縣洞)

고현동은 죽전동의 서쪽에 돌출한 갑각에 있다. 인가 26호이고 주민은 농 · 상업을 주로 하며 어업에 종사하는 자는 드물다.

내포동(內浦洞, 닉포)

내포동은 서쪽으로 고현 갑각과, 동쪽으로 장기(場基) 갑각에 의해 형성된 작은 만 안에 있다. 만 입구는 남쪽으로 열려 있고 수심이 깊다. 연안에는 돌제(突堤)를 쌓았고 앞쪽에는 섬이 흩어져 있어 풍파를 피해 정박하는 선박이 매우 안전하다. 인가 69호가 있는데 주민은 대체로 생선 중개를 업으로 한다. 이웃 마을 장기와 교대해서 장시를 연다. 즉 내포동은 매 7일(7 · 17 · 27)이고, 장시에 나오는 주요 물품은 염어(鹽魚) · 건어(乾魚) · 선어(鮮魚) 및 해조이고, 생선은 시기에 따라 종류가 달라지지만 갈치 · 조기 · 전어 · 청어 · 대구 등이 가장 많다. 이들 어류는 주로 마을 사람이 스스로 어장(漁場)에 가서 사 오는 것이고, 다른 곳에서 보내오는 것은 매우 적다. 객주의 말에 의하면 1년의 취급액이 약 20,000원을 웃돈다고 한다. 판로는 함안(咸安) · 칠원(漆原) · 진주(晋州) · 고성(固城) 등의 산간 벽촌에 이른다.

장기동(場基洞, 장긔)

장기동은 내포와 같은 만 안에 있고, 인가는 22호이다. 어업에 종사하는 자가 많고 수조망 및 양중망(洋中網)이 가장 성하다. 양중망은 일종의 선망(旋網)인데 주로 음력 7~10월까지의 사이에 전어를 어획한다. 어법은 밤중에 2척의 어선에 각각 8명씩 승선해서 모래와 진흙 바닥이고 수심 5~9길 정도로 물의 흐름이 정체되거나 느린 곳에 이르러 하류로부터 양쪽돌리기[兩手廻, 후타데마와시]로 어군을 에워싼다. 어두운 밤에는 횃불[篝火]을 붙여 물고기를 원하는 장소에 유인할 수 있기 때문에 어획이 가장 편하다. 수익 분배는 총 어획량에서 어구 · 어선의 사용료, 식료, 잡비 등을 공제한 것을 절반으로 나누어 반은 자본주, 반은 승조원의 소득으로 한다. 승조원 중에서도 또 분배를 달리 하는데, 선장은 5, 조수(漕手)는 4, 어부는 3의 비율로 한다. 자본주는 어기에 우선 승조원의 요청에 따라 2~4관문의 선불을 지급하는 경우도 있다.

선두동(宣頭洞, 션두)

선두동은 장기의 서쪽에 있고, 연안 경사가 매우 급하다. 인가 15호가 있으며 양중망·수조망 등을 행한다. 어업의 상황은 무릇 장기와 같다.

진서면(鎭西面)[76]

창원부의 남서단에 위치해 있고 육지에 있어서는 동쪽은 진동면과 진북면에, 서쪽은 고성군 회현면에 접한다. 동남쪽 두 쪽은 바다에 면하고 그 중앙은 바다 가운데로 돌출되어 갑각을 이룬다. 갑각의 북쪽 즉 진서면의 동쪽 연안은 진동면과 마주보고 창포만(倉浦灣)을 형성한다. 또한 그 서쪽 즉 진서면의 남쪽 연안은 많은 굴곡을 이루고 고성군의 연안과 마주보며 배둔오(背屯澳)[77]의 북쪽을 이룬다. 창포만의 연안은 간석지가 많지만 남하하면서 수심이 점점 깊어져 만구 중앙에 이르면 5길 남짓에 달한다. 배둔오는 구불구불하고 폭이 좁고 험해서 언뜻 하천과 같아 보인다. 조석간만의 때는 물살이 급격하다. 연안의 상황이 이와 같기 때문에 어업은 자연히 성행하지 않는다. 그렇지만 내지에 있어서는 창포만에 흘러들어오는 많은 하천이 있고 토지가 비옥하며 경지가 많다. 주요 어촌의 정황은 아래와 같다.

율치(栗峙, 눌지)

율치는 선두(宣頭)의 서쪽, 진서면의 최동단에 있다. 연안이 멀고 얕아서 간석지가 많고 해저는 대개 진흙이다. 인가는 31호가 있고 주민은 농업을 주로 하는 한편 제염에

---

76) 지금은 진서면은 없고 진전면이 있다.
77) 현재의 당항만(唐項灣)이다.

종사하는 자도 있다. 소금가마[鹽竈]는 2곳을 가지고 있다.

암하포(岩下浦)

암하포는 율치의 서쪽, 창포만의 북쪽 끝에 있다. 연안은 모두 간석지이고 인가는 9호가 있다. 이곳은 마침 마산에서 오는 진주가도와 고성가도의 분기점으로서 여객의 왕래가 빈번하기 때문에 주민 모두가 주막을 본업으로 하는 한편 제염에 종사하는 자도 있다. 소금가마는 1곳을 가지고 있다.

창포(倉浦)

창포는 암하의 남서쪽에 있고 연안 일대에 석제(石提)를 쌓아 수심이 깊어서 배를 묶어 두기에 편하다. 내륙에서 생산하는 곡물은 창포를 거쳐 다른 곳으로 반출되기 때문에 부근에서 제일 번성한 곳이다. 인가는 45호이고 상선 10척이 있다. 연안에 방렴(防簾) 어장이 4곳 있고 음력 8~12월까지 주로 갈치 · 학꽁치 · 농어 · 감성돔 등을 어획한다. 한 어기 사이의 어획이 40~60관문이다.

소포(所浦)[78]

소포는 창포의 갑각을 돌아 배둔오 입구의 북쪽 연안에 있다. 연안은 수심이 깊고 간만 시에는 조류가 급하다. 인가는 14호이고 주민은 농업을 주로 하는 한편 작은 수조망, 문어 낚시 등에도 종사한다. 연안에 석방렴(石防簾)이 있다.

시락포(時落浦)

시락포는 소포의 서쪽에 있다. 연안의 상태는 소포와 같고 인가는 34호이고 어선 5척이 있다. 그중 2척은 일본 형태이다. 농업을 하는 한편 문어 낚시를 하는 것에 지나지 않는다. 어기는 음력 7월부터 9월까지라고 한다. 연안에 석방렴 10여 곳이 있다.

---

78) 현재의 속개.

제7절 거제군(巨濟郡)

개관

연혁

원래 바다에 있는 하나의 섬이었지만 신라 문무왕 시대에 처음으로 읍을 두었다. 고려 원종 12년에 주민이 왜적을 피해 거창(巨昌)의 가조현(加祚縣)에 임시로 거주하여 오랫동안 이곳을 비워두었지만 조선조에 이르러 회복했다. 거창현과 아울러 제창현(濟昌縣)이라고 칭하고 이윽고 군을 두어 거제라고 하였다.

위치와 경역

거제군은 거제도와 부근의 도서로 이루어진다. 거제도는 부산과 54해리 떨어져 있고 마산과 33해리 떨어져 있다. 창원부의 전면에 가로놓여 있어 진해만을 형성하는 큰 섬이다. 남북으로 120리, 동서로 넓은 곳이 80리, 남동쪽은 큰 바다에 면하며 남서에는 도서가 많다. 그중 가장 큰 것은 칠천도(漆川島)라고 한다.

지세

거제도의 중앙에는 계룡산(鷄龍山)이 우뚝 솟아 있고 그 여파가 사방으로 울퉁불퉁하게 기복을 이루므로 섬 중에 평지가 적어서 겨우 북부와 거제읍 부근에 다소 평탄한 경지가 있을 뿐이다. 연안은 굴곡진 만입이 많아서 좋은 항만이 풍부하여 도처에 선박을 대어두기에 적합하다. 근해에 어업 이익이 매우 풍부하여 일본 어선의 왕래가 항상 끊이질 않는다. 특히 정어리 어업을 목적으로 도래하는 자가 많다. 호수는 8,118호이고 인구는 40,157명, 외국인이 거주하는 것은 일본인이 125호 582명이고, 중국인이 2호 3명이다.

읍치

거제읍은 섬의 서쪽 연안의 죽림만 내에 있다. 호수는 440호, 인구는 2,043명, 일본인은 3호 8명이다. 군아 외에 우편취급소 · 순사주재소 등이 있다.

시장

음력 매 4일, 9일에 시장이 열린다. 집산화물은 소 · 양목(洋木) · 목면 · 석유 · 성냥 등이고 집산지역은 거제군과 마산 지방이라고 하며 소가 가장 많다. 그 외에 하아(下鵝)와 하청(河淸)에도 시장이 있다. ▲ 하아는 매 3 · 8일에 개시한다. 집산화물은 대구 · 정어리 · 삼베 · 마 등이고 집산지역은 거제군과 마산 지방이라고 한다. 그중 정어리와 대구가 가장 많고 정어리는 일본과 부산에 수송한다. ▲ 하청은 매 2 · 7일에 개시한다. 집산화물은 삼치 · 가자미 · 방적사 · 잡곡 등이고 삼치와 가자미가 가장 많다. 이것들은 일본과 부산에 수송하고 그 외에는 거제군과 마산 지방을 판로로 한다.

수입품은 대개 부산에서 보내는 것이지만 그 거리가 가까움에도 불구하고 교통기관이 아직 발달되지 않아서 가격은 부산에 비해서 3~4할 정도 비싸다. 거제도에 재류하는 일본인이 때때로 기항하는 일본어선을 통해서 비송(肥松)[79] · 석탄 · 땔나무 · 목탄 · 목재 · 대나무류 · 일용잡화 등을 연안 각지에서 수입하는 경우도 있다.

특산물

육지에서 생산되는 것에는 쌀, 보리, 콩과 소 등이 있다. 바다에서 생산되는 것에는 대구 · 청어 · 정어리 · 도미 · 삼치 · 갈치 · 상어 · 학꽁치 · 감성돔 · 민어 · 가자미 · 조기 · 숭어 · 갯장어 · 붕장어 · 오징어 · 문어 · 해삼 · 전복 · 미역 · 풀가사리 · 우뭇가사리 등이 있다. 그중에서 대구와 청어는 저명한 산물로서 거제도 연안 도처에 정치망과 어살을 설치하여 어획한다. 정어리와 삼치 또한 많아서 이들은 주로 일본인이 어획하는 바이다. 도민이 종사하는 어업은 정치망과 어살 외에 정어리 분기망 · 정어리 지예망 · 대구자망 · 수조망 · 해삼 형망(桁網) · 갈치 및 조기 낚시 · 문어 낚시 · 조기 연승 · 도미 연승과 채조 등이고 일본인은 정어리 지예망 · 정어리 분기망 · 정어리 양조망 · 삼치유망 · 호망 · 도미 연승 · 방어 연승 · 상어 연승 · 수조망 · 잠수기업 등을

79) 불쏘시개로 쓰는 나무진이 많은 소나무 장작을 말한다.

주로 한다.

구획

거제군을 나누어 장목면(長木面) · 하청면(河淸面) · 연초면(延草面) · 외포면(外浦面) · 이운면(二運面) · 일운면(一運面) · 동부면(東部面) · 서부면(西部面) · 둔덕면(屯德面) · 사등면(沙等面)으로 삼았다. 모두 바다에 면한다.

장목면(長木面)

거제도의 북동단에 있고, 남서쪽은 하청면(河淸面) · 연초면(延草面) · 외포면(外浦面)에 접한다. 연안은 굴곡이 많고 수심이 깊다. 부속도서로는 이이기도(里耳其島) · 저도(猪島) · 망어도(網魚島) · 백여도(白礇島) · 각도(角島) 등이 있다. 주요 어촌으로는 두모(頭毛) · 관포(冠浦) · 하류(下柳) · 장목(長木) · 궁농(宮農) · 황포(黃浦) · 구영(舊永) 등이 있다.

하청면(河淸面)

동쪽은 장목면에, 남서쪽은 연초면에 접한다. 북쪽은 해안에 면한다. 연안은 굴곡이 많고 그 중앙은 제법 깊게 만입하고 전면에는 칠천도(漆川島)가 이를 가로막는다. 만내는 넓고 수심이 깊다. 사방의 바람을 막을 수 있어 어선의 안전한 정박장이다. 주요 어촌은 실전(實田) · 하청(河淸) · 유계(柳溪) · 해안(海晏) · 덕곡(德谷) · 석포(石浦) 등이다.

칠천도(漆川島, 칠쳔) · 외질포(外叱浦) · 하치야무라[蜂谷村] · 장곶(長串)

칠천도는 동쪽에서 남서쪽으로 길게 이어지는 큰 섬으로 둘레 약 40리이고, 섬 안에는 송포(松浦) · 대곡(大谷) · 연구(蓮龜) · 외질포(外叱浦) · 장곶(長串) · 어온(於溫)

· 물안(物安) 등의 마을이 있다. 인가는 총 244호이고, 어업에 종사하는 자들이 많다. 외질포는 남서쪽 끝 작은 만 안에 있다. 정어리의 좋은 어장으로 매년 봄 · 가을철에 일본 어민들이 건너와 작은 오두막을 짓는 경우가 많다. 특히 에히메현[愛媛縣] 사람 하치야 아무개[蜂谷某]는 오래 전부터 이미 이 지역에 이주했기 때문에 일본인 사이에는 하치야무라[蜂谷村]라고 부르기도 한다. 장곶(長串)은 외질포(外叱浦)의 북동쪽 약 10리에 있다. 어선을 정박하기에 편하고 정어리 어업을 목적으로 하는 일본어민들이 건너오기를 선호하는 곳이다. 이 지역에도 역시 히로시마현[廣島縣] 사람이 이주한 자들이 3호 있다. 그밖에 가을에는 일본 잠수기선의 도래가 많다.

연초면(延草面)

북쪽은 하청면과 장목면에, 동쪽은 외포면에, 남쪽은 이운면(二運面)에 접한다. 서쪽은 바다에 면하고 거제도의 북쪽에서 만입하는 큰 만의 동쪽 해안으로 이루어진다. 해안선은 매우 짧고 주요 어촌으로 대오(大烏) · 한내(汗內)가 있다.[80]

외포면(外浦面)

북쪽은 장목면에, 서쪽은 연초면에, 남쪽은 이운면에 접하고 동쪽은 바다에 면한다. 연안은 굴곡이 많고 그 남단은 옥포만(玉浦灣)의 북쪽 기슭을 이룬다. 주요 어촌으로 대금(大今) · 시방(矢方) · 외포(外浦) · 덕포(德浦)가 있다.[81]

이운면(二運面)

북쪽은 연초면과 외포면에, 남쪽은 일운면에 접하고 동서 양쪽은 바다에 면한다. 동

80) 대오(大烏)는 현재의 오비리, 한내(汗內)는 현재의 한내리인 것 같다.
81) 각각 현재의 대금리 · 시방리 · 외포리 · 덕포동이다.

쪽 기슭은 굴곡이 많고 북동쪽으로 돌출되어 외포면과 함께 옥포만을 형성한다. 조라(助羅)·옥포(玉浦)·거로(居老)·두모(杜母)·느태[蕯台][82]·능포(菱浦)·장승포(長承浦) 등의 어촌이 있다.[83] 서쪽 해안은 연초면과 일운면 사이에 끼어 있고 해안선이 매우 짧아 어촌이 존재하지 않는다.

1872년 지방도 거제부

옥포만(玉浦灣)

이운면 동쪽 해안의 큰 만으로 만구는 동북쪽을 향한다. 만 내는 넓고 수심이 깊어 큰 선박을 매어두기에도 적당하다. 만 안쪽에 두 마을이 있다. 북쪽에 있는 것은 조라(助羅), 남쪽에 있는 것은 옥포(玉浦)라고 한다. 옥포는 옛날 수군만호가 설치되었던 곳으로 지금도 그 당시의 석성이 존재하고 있다. 뒤로 산을 등져서 어선을

82) 원문에는 臺로 되어 있다.
83) 거로·느태 등의 어촌은 지금은 없다. 능포동에 느태라는 지명이 보인다. 1872년 지방지도 玉浦鎭地圖에 場基와 貫松里 사이 居承里 가 있다. 현재 대우조선 위치이다.

정박하기에 안전하다. 조라에는 인가 50호, 옥포에는 133호가 있다. 모두 어업이 꽤 성행하고 어살어장 · 정치망어장이 10곳 있다. 어획물은 마산과 부산에 운송한다. 일본어선이 내어하는 경우도 역시 적지 않다. 거로 · 두모 · 느태 등은 옥포만의 남쪽 기슭에 있다.

장승포(長承浦)

옥포만의 남쪽에 있는 작은 만으로 만구는 남동쪽으로 나 있다. 그 폭이 200간(間), 길이가 600간(間), 수심은 상당히 깊다. 삼면이 산을 등지고 있고 동단은 깎아지른 절벽을 이루지만 그 외에 다소 전개된 경사면은 경작지로서 토질이 비옥하다. 인가는 39호가 있으며 그 북동쪽의 산맥으로부터 해안에 이어져 있다.

해로는 부산과의 사이에 증기선이 정기적으로 운항하고, 어선이 왕복하는 경우도 있다. 육로는 험준하지만 거제읍과의 사이에는 매월 1~2회 교통이 있다. 내륙으로부터의 우편은 마산으로부터 송진을 경유하는 육로로 장승포에 전한다.

이리사무라(入佐村)

북쪽 기슭에는 일본인 이주지가 있는데 이리사무라라고 부른다. 원래 조선해수산조합(朝鮮海水産組合)의 경영으로 이루어졌다. 앞쪽 해안에는 방파제를 쌓아 선박의 접안을 편하게 하였다. 조선해수산조합이 이곳에 어촌을 경영한 것은 명치 37년, 즉 광무 8년 경이고 당시는 겨우 4호에 불과했으나 매년 증가하여 현재는 78호, 357인이 되었다. 대부분은 간사이[關西] · 규수[九州] 지방의 어민이고, 잡화상 · 음식점 · 목욕탕[湯屋] · 식료품상 · 대부업[金貸業] 등 크고 작은 기관을 모두 갖추어 조금도 불편함이 없다. 의사가 있고(수산조합의 촉탁의囑託醫이다.) 일본인회 · 소학교 · 수산물시장 · 우편취급소 · 순사주재소 등이 있다. 일본인회는 매장(埋葬) · 식림 · 어업개량 등 제반 경영을 맡고 있다. 최근에 후쿠오카현[福岡縣]은 그 어민들의 이주를 계획하여 신축 중인 숙사[住舍]가 12호이다. 낙성되면 한층 더 번성하게 될 것이다.

어업은 종래 수조망 · 외줄낚시 등을 주로 했으나 최근 정어리어업이 크게 발전하여 제조망 · 지예망 · 사장망(四張網) · 정치망과 같이 상당히 큰 규모의 어구를 사용하기에 이르렀다. 이리사무라의 수산물은 정어리 · 삼치를 주로 하고, 도미 · 가자미 · 방어 · 대구 · 기타 잡어 · 해조 등이며 정어리는 삶아서 말린 정어리와 말린 정어리를 제조한다.

일운면(一運面)

북쪽은 이운면(二運面)에, 남쪽은 동부면(東部面) · 서부면(西部面) · 둔덕면(屯德面) 및 사등면(沙等面)에 접한다. 동서 두 면은 바다에 접한다. 동쪽 연안은 돌출과 만입이 심해 연안선이 길고 어촌이 많다. 주요 어촌은 옥림(玉林) · 대동(大洞) · 회진(會珍) · 교항(橋項) · 선창(船滄) · 예구(曳九) · 와현(臥峴) · 항리(項里) · 망치(望峙) · 양화(楊花) 등이라고 한다. 부속 도서 중 큰 것은 지심도(知心島) 및 조라도(助羅島)이다.

지세포만

장승포의 남쪽에서 서쪽으로 만입한 곳이 이곳이다. 입구는 좁지만 만 내는 다소 넓고 또한 수심이 깊어 수 척의 큰 배를 들이기에 충분하다. 작은 배의 정박도 또한 매우 안전하다.

옥림(玉林) · 대동(大洞) · 회진(會珍) · 교항(橋項) · 선창(船滄)

만에 연한 마을로는 북쪽에 옥림포 · 서측에 대동 · 회진 · 교항 · 선창이 있다. 각 마을의 호수는 선창 42호 · 회진 36호 · 대동 27호 · 옥림 26호라고 한다. 선창포는 서쪽의 남동쪽 모퉁이에 있다. 배후에 있는 작은 구릉을 둘러싸는 석성은 즉 옛날 수군 만호가 있던 지세포영을 두었던 당시의 유적이다. 만 내 연안의 형세는 사방이 구릉으로 둘러싸여 있고 북쪽은 경사가 급해서 약간의 사빈이 있는 데 불과하지만 서쪽은 경사가 완만해서 다소 평지가 있고 사빈이 14~15정에 이른다. 이곳은 종래 지예의 좋은 어장으로 알려진 곳으로 십수 년 전부터 일본어부가 해마다 내어하는 경우가 있었는데 지난 광무 10년(명치 39년) 이래로 가가와현[香川縣]이 그 어민의 이주근거지로 경영해서 현재 정주한 자는 12호, 40여 명이고 그중 어호는 10호, 37명이라고 한다. 아동의 교육을 위해 교사를 초빙했고 이주어부의 사택으로 배정된 일부를 가지고 학사로 대신했다. 올봄 수업을 개시해서 현재 생도 10명이 있다. 가가와현의 경영지인 남동쪽 즉 선창 부근에 에히메현[愛媛縣] 어부로 독립적으로 정어리 지예에 종사하는 자가 있다. 또 북쪽 연안에 야마구치현[山口縣] 어부로 이주한 자가 있다. 장승포까지 육로로 10리가 안 되고 구조라까지 약 10리에 이른다. 산길이지만 험한 길은 아니다. 우편은 장승포 우편소의 집배구역에 속하고 격일로 집배된다.

지세포만에서 대마도까지는 가장 가깝고(이누가우라[犬ヶ浦]까지 34해리에 불과하다) 항해도 또한 편리하다. 때문에 옛날부터 조선배가 대마도로 건너가는 경우 반드시 이곳에 기항했었다고 한다.

구조라만(舊助羅灣, 구죠라)

지세포만의 남쪽에서 동남쪽으로 면한 큰 만이 있다. 해도에서는 이를 도장만(陶藏灣)이라고 기록했다. 이 만의 북쪽은 그 중앙에 사경지(砂頸地)로 섬과 연결된 작은 반도가 튀어나와 있어서 동서에 두 작은 만을 형성한다. 동쪽에 있는 만은 해도에 플로튼(floaton[84])항이라고 기록했다. 서쪽에 있는 만은 이너(inner)항이라고 썼다. 동쪽의 플로튼항은 주불리두각(周不里頭角)이 멀리 남동쪽으로 돌출하고 또한 항 입구 부근에 조라도 외에 한 섬이 떠있어 동쪽을 막아주기 때문에 파도가 고요하고 정박하기 매우 안전하다.[85] 특히 만 내 수심이 깊은 것은 지세포보다 낫고 배를 정박시키기에 양호한 점도 지세포보다 낫다.

마을은 플로튼항의 동측에 예구(曳九, 倭仇라고도 표기하였다)가 있고 북쪽에

84) floating island라는 뜻이다.
85) 현재는 구리치 끝 혹은 서이말, 즉 쥐쥐끝이라고 한다.

와현이 있다. 서쪽의 사경지에 위치하여 동서 두 만과 접하는 항리포가 있다. 서만인 이너항의 북서쪽 모퉁이에 망치포가 있고 그 남쪽에 양화가 있는데 이곳이 동부면과 경계를 이룬다. 호수는 예구 28호 · 와현 47호 · 항리 109호 · 망치 57호 · 양화 28호라고 한다. 항리포는 옛날 조라영을 두었던 지역으로 이곳 또한 해방(海防)의 요충지였다. 부근에 평지가 매우 적으므로 주민은 어업에 종사하는 자가 많다. 만내 연안의 형세는 산악과 구릉이 둘러싸고 경사가 급하며 항리포는 사경지에 위치해서 그 연안은 동서 두 만이 모두 사빈이다. 일찍이 정어리의 좋은 어장으로 알려져 일본어부의 내어가 성행했다. 에히메현 어민은 십수 년 전부터 매년 건너와서 이곳을 근거로 했었는데 마침내 재작년 명치 40년 즉 융희 원년에 이르러 이주한 자가 8호, 20명이 넘었다. 어구는 주로 권현망(權現網), 수조망을 사용한다. 정어리 외에 삼치 · 고등어 · 전갱이 · 숭어 · 전어 등을 어획한다. 이 지역에서 지세포까지는 육로로 10리에 이르고 도로는 비교적 양호하다. 우편은 장승포의 우편소에서 격일로 집배된다.

동부면(東部面)

거제도의 남쪽에 돌출한 반도로 북쪽은 일운면에, 서쪽의 일부는 서부면에 접한다. 동 · 서 · 남 3면이 바다에 접한다. 연안은 굴곡이 매우 들쑥날쑥해서 좋은 항이 많다. 어촌 중 주요한 곳은 학동(鶴洞) · 갈곶(乫串) · 다대포[多太浦] · 다포(多浦) · 저구미(猪九味) · 탑포(塔浦) · 율포(栗浦) · 가배(加背) · 영북(嶺北) · 동호(東湖) · 오송(五松) 등이라고 한다. 부속 도서가 있는데 갈도(乫島) · 다대도[多太島] · 손대도(巽大島) · 구섬도(九剡島)가 이것이다.

다대포 (다포 多太浦, 다ᄐ)

도장만의 남쪽에 있는 큰 만으로 만 입구는 남동쪽에 접하고 연안은 구릉이 둘러싸고 있어 풍랑을 막아준다. 내외 두 항으로 나뉘는데 외항은 수심이 6~16길, 내항은 중앙이

2길 내외이다. 내항에 두 마을이 있다. 북쪽 연안에 있는 것을 다대포, 남서쪽 연안에 있는 것을 다포라고 한다. 부근에 약 15정보 정도의 경지가 있다. 서쪽 마을의 중앙에 다소 남쪽에 치우쳐서 작은 계류가 있다. 물은 사계절 끊이지 않고 질 또한 양호하다. 제염이 다소 성행해서 마을 사람들이 그것에 의지해서 생활하는 자가 많다. 봄 · 겨울철에 일본 잠수기업자가 건너온다.

율포(栗浦, 늪포)

다대포의 북서쪽에 있다. 만 입구는 서쪽으로 열려있다. 만 안에 이르러 남북으로 나누어 모두 동쪽으로 만입하고 사방의 바람을 막아준다. 수심이 깊어서 양호한 정박장이다. 그 북쪽 모퉁이에 있는 마을을 율포〈옛날 율포보(栗浦堡)를 두었던 곳이다〉라고 하고 남쪽 모퉁이에 있는 마을을 탑포라고 한다. 탑포의 중앙에 작은 시내가 있어 식수를 얻을 수 있다. 두 마을 모두 부근에 경지가 있고 매우 넓다. 근해에는 정어리 · 숭어 · 농어 · 해삼 · 기타 잡어가 많다. 매년 일본인이 건너와서 정어리 어업에 종사하는 자가 있다.

서부면(西部面)

동쪽은 동부면에, 서쪽은 둔덕면에, 북쪽은 일운면에 접한다. 남동쪽은 바다에 면한다. 연안은 굴곡이 많고 죽림만(竹林灣)의 서쪽 연안을 이룬다. 연안에 오수(烏首)[86] · 죽림(竹林) · 남동(南洞) · 내간(內看) · 소랑(小浪) · 법동(法東) 등의 어촌이 있다. 부속 도서로 산달도(山達島) 및 복도(福島)가 있다. 산달도는 인가 36호가 있는 큰 섬으로 어업이 다소 활발하다.

죽림포(竹林浦, 죽림)

율포의 북쪽에 있는 큰 만으로 만 입구 밖에는 봉암도(蜂巖島) · 한산도(閑山島) · 기타 도서들이 늘어서 있다. 만 안에는 역시 산달도가 있는데, 안은 넓고 수심이 깊어

86) 원문에는 島首로 되어 있다.

많은 대형 선박을 정박하기에 적합하다. 만의 북쪽 모퉁이에 거제읍이 있다. 북동쪽 모퉁이에 죽림포가 있다. 매년 일본인이 와서 정어리 어업에 종사하는 자가 많다.

둔덕면(屯德面)

동쪽은 서부면에, 서쪽은 사등면(沙等面)에 접한다. 남쪽은 바다에 면한다. 연안선이 매우 짧다. 주요 어촌은 어구(於九)·녹산(鹿山)·술역(述亦)·학산(鶴山) 등이라고 한다. 부속 도서로 화도(花島) 및 녹도(鹿島)가 있다. 화도에는 인가 16호가 있고, 어업에 종사하는 자가 많다.

사등면(沙等面)

거제도의 북서쪽 끝에 있다. 남서쪽은 둔덕면에, 동쪽은 일운면에 접한다. 북서쪽은 바다에 면한다. 연안은 거제도에서 굴곡과 만입이 가장 적은 부분에 속한다. 덕호(德湖)·신계(新溪)·부평(富坪)·청곡(青谷)·사근(沙斤)·사등(沙等)·사곡(沙谷)·두호(豆湖) 등의 어촌이 있다. 부속 도서로 고개도(高介島)·기두서(己頭嶼)가 있다.

제8절 용남군(龍南郡)

개관

연혁

본래 진남군(鎭南郡)이라고 하였으나 융희 3년 3월 지금의 이름으로 고쳤다.

경역

동쪽의 창원부와 서쪽의 고성군 사이에 남쪽으로 구불구불하게 돌출한 큰 반도 지역이다. 연안은 울퉁불퉁하고 연해에 도서가 많다. 북쪽에 거류산(巨流山)·백방산(白房山)이 우뚝 솟아 있고, 그 여맥은 남쪽으로 달려 바다로 들어간다. 또한 좌우로 나뉘어 달리는 많은 산맥이 있다. 군 내에는 평야가 거의 없으며, 겨우 계곡 사이나 연안에 협소한 경지를 볼 수 있을 뿐이다. 하천이 있지만 유역이 짧고 경사가 급하며 수원지에 있는 수림을 남벌한 결과 수량이 항상 부족하다.

조류

연해의 여러 섬 사이에서 밀물[漲潮流]은 서쪽으로, 썰물[落潮流]는 동쪽을 향해 흐른다. 속도는 남쪽의 외해에서는 1~2노트, 좁은 물길에서는 3노트이다. 통영에서 삭망고조는 8시 34분, 대조승은 약 7피트에 달한다.

읍치

군의 중앙에 바다에 접해서 통영이 있다. 군아·구재판소·경찰서 등이 있는 곳이고 번성한 중요구역이다. 일본인으로 정주하는 자가 매우 많다. 이곳은 매 2·7일에 시장이 열린다. 집산화물은 백미·콩·양대(凉臺)[87]·모자(갓)·땔감·담배·백목·삼베·당목·흰모시·명주·소금·문어·대구 등이고 집산 지역은 고성·부산·마산

87) 강낭콩 혹은 동부콩의 경상도 방언이다.

· 전주 · 거제 · 남해 · 하동의 각 지방이라고 한다.

물산

물산은 육산으로는 쌀 · 콩 · 모자 · 칠기 등이 있고, 수산물로는 대구 · 청어 · 도미 · 숭어 · 조기 · 민어 · 농어 · 해삼 · 홍합 · 미역 · 우뭇가사리 · 김 등이 있다.

구획

용남군은 광이면(光二面) · 광남면(光南面) · 광삼면(光三面) · 도남면(道南面) · 도선면(道善面) · 산내면(山內面) · 동면(東面) · 서면(西面) · 산양면(山陽面) · 가조면(加助面) · 한산면(閑山面) · 사량면(蛇梁面) · 원삼면(遠三面)의 13면으로 나누어진다. 모두 바다에 접한다.

광이면(光二面)

최북단에 있다. 동쪽은 진해만에서 돌출한 큰 반도의 중부를 점한다. 동쪽은 고성군 포도면(葡萄面)과 북쪽 배둔오를 사이에 두고 창원부 진서면에, 남쪽은 남촌만(南村灣)의 사이에 두고 광남면에 접한다. 지세는 중앙이 높고 남북쪽으로 경사를 이룬다. 경지는 논과 밭이 거의 반반이다. 남쪽 연안과 북쪽 연안 모두 진흙뻘이 넓고 얕아서 어업의 이익이 없다. 그렇지만 배둔오 안에는 피조개가 많이 생산된다. 4~5월 사이 간조 때에 여자들이 이를 채취하는 것이 매우 활발하다. 남쪽 연안에는 외곡(外曲) · 내곡(內曲) 두 마을이 있다. 북쪽 연안에는 선동(仙洞)이 있다.

외곡동(外曲洞)

배둔오의 연안 · 고성군 광일면 · 오산(烏山)에 접하는 작은 마을로 인가 13호가 있다. 주민은 주로 농업을 영위하고 어업에 종사하는 자는 적다.

내곡동(內曲洞, 닉곡)

외곡의 동쪽에 있다. 인가 134호가 있는데 광남면에서 가장 인가가 조밀한 마을로 연안과 산록 두 지역으로 나뉘어져 있는데 연안에 있는 자는 모두 주막을 부업으로 한다. 아마 이곳이 건너편 연안의 배둔오로 통하는 도선장(渡船場)이 있는 곳으로 여객의 왕래가 항상 빈번하기 때문일 것이다. 도선 운임은 편도 25문, 특별 임대[仕立]는 그 4~5배라고 한다.

선동(仙洞, 션동)

남촌만의 동북쪽 연안에 있다. 인가는 96호로 주민은 농업을 주로 한다. 방렴 어장이 선동 연안에 4곳, 이웃마을 장항(獐項)[88]에 2곳 있다. 모두 다른 마을 사람들의 경영에 맡긴다.

광남면(光南面)

북동쪽은 남촌만에 연하고 서쪽은 고성군 광일면에, 남동쪽은 광삼면에 접한다. 지세는 북서쪽으로 완만한 경사를 이루고 4줄기의 계류가 관류해서 남촌만으로 흐른다. 그 유역은 토지가 비옥하고 경지가 많다. 연안은 모두 모래자갈이며 경사가 다소 급하다. 면의 남동부는 산악지이고 경지가 적다. 자연히 어업이 성행하지만 북서부는 반대이다.

봉곡동(鳳谷洞)

면의 북동쪽 모퉁이에 있다. 배둔가도와 안쪽 고성반도 남쪽 연안가도의 분기점이다. 인가는 44호이고 주민은 주로 농업에 종사하고 어업을 영위하는 자는 없다.

---

88) 원문에는 獐頂으로 되어 있다.

하련동(河蓮洞, 하연)

봉곡의 남쪽에 있다. 또는 당동(塘洞)이라고 부른다. 인가는 해안과 산록으로 나뉘어져 밀집되어 있는데 35호가 있다. 산록에 있는 자는 오로지 농업에 종사하고, 해안에 있는 자는 주막 및 상업을 영위하는 자가 많다. 이곳에서 매 3 · 8일에 작은 시장이 열린다.

용동(龍洞, 룡동)

하련의 동쪽에 있다. 인가는 74호로 주민은 농업 및 상업에 종사하는 자가 많고 어업을 영위하는 자는 없다.

신리(新里)

용동의 동쪽에 있다. 옛날 남촌진(南村鎭)이 있었던 곳으로 광남면의 중요 지역이었다. 인가는 873호로 주민은 농업에 종사하는 자가 많고 어업을 영위하는 자는 겨우 6호가 있다. 수조망 · 해삼 형망 등을 행한다. 연안에 방렴 어장이 여러 곳 있다.

연화(蓮花)

신리의 동쪽이고 남촌만의 남동쪽 모퉁이에 있다. 인가는 75호로 주민은 대개 농업에 종사하고 어업을 영위하는 자는 7호이다. 수조망 및 해삼 형망 등을 행한다. 방렴 어장 4곳이 있다.

광삼면(光三面)

북쪽은 광남면(光南面)에, 남쪽은 도남면(道南面)에 접하고 동쪽은 진해만(鎭海灣)에 면한다. 서 · 남 · 북쪽은 험한 산악으로 둘러싸여 있고 중앙에서 동쪽으로 향하는 일대는 평지를 이룬다. 세 줄기의 작은 하천과 그것을 관류하는 물줄기들을 따라 논이 많다. 연안의 남북 양 끝은 산악이 바다에 맞닿아 험준한 절벽을 이루지만 중앙은 사빈이다. 그러나 연안은 대개 급경사여서 0.5해리 떨어진 곳의 수심이 9길에 달한다. 정치망어장 · 어살어장이 매우 많다. 연안에 2개의 마을이 있는데 황리(黃里) · 안정(安井)이라고 한다.

황리(黃里)

황리는 광삼면의 북동쪽 모퉁이에 있으며 북쪽으로 산맥을 등지고 있다. 인가는 265호이고 10~20호씩 여러 곳에 산재해 있다. 수조망 · 해삼 형망 등을 행한다. 연안에 정치망 어장 · 어살 어장 6곳이 있다.

안정동(安井洞, 안정)

안정은 황리의 남쪽에 있다. 인가는 159호이고 주민은 어업에 종사하는 자가 많다. 지예망 · 수조망 · 해삼 형망 등을 행한다. 정치망 어장 · 어살 어장 13곳이 있다.

도남면(道南面)

북동쪽은 광삼면, 북서쪽은 도선면(道善面)과 접한다. 남쪽 한 곳이 목 모양처럼 길어서 겨우 동서로 이어져 그 좌우가 모두 바다에 면한다. 면내 면적은 매우 크지만 그 반이 거의 산악으로 덮여 있어 평지가 매우 적다. 경지는 죽림(竹林) · 노산(魯山) · 적덕(赤德) 등의 부근에 있는 곳이 다소 넓다. 근해에 섬이 많은데 주요한 것으로는 우도(牛島) · 이도(狸島) · 죽도(竹島) · 형제도(兄弟島) · 입도(笠島) · 방아도(芳芽島) 등이다.

적덕포(赤德浦, 적덕)

적덕포는 안정의 남쪽에 있다. 인가는 68호이며 어업에 종사하는 자가 많다. 수조망이 가장 성행하고 연안에 정치망 어장 · 어살 어장 7곳이 있다. 앞쪽에 적덕포 부속 섬이 있는데 입도 · 방아도 · 형제도라고 한다. 입도에는 어업에 종사하는 자가 많다.

창포(倉浦)

창포는 적덕포의 남쪽에 있다. 인가는 67호이고 주민은 농업을 주로 하여 어업에 종사하는 자가 적다. 정치망 어장 · 어살 어장 3곳이 있다. 창포의 부속 섬이 있는데 이도(狸島)라고 한다.

손덕포(遜德浦)

손덕포는 창포의 남쪽에 있다. 인가는 31호이고 그중 5호가 반농반어(半農半漁)하며 지예망 1통을 가지고 있다. 연안에 정치망 어장이 있다.

죽림포(竹林浦, 죽림)

죽림포는 앞쪽에 있는 죽도와 함께 한 마을을 이룬다. 인가는 101호이며 그중 농업을 하면서 여가에 어업에 종사하는 자들이 있다. 겨울에 해삼 형망을 사용하는 것에 불과하며 연안에 정치망 어장 · 어살 어장이 있다.

도선면(道善面)

동쪽은 도남면에, 북쪽은 고성군(固城郡) 동읍면(東邑面)에 접한다. 서쪽은 고성만[固城澳], 남쪽은 송계만(松溪灣)에 면한다. 그 중앙 한 곳이 목처럼 긴 모양이며 서쪽의 산내면(山內面)과 접해 있다. 북 · 동쪽은 백방산맥(百房山脈)이 구불구불하게 기복하여 그 지맥이 서쪽으로 뻗어 바다로 들어간다. 그리고 이 산맥들 사이로 협소한 평지를 볼 수 있다. 연안은 내만(內灣)과 맞닿아 파도가 일지 않는다. 바닥이 진흙으로 선박은 어느 곳을 불문하고 닻을 내릴 수 있다. 조류도 대체로 느리다. 이 때문에 연안 도처에서 소규모의 정치어구(定置漁具)를 볼 수 있다. 주요 어촌은 서쪽 기슭에 있는 평리(坪里) · 노전(蘆田)이고 남쪽 기슭에 있는 것은 지법(地法) · 송계(松溪) · 잠포(潛浦) · 덕치(德峙)라고 한다.

평리(坪里)

평리는 백방산의 남서쪽 기슭에 있다. 도선면의 최북단에 위치한다. 인가는 71호이고 주민은 농업을 하면서 여가에 어업과 제염업에 종사하는 자가 있다. 어업은 겨울에는 해삼 형망을 주로 한다. 연안 곳곳에 염전이 있으며 소금가마 2곳을 가지고 있다. 또 정치망 어장 · 어살 어장이 몇 개 곳에 있다.

노전포(蘆田浦, 노젼)

노전은 평리의 남쪽, 고성만 안에서 남동쪽으로 만입한 작은 만 내의 북쪽에 있다. 인가는 35호이고 그중 4호가 반농반어를 하는데 음력 8~9월까지 만 입구에서 갈치, 조기 등을 어획한다. 연안에 방렴어장이 몇 개 곳에 있다.

지법동(地法洞)

지법동은 도선면의 남쪽 연안의 북서단에 있다. 평리를 지나 고성읍에 이르는 해안가도와 서쪽 산내면에 들어가는 가도의 분기점이다. 북쪽으로 산을 등지고 남쪽은 완만한 경사의 경지가 풍부하다. 연안에 갯벌이 있으며 갈대가 빽빽이 자라고 있다. 인가는 61호이고 주민은 대개는 모두 농업에 종사한다. 겨우 1호가 겨울철 농한기에 해삼 형망을 사용한다.

송계포(松溪浦)

송계포는 송계만 서쪽 남단의 만입한 곳에 있다. 동쪽이 바다에 면하는 것 말고는 모두 험준한 산악으로 둘러싸여 경지가 매우 적다. 인가는 29호이고 그중 6호는 어업에 종사하지만 농업이 한가할 때 할 뿐이며 해삼 형망 · 갈치 낚시 등을 행하는 것에 불과하다. 연안에 방렴어장이 있다.

잠포(潛浦)

잠포는 송계의 남쪽, 산내면과 접하는 곳에 있다. 험준한 산악이 주위를 둘러싸고 있어 평지가 적다. 인가는 16호이고 어업에 종사하는 자가 많다. 여름과 가을에는 갈치·문어 낚시, 겨울에는 해삼 형망을 많이 사용한다.

덕치포(德峙浦)

덕치포는 송계만의 북동쪽 모퉁이에 위치한다. 통영과 고성을 통하는 가도에 있으며 해안에서 멀리 떨어져 있다. 인가는 35호이고 주민은 주로 농업에 종사한다. 부근에 경지가 많다.

산내면(山內面)

도선면(道善面)의 서쪽으로 돌출한 큰 반도이다. 중앙에 험준한 산맥이 서쪽으로 달리고 많은 지맥이 남북으로 달린다. 그래서 연안에 겨우 협소한 평지가 있을 뿐이다. 경지가 있지만 대부분은 경사이다. 때문에 마을은 모두 해안에 있다. 연해는 모두 내해이고 북쪽에 고성오(固城澳), 남쪽에 동도만(東島灣)이 가까이 있는데 풍랑이 일어나지 않는다. 밑바닥은 대개 모래진흙이고 수심은 4~7길로 조세(潮勢)가 느리다. 이 때문에 연안에는 정치어망이 많다. 소속 도서로 불도(佛島)·읍도(邑島)·조도(鳥島)가 있다.

오륜포(五倫浦)

산내면의 북쪽 연안에 있다. 오륜(五倫)과 가룡(駕龍) 두 동으로 이루어져 있다. 인가는 합해서 93호가 있다. 그중 반농반어를 하는 호가 4호가 있다. 갈치 낚시에 종사한다. 연안에는 방렴어장이 많다. 부속 도서는 불도(佛島)·읍도(邑島)·조도(鳥島)라고 한다. 읍도가 가장 크고 어업을 전업으로 하는 호가 3호 있다. 잡어 자망을 행한다.

저산포(猪山浦, 져산)

오륜의 남서쪽으로 돌출한 갑각에 있다. 산내면의 가장 서쪽 끝에 위치한다. 두 마을로 이루어져 있다. 인가는 합해서 90호가 있다. 건너편 연안인 고성군 포교반도(布橋半島)로 통하는 도선장이 있는 곳이므로 자연히 여객을 대상으로 주막을 경영하는 자가 많다. 반농반어를 하는 호가 5호 있다. 농사가 한산할 때 갈치 낚시 · 문어 낚시 등에 종사한다.

화월포(禾月浦)[89]

저산의 남쪽, 동도만의 연안에서 북동쪽으로 만입한 곳에 있다. 인가는 91호이고 주민은 모두 농업을 영위하고 어업에 종사하는 자는 없다.

양지포(良支浦, 량지)

화월의 남동쪽으로 돌출한 갑각과 잠포(潛浦)의 서쪽으로 돌출한 갑각으로 형성된 작은 만 안에 있다. 만은 동서로 넓고 남북으로 짧다. 만 입구의 서쪽 연안은 암초가 기복을 이루며 남동쪽에 이른다. 만 안은 수심이 약 3길 내외이고 바닥은 가는 모래이다. 연안은 경사가 급하고 험준한 구릉으로 둘러싸여 평지가 적지만 사빈이고 풍랑을 막아주기 때문에 어선의 정박에 안전하다. 마을은 만의 동서쪽에 모여있는 두 촌락으로 이루어져 있다. 인가는 합해서 42호이고 그중 반농반어를 하는 호가 13호 있다. 갈치 · 조기 · 문어 등의 낚시어업을 행한다.

동면(東面)

도남면(道南面)의 남동쪽 끝의 사경지[頸地]에 의해 연결된다. 동쪽으로 돌출해서 남북으로 뻗은 큰 반도 지역이 이곳이다. 그 서쪽 끝 부분이 서면(西面)에 접한다. 그리

89) 수월(水月)의 오기로 생각된다.

고 북서쪽 연안은 도남면과 함께 원문만(元門灣)을 형성한다. 동쪽 연안은 거제도와 마주하며 견내량(見乃梁) 해협을 이룬다. 남쪽 연안은 통영해 만의 북쪽 안을 이룬다. 지형은 산맥을 따라서 구불구불하다. 육지에는 평지가 적지만 연안은 굴곡을 이루고 만입이 많으며 또한 내해에 접하기 때문에 도처에 배를 정박할 수 있다. 남서쪽 끝 바다에 접해서 통영이 있다. 군아 소재지이고 또한 요항이다. 연안에는 어촌이 많고 또한 장자도(獐子島)·진해서(鎭海嶼)·사암서(蛇岩嶼)·양도(良島)·호도(虎島)·축도(杻島)·지도(紙島)·수도(水島)·초이도(草爾島)·시무도(柴蕪島)·율도(栗島) 등의 부속 도서가 있다.

장문동(章門洞)

동면의 서쪽 연안 원문만 안의 남동측에 있다. 장문(章門)과 기호(基湖) 두 마을로 이루어져 있다. 연안은 바닥이 진흙이며 가늘고 긴 작은 만을 이룬다. 만 입구에는 작은 섬, 우도(牛島)가 가로놓여 있어 만 내는 항상 고요하지만 수심이 얕고 간조 때가 되면 거의 그 절반이 갯벌이 된다. 이곳에 방렴어장 십여 개소가 있다. 남동쪽은 경사가 급하고 험준한 구릉으로 둘러싸여 평지가 적고 겨우 계곡 사이에 협소한 논과 산허리에 계단을 이루는 밭을 볼 수 있다. 인가는 총계 147호가 있다.

삼화동(三和洞)

장문의 북쪽, 원문만의 남동측 중앙에 있다. 만 입구는 서쪽에 면하고 연안의 상태는 장문과 같다. 그렇지만 수심이 다소 깊어 평저선(平底船)은 때를 가리지 않고 출입이 자유롭다. 삼화(三和)와 내포(內浦) 두 마을로 이루어져 있다. 인가는 71호이고 반농반어를 하는 호가 19호 있다. 농사가 한가할 때 조기·갈치 및 문어의 낚시 어업·해삼 형망 등에 종사한다. 내포에는 옛날부터 정치어업에 종사하는 자가 많아 어기가 되면 멀리 거제·고성 및 창원 지방에 가서 조업한다. 이곳 연안에도 역시 방렴어장이 많다.

원평동(院坪洞) · 대방포(大防浦)

삼화의 북쪽, 원문만의 북동쪽 끝에 있다. 원평(院坪)과 대방포(大防浦) 두 마을로 이루어져 있다. 연안은 절벽을 이룬다. 그 북서쪽 끝을 승방비(僧芳鼻)라고 한다. 대방포는 그 남서쪽에 있어서 사방의 바람을 막고 또한 수심이 깊기 때문에 배의 정박에 편리하다. 원평은 승방비의 목부분이 깊게 만입한 곳에 있다. 만 입구는 북동쪽으로 열려 있다. 수심은 약 5길이고 바닥이 진흙이며 그 앞쪽에 지도가 가로놓여 있어 풍랑을 막아주는 좋은 항이다. 인가는 합해서 91호이고 주민은 주로 농업에 종사한다. 부근에 경지가 많다. 그렇지만 어업에 종사하는 자도 또한 많다. 갈치 · 조기 및 문어의 낚시어업 및 해삼 형망 등이 성행한다. 연안에는 방렴어장이 매우 많다.

지도동(紙島洞)

원평(院坪)의 북동쪽 전면에 가로놓여 있는 작은 섬이다. 마을은 그 서안에 있다. 인가는 42호이고, 주민은 어업에 종사하는 자가 많다. 이 연해는 유명한 대구 어장으로 겨울철에 방렴을 설치하는 일이 아주 성하다.

신화동(新和洞)

원평 남동쪽의 동쪽 연안에 있다. 위치하고 있는 곳은 마치 견내량 해협의 북동쪽 입구를 가로막고 있는 것 같다. 북동쪽 진해만에서 남쪽 통영만에 이르는 선박의 통로에 해당한다. 또한 건너편 연안인 거제도에 이르는 도선장이 있는 곳으로 선박의 왕래가 항상 빈번하다. 또 부산에서 서항하는 연안왕복기선의 승객과 하물의 형편에 따라서 이곳에 피박하는 경우가 있다. 인가는 79호이고 해협을 따라 줄지어 있으며, 주민은 어업에 종사하는 자가 많다. 대구 주낙 · 해삼 형망 · 문어 낚시 · 개불긁기[蝓搔] 등이 성행한다. 대구 주낙은 철제 낚시갈고리[釣鈎] 4개를 닻 모양으로 합쳐 그 축부를 면사 또는 삼실로 묶고, 이 축부에 개불을 말아서 붙이고 그것을 가는 실로 감고, 쉽게 떨어지지 않도록 길이 13여 길의 삼노끈을 붙인 것이다. 이것을 물 속으로 던져넣고 대구가 와서 미끼를 물 때를 계산하여 급히 끌어 올린다. 그렇게 하면 물고기 몸통의 아무 곳이나 걸려서 올라온다. 어기는 11~12월 경까지라고 한다.

이 지역 연해에는 개불 · 쏙[鰕姑] · 문어 등이 풍부하게 생산되고 종래 그것을 채취해서 미끼로 해서 판매하는 경우가 있다. 현재 일본인이 왕래하며 잡화상과 곁들여 이러한 미끼의 중매를 하는 자가 2호 있다. 창업한 지는 얼마 되지 않아 아직 성행하지는 않지만 장래 발전할 전망이 있다고 한다.

연기동(蓮基洞, 연긔)

신화(新和)의 남쪽, 견내량 해협의 남단 갑각에 있다. 육량(陸良) · 해량(海良) 두 마을로 이루어져 있다. 육량은 갑각의 남쪽 끝에 있다. 해량은 그 앞쪽에 있다. 인가는 총계 56호이고 그중 어업을 전업으로 하는 호가 33호 있다. 평지가 적기 때문에 농업을 영위하는 자도 거의 모두 어업에 종사한다. 어업자가 많기로 실로 동면에서 으뜸이다. 문어 낚시 · 개불긁기 · 대구 주낙 · 낙지 잡이 · 수조망 · 정어리 지예망 등이 가장 성행한다. 문어 낚시는 음력 7~10월까지 행하는데 성행하는 것은 8~9월 두 달이라고 한다. 낙지 잡이는 대개 여자들의 일로 간조 때 만 안의 간석지를 걸어 다니면서 손으로 잡는데, 1~3월까지는 수조망을 사용한다. 이 지역 연안에는 정치어장이 적다.

동암동(東岩洞)

연기의 서쪽으로 돌출한 갑각의 동쪽 끝에 있다. 인가는 42호이고 주민은 농업을 주로 하며 반농반어를 하는 호는 약 8호가 있다. 갈치 및 조기 낚시 · 해삼 형망 등을 행한다.

원포(遠浦)

동암의 서쪽에서 만입한 작은 만의 서북쪽 모퉁이에 있다. 땅은 마치 쾌방산(儈芳山) 바로 아래에 있는 것 같다. 부근에는 평지가 풍부하다. 경지가 많기로 아마 동면 중에 으뜸일 것이다. 인가 49호가 있다. 주민은 모두 농업에 종사하고 어업을 영위하는 자는 없다.

화포(花浦)

원포의 서쪽에 있다. 항북동(杭北洞)에 부속된 마을이다. 남쪽은 작은 만을 이루어 선박의 출입이 매우 편리하다. 주민은 농업과 곁들어 어업에 종사하는 자가 매우 많다. 주요 어업은 갈치 및 조기 낚시 · 해삼 형망 등이라고 한다.

삼법동(三法洞)

달포만(達浦灣)의 남서쪽 모퉁이에 있다. 인가는 44호이고 주민은 대개 농업에 종사하고 반농반어를 하는 호가 약 4호 있다. 갈치 및 조기 낚시 · 문어 낚시 등을 행한다.

정동(貞洞, 졍동)

삼법의 남동쪽으로 약 10정 떨어진 곳에 있다. 정동은 분촌(分村)이고 주촌(主村)은 내지에 있다. 인가는 총계 250호이고 그중 반농반어를 하는 호가 약 8호 있다. 농어 · 조기 · 갈치 등의 낚시 어업을 행한다.

통영(統營)

동면의 남서쪽 모퉁이에 있고 서면에 걸쳐져 있다. 수로교통의 요지[要路]에 해당되어 옛날 충청 · 전라 · 경상도의 수군통제영을 두었던 곳이기 때문에 이러한 이름이 붙었다. 또 다르게는 우수영이라고 한다. 앞 연안에는 남망산(南望山) 및 동충산(東忠山) 꼭대기의 두 산부리가 돌출해서 저절로 천연의 방파제를 이루었다. 그 사이로 배를 정박할 수 있다. 수심이 깊어 큰 선박이 들어올 수는 없지만 100톤 내외의 선박은 출입이 자유롭다. 뒤쪽은 산을 등지고 완만한 경사를 따라 인가가 빽빽하게 들어선 것이 해안까지 이어진다. 시가는 성내, 성외 두 부분으로 나누어진다. 성내에 서부(西部) · 서구(西舊) · 동부(東部) · 상동(上東) · 하동(下東) · 신상(新上) · 북문(北門) · 동락(東絡)의 9동, 성외에 북신(北新) · 항북(杭北) · 면량(面梁) · 정동(貞洞) · 해송(海松)

· 송정(松亭) · 창동(倉洞) · 선동(仙洞) · 동충(東忠) · 서충(西忠) · 장장(將庄) · 무전(武田) · 신흥(新興) · 명정(明井) · 동교(東橋) · 서교(西橋) · 천동(泉洞) · 동당(東堂)의 18동이 있다. 내외 아울러 호수 2,129호, 인구 11,739명이고 대개 상공업에 종사한다. 올해 말 현재 거류외국인은 일본인 215호, 718명, 청국인 4호, 4명이 있다.

일본인은 조선인과 섞여 살지만 대부분은 시내 주요지역을 점유해서 상업을 영위한다. 특히 일본인회를 조직하였고 심상고등소학교가 있다. 학령 아동이 76명 있다. 다음으로 과거 수년간에 걸친 호구의 통계를 제시함으로써 그 진보 상황을 살펴볼 것이다.

연도	호수	인구(명)	학령아동	연도	호수	인구(명)	학령아동
명치38년	29	70	9	명치41년	147	439	45
명치39년	45	135	15	명치42년	215	718	76
명치40년	87	258	25				

이 지역에는 군아 외에 재판소 · 경찰소 · 우편소 · 재무서출장소 · 세관감시소 · 일본인회사무소 · 조선해수산조합 통영출장소 · 어시장 등이 있다. 기타 각종 기관이 대개 갖추어져 있지만 오직 금융기관은 아직 없다.

교통은 육로에 있어서는 오직 통영읍성으로 통하는 길과 견내량 해협을 가로지르는 거제도에 이르는 길 두 도로가 있을 뿐이다. 더욱이 산길이고 왕래가 불편하다. 그러나 해로에 있어서는 정기선 외에 연안을 항해하는 기선과 범선이 끊임없이 출입하므로 매우 편리하다. 그 교통의 주요지는 부산 · 마산 · 삼천포 등이지만 특히 통영항과 마산과는 밀접한 관계가 있으므로 왕래가 빈번하다. 현재 정기선에 있어서도 그 항해회수가 부산의 거의 2배에 이른다.

출입선박

지금 융희3년 중에 통영항에 입항한 선박은 11,257척이고 출항한 선박은 11,209척이다. 그 내역은 다음과 같다.

종별	입항		출항		계	
	선박수	톤수[90]	선박수	톤수	선박수	톤수
기선	757	43,668	755	43,535	1,512	87,203
범선	193	772	178	766	371	1,538
어선	5,919	-	5,888	-	11,807	-
조선배[韓船]	4,388	-	4,388	-	8,776	-
계	11,257	44,440	11,209	44,301	22,466	88,741

여객왕래

또 같은 해의 여객왕래는 상륙 4,849명이고 승선은 4,428명이다. 이것을 일본인과 조선인으로 구별하면 다음과 같다.

종별	상륙	승선	계
일본인	2,995	2,508	5,503
조선인	1,894	1,920	3,814
계	4,889	4,428	9,317

통신

통신방면은 비교적 발달했다. 올해 중에 있어서의 보통우편은 인수(引受) 96,652통, 배달 37,200통, 계 133,852통이다. 또 전보는 내국발신 6,696통, 착신 6,867통, 계 13,563통, 외국발신 1,604통, 착신 1,381통, 계 3,185통, 총계 16,748통이다.

무역

이 지역의 세관감시소는 마산세관지서가 관할하는 곳으로 화주(貨主)의 편리를 도모함과 동시에 밀수입을 방지하는 수단이며, 외국무역을 위해 출입하는 화물(貨物)의 검사를 행하는 곳이다. 그러므로 화주는 이곳 감시소의 증명서를 휴대하고 오직 수출입의 수속을 밟으면 된다. 이 편법(便法)이 시행된 것은 올해 2월이고 그 무역의 규모가

90) 원문은 登簿噸數, 즉 장부에 기재된 톤수이다.

제법 큰데, 다음과 같다.

외국무역

수출		수입	
종목	가격(円)	종목	가격(円)
농산물	10,757	건축재료	5,100円
백미	1,134	땔나무	1,194
콩	9,338	목탄	1,996
팥	250	석탄	212
쌀겨	35	비송(肥松)	656
수산물	573	감자	437
말린 정어리[91]	448		
쪄서 말린 정어리[92]	125		
계	11,330	계	9,595

연안무역

이출		이입	
종목	가격(円)	종목	가격(円)
수산물	84,706円	수산물	12,180円
선어(鮮魚)	23,414	선어	145
염어(鹽魚)	178	명태	1,700
건어(乾魚)	425	염어	85
간어(干魚)[93]	5,672	간어	2,025
전간어(煎干魚)[94]	11,147	전간어	3,197
해초	43,791	해초	3,947
통조림	79	식염	1,080
농산품	22,690	농산품	15,247
현미	5,617	현미	1,365
백미	6,928	백미	7,014
찹쌀	-	찹쌀	166
콩	7,730	콩	1,330
팥	698	밀	5,372

91) 원문은 干鰮이다. 일본어에서는 鰮이 정어리 · 보리멸 · 정어리 등을 총칭한다. 그러나 이 지역의 鰮은 멸치로 생각된다. 干鰮은 내장을 빼고 말린 멸치를 말한다.

92) 원문은 煎干鰮으로 쪄서 말린 멸치를 말한다.

참깨	1,437	방적사	20,299
솜	280	옥양목	25,950
소가죽	1,273	무명	17,770
계란	1,521	비단[絹段物]	19,600
잡화	1,628	주류	19,102
한화(韓貨)	19,270	석유	16,144
기타	4,566	설탕	12,615
		궐련[卷煉草]	7,335
		살담배[刻煉草]	12,885
		기타	71,234
합계	145,654	합계	250,360

위의 표는 오직 올해의 실적에 불과하지만 또한 이로써 통영항의 개세를 관찰하는 데 충분하다. 즉 그 출입화물로 주요한 것은 곡류 및 수산물인데 그중 수산물은 통영항 상업의 생명이라고 할 만하며, 최근에 있어서 일본인의 발전도 여기에 따른 것임을 살펴볼 수 있다.

통영항은 원래 정치적 관계에 의해 번영한 한 지역을 형성하는 데 그쳤고 상업항(商港)으로서의 발달을 추구하지 않았다. 그러나 현재 무역의 대세는 거의 상업항으로서의 모습을 보이는 데 이르렀다.

이 지역의 특산물은 죽관(竹冠) 및 망건 · 자개칠기[青貝漆器] · 대바구니 등이고 그중 죽관 및 자개칠기가 가장 유명하다. 원래 천열물산이 풍부하지 않으므로 자연히 이러한 기술이 발달하게 되었지만 죽관의 경우는 최근 크게 그 수요가 감소하였고 따라서 그 생산도 감소하게 되었다.

시장

시장은 매 2 · 7일 남문 밖에서 열린다. 집산화물은 옥양목 · 목면 · 어류 · 죽관 · 칠기 등이고 목면시장은 별도로 한 구역을 이룬다. 매 시장 집산액은 3,000~4,000원에 불과하지만 많을 때는 5,000~6,000원이고 10,000원 내외에 이르는 경우도 있다. 목

93) 乾魚는 그냥 말린 것이고 干魚는 내장을 빼고 말린 것이다.
94) 煎干魚는 쪄서 말린 것을 말한다. 쪄서 말린 멸치가 대표적이다.

면은 진주(晋州) 및 곤양(昆陽) 기타 부근 각 군으로부터 출시(出市)한 것이 많다.

통영항은 어업지역은 아니지만 부근에 각종 어류의 좋은 어장이 많다. 그러므로 매년 어기에 들어가면 일본어선 및 그 모선 또는 활주선의 출입이 매우 활발하다. 올해 중 기항한 활주선 및 모선은 75척이고 성어기에 모여든 어선은 200척을 넘었다.

올해 중 일본인이 경영한 어시장에 있어서 취급한 선어 어획액[水揚高]을 월 평균으로 해서 제시하면 다음과 같다.

월별	금액(円)	취급중요어류	월별	금액円	취급중요어류
1월	3,156	숭어 · 모쟁이[95] · 도미 · 상어	8월	483	도미 · 농어 · 전복 · 붕장어
2월	2,322	숭어 · 모쟁이 · 백상아리[96] · 도미	9월	956	도미 · 붕장어 · 뱀장어 · 조기
3월	2,708	도미 · 숭어 · 모쟁이	10월	979	학꽁치 · 붕장어 · 도미 · 뱀장어
4월	2,438	도미 · 잡어	11월	2,172	갈치 · 도미 · 상어 · 학꽁치
5월	1,606	오징어 · 고등어 · 농어	12월	2,720	도미 · 상어 · 백상아리 · 전어
6월	774	고등어 · 도미 · 농어 · 뱀장어	합계	20,886	
7월	572	도미 · 농어 · 전복 · 붕장어			

비고 : 6~8월은 정어리의 어기로 일반 어업은 불황이다. 11~12월 경에 있어서는 조기, 대구 등이 입하하지만 이 시장에서는 취급하지 않는다. ▲ 어가는 10월부터 3월까지 호가이고 6~8월은 가장 염가[安價]이다. ▲ 목적지[仕向地]는 주로 내륙 및 부산 · 마산 · 후쿠오카 · 시모노세키 등이라고 한다.

서면(西面)

동면 서쪽의 반도 일대와 그 남쪽 연안에 가로 놓여 있는 미륵도(彌勒島) 북부 절반을 포함한다. 그 반도부는 중앙이 동서로 뻗어 산맥으로 이어진다. 경사가 급해서 경작[耕耘]에 적당한 땅은 겨우 계곡과 연안지방에 산재할 뿐이다. 그 북쪽 연안은 동도(東島) 내만으로, 서쪽 연안은 동도 외만으로, 남쪽 연안은 통영해만에 면한다. 굴곡이 매우

95) 원문은 いな이고 숭어 새끼를 말한다.
96) 원문은 もさ이다. 猛者라는 뜻에서 일본 어부들이 사용하던 말이다. 학명은 *Carcharodon carcharias*로 상어 중 가장 공격성이 강한 종류이다.

많다. 도처에 풍랑을 피하기에 적당한 항만이 있다. 미륵도의 북부는 남쪽에 미륵산(彌勒山)이 우뚝 솟아 북쪽을 향해 점차 경사가 낮아진다. 연안에는 경지가 다소 많다. 그 서쪽에는 미륵산의 지맥이 바다 속으로 돌출해서 가늘고 길게 연안이 개 이빨처럼 들쑥날쑥하게 반도를 이룬다. 연해마을(里洞) 중 반도부에 있는 것은 선동(仙洞) · 동충동(東忠洞) · 서충동(西忠洞) · 동교동(東橋洞) · 서교동(西橋洞) · 천동(泉洞) · 도리동(道理洞) · 천동(川洞) · 동당동(東堂洞) · 서당동(西堂洞) · 인동(仁洞) · 태평동(太平洞) · 민양동(岷陽洞) · 노동(魯洞) · 대평동(大坪洞) · 응림동(鷹林洞)이고, 미륵도의 북쪽에 있는 것은 남수동(南修洞) · 해평동(海坪洞) · 도산동(道山洞) · 남포동(南浦洞) · 이운동(二運洞) · 일운동(一運洞) · 풍화동(豊和洞) · 미오동(美吾洞)이라고 한다. 부속도서로 주요한 것은 보두도(甫頭島) · 외해도(外蟹島) · 오비도(烏飛島) · 월명도(月明島) · 공주도(拱珠島)[97] · 동개도(東介島) · 고도(鼓島) · 장도(長島) 등이다.

응림동(鷹林洞)

서면의 북쪽 연안으로 동면과 접한 곳에 있다. 옛 이름을 소포(小浦)라고 불렀다. 남쪽은 급하고 험준한 산맥을 등지고 있어 평지가 적다. 인가는 36호가 있고 주민은 농업을 주로 하고 반농반어를 하는 호가 3호 있다. 주로 자망을 사용해 전어를 어획한다.

대평동(大坪洞, ᄃᆡ평)

응림에서 서쪽으로 약 8정 떨어진 곳에 있다. 인가는 42호이고 그중 반농반어를 하는 호가 7~8호 있다. 해삼 형망 · 수조망 · 갈치 및 조기 낚시어업 등을 행한다.

노동(魯洞, 로동)

대평에서 남서쪽으로 약 8정 떨어진 곳에 있다. 동서로 돌출한 두 갑에 의해 이루어진 작은 만의 남동쪽 모퉁이에 위치한다. 만 입구에 두 섬이 있다. 인가는 68호이고 농업과 곁들어 망사(網絲) 및 망지(網地)를 만드는 자가 많다. 반농반어를 하는 호가 약 6호

---

97) 원문에는 横珠島로 되어 있다. 현재의 공주섬이다.

있다. 주요 어업은 수조망 · 갈치 및 조기 낚시어업 등이라고 한다.

민양동(岷陽洞)

혹은 민점동(民店洞)이라고 부른다. 노동의 서쪽으로 약 18정 떨어진 곳에 있다. 서면 북쪽 연안의 서쪽 끝에 위치한다. 동쪽과 서쪽은 산맥으로 구획되고 그 사이의 계곡이 깊게 남쪽으로 뻗어서 다소 경지가 풍부하다. 대부분은 논이다. 인가는 96호이고 그중 농업과 곁들어 갈치 및 조기 낚시 어업을 하는 호가 약 6호 있다. 겨울철에 대구 중매업을 영위하는 자가 많다.

태평동(太平洞, 틱평)

민양과 산을 사이에 두고 그 뒤쪽에 있다. 인가는 27호이고 주민은 농업을 전업으로 하고 어업을 영위하는 자는 없다.

인동(仁洞)

태평에서 동쪽으로 약 6정 떨어진 곳에 있다. 인가는 38호이고 모두 농업에 종사한다. 부근에 경지가 매우 많다.

서당동(西堂洞, 셔당)

미륵도와의 사이에 형성된 해협의 가장 좁은 부분에 있다. 미륵도 남수동(南修洞)과 서로 마주보며 교량에 의해 이어진다. 이 해협은 임진왜란 때 일본인이 굴착한 것이라고 하는 전승이 있다. 일본인은 그것을 태합굴(太閤堀)이라고 부른다. 현재는 모래와 진흙이 퇴적되어 큰 배가 통과할 수 없고 간조 때는 어선도 통행할 수 없다. 인가 36호가 있다. 주민은 농상업을 영위하고 어업에 종사하는 자는 없다.

남수동(南修洞, 남슈)

서당의 건너편 연안인 미륵도에 있다. 인가는 39호이고 주민은 농업을 전업으로 하고 어업에 종사하는 자는 없다.

해평동(海坪洞, 히평)

남수에서 동쪽으로 약 5정 떨어진 곳에 있다. 인가는 15호이고 모두 농업에 종사한다. 부근에 경지가 매우 많다.

도산동(道山洞)

해평에서 동쪽으로 약 8정 떨어진 곳에 있다. 지세는 해평과 함께 평탄하다. 인가 74호가 있다. 주민은 모두 농사에 종사한다. 부근에 경지가 많다.

남포동(南浦洞)

도산의 남동쪽으로 약 8정에 있다. 만 입구는 북동쪽에 접하고 주변은 구릉으로 둘러싸여 있다. 만 안은 사빈에서 사빈으로 이어져서 경지가 있다. 인가는 남쪽 연안 및 서쪽 연안에 있다. 호수는 아울러 37명이고 그중 어업을 영위하는 호는 약 12호로 주로 조기연승에 종사한다.

오카야마무라(岡山村)

남포동의 서쪽 가까운 곳에 오카야마현 어민의 이주지가 있다. 오카야마무라라고 총칭한다. 가격 750원으로써 밭 2,373평 3홉 · 논 1,067여 평을 구입하였고, 이미 5호 규모의 장가[長家, 나가야][98] 2동을 건축하였다. 또한 공사 중인 장가가 4호 있다. 현재 이주한 호는 6호이다.

일운동(一運洞)

남포의 남쪽에 있다. 인가는 81호이고 주민은 농업을 주로 하지만, 어업에 종사하는

---

98) 長屋이라고도 표기하며, 횡으로 길고 벽체를 공유하며 출입구는 따로 만드는 형태이다. 탄광촌 등 다수의 사람들이 거주할 때 자주 사용하였다.

자도 있다. 갈치, 조기 등의 낚시어업을 한다.

이운동(二運洞)

작은 만을 사이에 두고 일운동의 남쪽에 있다. 그 거리는 겨우 5정쯤이고 앞쪽은 한산도(閑山島)의 북쪽 끝을 볼 수 있다. 뒤쪽으로 미륵산을 등진다. 연안 일대에 경지가 있다. 인가는 30호이고 반농반어를 주로 하며 갈치 · 조기 등의 낚시어업을 한다.[99]

미오동(美吾洞)

남수의 서쪽으로 약 5정 떨어진 곳에 있다. 인가는 52호이고 주민은 모두 농업에 종사하며 어업을 영위하는 자는 없다.

풍화동(豊和洞)

미오동의 서쪽으로 돌출한 반도로 원래는 해도(蟹島)라고 하였다. 마을 중에 크고 작은 마을이 20여 개 있다. 그중 큰 것을 소양화포(小楊華浦) · 대양화포(大楊華浦) · 모상리(毛上里) · 대포(代浦) 등이라고 한다. 반도의 중앙에는 미륵산맥(彌勒山脈)의 지맥이 뻗어있어 평지가 부족하다. 연안은 굴곡이 적고 크고 작은 항만이 많다. 인가는 모두 합해 200호가 있다. 주민은 대개 반농반어를 하며 생활한다. 주요 어업은 정어리 분기망 · 갈치 및 조기 외줄낚시 · 도미 연승 등이다. 연안에 잡어방렴 어장 10개소가 있다.

산양면(山陽面)

미륵도의 남부 일대 지방으로 즉 북쪽은 미륵산이 우뚝 솟아 서면(西面)과 경계를 이룬다. 동, 서, 남쪽 3면은 바다에 접한다. 산기슭으로부터 해안에 이어지는 거리가 짧아서 자연히 경사가 급하고 평지가 적다. 연안은 험준하고 곳곳에 산부리[山嘴]가 돌출해 있으며 그 사이에 사빈 혹은 역빈(礫濱)을 볼 수 있다. 남쪽 연안은 수심이 깊고 조류의 속도가

99) 일운과 이운을 어울러 永運里라고 한다.

3해리에 달한다. 썰물은 서쪽으로, 밀물은 동쪽으로 흐른다. 동쪽 연안 및 서쪽 연안은 수심이 다소 얕고 예부터 정치어장이 많다. 부속 도서로 주요한 것은 곤리도(昆里島) · 소곤리도(小昆里島) · 추도(楸島) · 납도(納島) · 저도(楮島) · 만지도(晩地島) · 조도(鳥島) · 국도(國島) · 육도(育島) · 오수리도(烏首里島) 등이라고 한다.

원항동(院項洞)

산양면의 서쪽 끝, 풍화동의 남쪽에 있다. 만 입구는 북서쪽에 접하고 작은 배를 매어두기에 편리하다. 인가는 42호이고 그중 어업으로 생활하는 호가 약 12호 있다. 주로 갈치 및 조기의 외줄낚시 · 도미 연승 · 정어리 분기망 등에 종사한다.

대청동(大晴洞, 딕졍)

옛이름은 당동(唐洞)이라고 한다. 원항의 동쪽으로 약 12정 떨어진 곳에 있다. 만 입구는 남쪽을 향하고 3면은 구릉으로 둘러싸여 있다. 앞쪽에는 곤리도가 가로놓여 있어 사방의 바람을 막아주며 또한 수심이 깊어 천연의 좋은 항이다. 부근은 평지가 부족하지만 구릉을 사이에 두고 뒤쪽에는 경지가 넓게 이어져 있으며, 그 중앙을 관류하는 계류가 있어 토질이 비옥하다. 인가는 40호이고 그중 어업을 전업으로 하는 호는 약 7호가 있다. 정어리분기망 · 갈치 및 조기 낚시어업 등이 성행한다. 곤리도 및 추도로 건너가려면 대청동에서 가야 한다. 도선장이 있고 연안에는 잡어 방렴어장이 많다.

중화동(中和洞, 즁화)

인가 62호가 있다. 주민은 대개 농업에 종사하며 정어리 분기망 · 갈치 및 조기 낚시어업 등을 겸하는 호가 약 11호 있다.[100)]

연명동(延命洞, 연면)

인가 70호가 있다. 주민은 대개 어업에 종사하지만 반농반어를 하는 자도 매우 많다.

---

100) 대청동의 남쪽에 있다.

연안에 잡어방렴 어장이 있다. 앞바다에 연명동 소속의 무인도가 있는데, 장재도(長在島)라고 한다.[101]

마동(馬洞)

옛이름은 척포(尺浦)라고 한다. 미륵도의 남서쪽 끝에 있다. 인가는 63호이고 그중 농업과 곁들여 정어리 분기망 · 갈치 외줄낚시 등을 영위하는 경우도 약 10호 있다. 연안에 잡어 방렴어장이 있다.

봉전동(鳳田洞, 봉견)

인가 55호가 있다. 그중 반농반어를 하는 호는 약 5호이고 갈치 및 조기 낚시어업에 종사한다. 연안에 잡어 방렴어장이 있다.

신봉동(新峯洞)

산양면 동쪽 연안의 북쪽 끝에 있다. 인가는 72호로 모두 농업에 종사하고 어업을 영위하는 자는 없지만, 연안에는 잡어 방렴어장이 매우 많다. 이러한 것들은 주로 다른 마을 사람이 와서 경영한다.

곤리동(昆里洞)

대청동에서 서남쪽으로[102] 약 1해리 떨어진 바다 가운데 있는 작은 섬이다. 섬 안은 대개 경사가 급하고 험준하여 평지가 부족하다. 남동쪽 연안에 인가 61호가 있다. 주민 대부분은 반농반어를 하고 정어리 분기망 · 수조망 · 지예망 · 갈치 및 조기 외줄낚시 등에 종사한다.

---

101) 「조선5만분1지도」에는 長頭島로 되어 있다. 현재도 대장두도와 소장두도가 있다.
102) 원문에는 동쪽으로 되어 있다.

추도동(楸島洞, 츄도)

곤리도의 남서쪽으로 약 3.5해리 떨어진 곳에 있는 작은 섬으로 그 남동쪽 연안의 만 내에 마을이 있다. 인가는 69호로 모두 반농반어를 하고 어업의 종류는 곤리도와 같다.

오곡동(烏谷洞)

풍화반도의 남쪽에 가로놓여 있는 오비도(烏飛島)의 남측에 있다.[103] 인가는 27호이고 모두 반농반어를 하고 주로 정어리 분기망 · 갈치 및 조기 낚시어업 등에 종사한다.

도림동(島林洞)

곤리도의 남동쪽으로 약 4해리, 미륵도의 남쪽 끝에서 약 3해리 떨어진 바다 가운데 가로놓여 있는 연도(煙島)의 북서쪽 연안에 있다.[104] 인가는 54호이고 모두 반농반어를 하며 생활한다. 어업은 정어리 분기망 · 갈치 및 조기 낚시어업 등을 주로 한다. 이 섬의 북쪽에 조도(鳥島)가 있고, 서쪽에 만지도(晩地島)가 있다. 모두 도림동에 속한다. 조도는 동서로 구불구불하여 연안에 굴곡이 많다. 그 북쪽 연안은 다소 깊이 만입해서 풍랑을 막아주고 수심 또한 깊다. 만의 서쪽 모퉁이에 인가 33호가 있다. 모두 농업과 곁들어 어업에 종사한다. 어업의 종류는 연도와 같다.

연대동(蓮坮洞, 연듸)

연도의 동쪽으로 약 1해리 떨어진 바다 가운데 가로놓여 있는 오수리도(烏首里島)에 있다.[105] 이 섬은 남북으로 가늘고 길어서 연안에 굴곡이 적다. 인가는 64호이고 그 북쪽 끝에 있다. 모두 반농반어로 생계를 영위한다. 어업의 종류는 연도와 같다.

---

103) 미륵도의 남쪽 약 3km 떨어져 있는 烏所里島(烏谷島)에 있는 마을이다.
104) 연도에는 도림동이 없다. 학림도의 학임동에 대한 오기로 생각된다.
105) 연대동은 연대도에 있는 마을이다. 오수리도에 있는 마을은 오곡동이다.

가조면(加助面)

진해만의 남서쪽에 있는 가조도(加助島) · 어의도(於義島) · 수도(水島)와 그 부근의 도서로 이루어져 있다. 가조도는 진해만 내에 있는 가장 큰 섬으로 만의 중앙에서 다소 남쪽으로 치우쳐서 가로놓여 있다. 남북으로 뻗어 있고, 그 남쪽 끝은 거제도의 북쪽 연안에서 겨우 1해리 정도 떨어져 있다. 그 중앙은 동서로부터 만입해서 지협[地頸]을 이루고 그 북부에는 옥녀산(玉女山)이라고 부르는 원추형의 험준한 봉우리가 있다. 일본 어민은 그것을 진해의 후지산[鎭海富士]이라고 부른다. 어의도는 가조도의 서쪽에서 약 1해리 정도 다소 북쪽으로 치우쳐서 가로놓여 있다. 남북으로 길고 동서로 좁다. 그 동쪽 연안은 다소 깊게 만입을 이룬다. 수도는 가조도의 서쪽으로 약 1해리 정도 다소 남쪽으로 치우쳐 있다. 어의도와 서로 마주하며 가로놓여 있다. 중앙은 높아서 남북으로 경사를 이룬다. 이 세 섬의 근해에는 대구가 생산된다. 정치망 · 어살의 어장이 매우 많다. 가조면은 창촌(倉村) · 신호(新湖) · 어의(於義) 세 마을으로 나눌 수 있다. 창촌과 신호는 가조도에 있고, 어의는 어의도에 있다.

창촌(倉村)

가조도의 북부에 있다. 여러 개의 마을으로 이루어져 있다. 인가는 총계 159호이고 주민은 대개 반농반어를 영위한다. 겨울철에는 대구 중매에 종사하는 자가 많다. 중매인은 어장에 가서 물고기를 사 모으고 손수 그것을 부근의 시장에 보내어 판매한다. 주요 어업은 대구 자망 · 해삼 형망 · 수조망 등이라고 한다.

신호동(新湖洞)

가조도의 남부에 있다. 4개의 마을로 이루어져 있다.[106] 인가는 총계 76호이고 주민의 생계 상태는 대략 창촌동과 비슷하다. 신호동의 남쪽 끝에는 거제도로 왕래하는 도선장이 있다.

106) 新湖 · 津頭 · 畓谷 · 軍合浦의 4개 마을이다.

어의동(於義洞, 오의)

어의도의 북동쪽 연안에 있다. 수도 및 부근의 도서는 어의동에 속한다. 인가는 총계 89호이고 주민은 어업을 주로 하고 농업을 겸한다. 주요어업은 대구 자망 · 소수조망 · 해삼 형망 · 대구 주낙 등이라고 한다.

한산면(閑山面)

미륵도와 거제도의 사이 및 거제도의 남쪽에 있는 여러 도서 즉 한산도(閑山島) · 봉암도(蜂岩島) · 용초도(龍草島) · 비진도(比珍島) · 죽도(竹島) · 서좌도(西佐島)[107] · 대덕도(大德島) · 가모도(加毛島) · 장사도(長蛇島) · 소죽열도(小竹列島) · 매물도(每勿島)와 같이 다소 외해에 떨어져 있는 섬들이 있다. 한산도는 미륵도의 동쪽에 가로놓여 있는 큰 섬으로 그 북부는 만입과 굴곡이 많아 좋은 항이 많다. 봉암도는 한산도의 남동쪽 끝의 바다 가운데 가로놓여 있고 길게 동서로 뻗어 있어 거의 한산도와 거제도를 연결시킨다고 한다. 그 동부는 험준하고 중앙에 만입이 있다. 용초도는 한산도의 남쪽, 봉암도의 남서쪽으로 약 1해리 떨어진 곳에 가로놓여 있고 동서로 길다. 섬 안은 대개 험준하고 동부는 지협을 이룬다. 비진도는 용초도의 서쪽 끝에서 남쪽으로 약 0.5해리 떨어진 곳에 있다. 남북으로 길고 동서로 좁으며 중앙은 끊어져 있어서 모래톱(沙州)에 의해 겨우 연결된다. 그 남부는 높고 험준하며 북부는 다소 낮다. 죽도는 용초도의 동쪽 끝에서 약 1해리 떨어진 곳에 있다. 서좌도(西佐島)는 한산도의 동쪽 연안에서 약 0.5해리 떨어진 곳에 있다. 동좌도는 서좌도의 동쪽으로 약 0.5해리 떨어진 곳에 가로놓여 있는 작은 섬이다.

---

107) 원문에는 동좌도로 되어있다. 서좌도에 서좌와 동좌가 있고 동좌도가 따로 있는 것이 아니다.

한산도	여차(汝次)	선포(羨浦)	두억(頭億)	하포(荷浦)	치소(治所)	창동(倉洞)
봉암도	봉암(蜂岩)	추원(秋元)	의암(衣岩)			
용초도	호두(虎頭)	용초(龍草)				
비진도	비진(比珍)					
죽도	죽도(竹島)					
동좌도	동좌(東佐)					
서좌도	서좌(西佐)					

여차동(汝次洞, ᄌᆞ차)

한산도의 북동쪽 끝에 있다. 남북에 두 갑각이 돌출해서 작은 만을 이룬다. 만 입구는 동쪽으로 열려 있고 수심은 5길 내외로 배를 정박하기에 편리하다. 인가는 42호이고 반농반어를 영위하는 자가 많다. 갈치 및 조기 낚시어업 · 수조망 · 채조 등에 종사한다. 연안에 잡어 방렴어장이 있다.

선포동(羨浦洞, ᄉᆞᆫ포)

섬의 북쪽 연안에 있다. 부근에 광활한 평지가 있다. 인가는 44호이고 주민은 대개 농업을 영위하고 간간이 갈치 및 조기 낚시어업을 겸하는 자가 있다. 연안에 방렴어장이 있다.

두억동(頭億洞)

섬의 북쪽 연안에 깊게 들어간 만 내에 있다. 그 북서쪽에는 키가 작은 나무들이 무성하고 동쪽은 육안(陸岸)이 모래와 자갈해안으로 이어진다. 부근에는 평지가 많다. 인가는 114호이고 주로 농업에 종사하는 자가 있다.

하포동(荷浦洞)

섬의 남서쪽 연안에 있다.[108] 장강수도(長江水道)를 사이에 두고 용초도와 서로 마

108) 荷所里라고도 한다.

주한다. 인가는 50호이고 모두 반농반어를 영위한다. 수조망 · 갈치 및 조기 낚시어업 등에 종사한다. 연안에 잡어방렴 어장이 있다.

치소동(治所洞)

섬의 남동쪽 연안에 있다. 인가는 42호이고 모두 반농반어를 영위한다. 수조망 · 갈치 및 조기 낚시 어업 등에 종사한다.

창동(倉洞)

섬의 동쪽 중앙의 만입부에 있다. 앞쪽에 서좌도 · 동좌도 두 섬이 가로놓여 풍랑을 막아주며 좋은 계선장이다. 부근에 평지가 적지만 경사가 완만한 경지가 있다. 인가는 62호이고 대개 반농반어를 영위한다. 연안에 잡어방렴 어장이 있다.

봉암동(蜂岩洞)

봉암도의 북쪽 연안 중앙의 만입부에서 서쪽에 있다.[109] 인가는 34호이고 주민은 농업과 곁들여 어업에 종사한다. 갈치 및 조기 외줄낚시 · 정어리 분기망 · 도미연승 등을 행한다. 만 내에는 잡어 방렴어장이 있다.

추원동(秋元洞, 츄원)

봉암도의 북쪽 연안 만입부의 서쪽에 있다.[110] 인가는 82호이고 주민의 생업 상황은 대략 봉암동과 같다.

의암동(衣岩洞)

봉암도 동쪽 끝의 작은 만에 있다. 혹은 고부포(姑夫浦)라고도 부른다.[111] 인가는 22호가 있고 반농반어를 영위하는 자가 많다. 정어리 분기망 · 도미연승 · 갈치 및 조기

---

109) 봉암도는 현재의 추암도이다. 봉암은 추암도 서쪽 끝 만 안에 있다.
110) 현재의 추봉리 추원이다.
111) 현재는 곡룡포이다.

외줄낚시 · 문어낚시 및 채조 등을 행한다. 매년 일본인이 와서 창고를 짓고 정어리 지예망에 종사하는 자와 잠수기업에 종사하는 자가 있다.

호두동(虎頭洞)

용초도의 북동쪽 연안의 사취에 있다. 인가는 68호이고 주민은 반농반어를 영위한다. 어업은 의암동과 같다.

용초동(龍草洞, 룡죠)

용초도의 서부, 험준한 봉우리의 서쪽 산기슭에 있다. 산부리의 북측에 위치한다. 인가는 55호이고 주민의 생활 상황은 대략 호두동과 같다.

비진동(比珍洞)

비진도에 있다. 마을은 남북으로 나뉘어져 사취에 의해 서로 연결된다. 인가는 총계 67호가 있고 주민은 농업과 곁들여 어업을 영위한다. 정어리 분기망 · 갈치 및 조기 외줄낚시 · 채조 등에 종사한다.

죽도동(竹島洞, 쥭도)

죽도의 북쪽 연안에 있다. 인가는 27호이고 모두 반농반어를 영위한다. 어업은 정어리 분기망 · 갈치 및 조기 외줄낚시 등을 주로 한다.

서좌동(西佐洞, 셔좌)

서좌도의 북동쪽 끝 갑각의 남측에 있다. 인가는 31호이고 모두 반농반어를 영위한다. 어업은 정어리 분기망 · 갈치 및 조기 외줄낚시 등을 주로 한다.

동좌동(東佐洞)

서좌도[112] 북서쪽 연안의 작은 만에 있다. 인가는 21호이고 주민의 생활상황은 서좌동과 비슷하지만 동좌동의 남동쪽 연안에 지예망을 사용해서 정어리를 어획하는 자가 있다. 또 북쪽 연안에는 도사[土佐]원양어업주식회사의 정어리 창고가 있다.

사량면(蛇梁面)

사량도(蛇梁島)·수우도(樹牛島) 및 부근의 도서를 포한한다. 사량도는 미륵도의 서쪽 끝에서 서쪽으로 약 3해리 떨어진 곳에 있다. 상도(上島)·하도(下島) 두 섬으로 이루어지고 그 사이는 해협을 이룬다. 해협의 중앙을 횡단하는 폭 1케이블 정도의 모래톱[113]이 있다. 모래톱의 최소 수심은 저조 때 2길 내지 3길로 어선의 항행에는 위험하지 않지만 큰 배에 있어서는 경계를 요한다. 그 동쪽 입구는 양안(兩岸)이 높으며 수심도 얕고 폭도 가장 좁아서 겨우 1.5케이블에 불과하다. 상도(上島)는 높고 험준하며 평지가 적고 연안도 또한 대개 험준한 절벽을 이룬다. 그 남쪽 연안의 해협 동쪽에 변리동(邊里洞)이 있는데 좋은 정박지라고 한다. 하도(下島)도 또한 높고 험준한 것은 상도(上島)와 다르지 않다. 그리고 북쪽으로 높고 남쪽으로 낮다. 연안은 대개 험준한 절벽이지만 굴곡이 많아서 읍호(邑湖)·능량포(能良浦) 등의 좋은 정박지가 있다.

사량면은 9동으로 나누어진다. 동변(東邊)·서변(西邊)·돈지(敦池)·내지(內池)·호모(虎母)의 5동은 상도(上島)에, 덕동(德洞)·읍호(邑湖)·외지(外池)·능량(能良)의 4동은 하도(下島)에 있다.

동변동(東邊洞, 동편)

또는 동동(東洞)이라고 한다. 사량해협 동쪽 입구의 북쪽 연안에 있다. 인가는 28호이고 주민은 농업과 부업으로 어업을 영위한다. 매년 2월에서 5월까지는 미역·가사리 등을 채취하는 것이 성행하고, 5월 상순에서 9월 중순까지는 정어리 분기망에 종사한다.

---

112) 원문에는 동좌도라고 되어 있다.
113) 원문은 門洲로 되어 있다. 영어로는 sandbar이며 沙洲라고도 한다.

서변동(西邊洞, 셔편)

동변동과 이웃해 있다. 인가는 38호가 있고 주민은 반농반어를 영위한다. 어업의 상황은 동변동과 같다.

돈지동(敦池洞)

상도의 남서쪽 갑각의 북측에 있다. 동쪽에 경사진 경지가 있다. 인가는 70호이고 주민은 농업 외에 어업을 겸하는 자가 있다. 정어리 지예망 1통이 있다. 정어리 분기망 및 채조가 가장 성행한다. 앞쪽에 있는 수우도(樹牛島)는 돈지동에 속한다.

내지동(內池洞)

상도의 북쪽 연안에서 다소 서쪽으로 치우쳐 있다. 인가는 49호가 있고 부근에 협소한 경지를 볼 수 있다. 어업은 채조 및 정어리 분기망을 주로 한다.

덕동(德洞)

하도의 동쪽 연안의 북쪽 작은 만에 있다. 인가는 30호이고 어업은 채조 및 정어리 분기망을 주로 한다.

읍호동(邑湖洞)

하도의 북서쪽 끝의 작은 만에 있다. 만 입구는 북쪽으로 열려있고 사량해협의 서쪽 입구를 향한다. 만입이 다소 깊고 수심이 깊어 배를 정박하기에 적당하다. 좌우는 민둥산이 뻗어서 험한 해안을 이루고 만 안에 접한 곳은 다소 광활한 평지를 이룬다. 인가는 37호가 있고 주민은 대개 농업에 종사하고 어업을 겸하는 자는 적다.

외지동(外池洞)

하도의 서쪽 연안 읍호의 남서쪽에 있다. 인가는 24호이고 주민은 농업을 주로 하고 간간이 어업을 겸하는 자가 있다.

능량동(能良洞, 농량)

하도의 남동쪽 연안의 작은 만에 있다. 만입이 깊고 만 안에 이르러 동서로 나뉘어 만 입구에는 여러 개의 도서가 있다. 바람을 피하는 데 안전하고 배를 매어두기에 적당하다. 마을은 만 안의 북쪽 연안 및 서쪽 연안에 있다. 서쪽 연안에는 평지가 많다. 인가는 총계 53호이고 주민은 반농반어를 영위한다. 채조 · 정어리 분기망 · 갈치 및 조기 외줄낚시 등을 행한다.

원삼면(遠三面)

사량도의 남쪽 외해에 산재한 여러 섬 즉 욕지도(欲知島) · 두미도(頭眉島) · 노대군도(蘆臺群島) · 연화열도(蓮花列島) · 대초리도(大草里島) · 금불리도(金佛里島) 및 기타 부근의 도서를 포함한다. 각 섬은 모두 높고 험준하며 평지가 적고 논이 있지만 매우 협소하다.

욕지도(欲知島, 역지)

사량도에서 남쪽으로 약 12해리, 통영에서 약 18해리 떨어진 곳에 있다. 일본어민은 이곳을 가시마[鹿島]라고 부른다. 원래 무인도였지만 지금으로부터 21~22년 전 주민을 보기에 이르렀다고 한다(이주민은 고성 · 용남 · 남해 각 군의 사람이 많다). 섬 전체에 키가 작은 나무들이 많고 중앙에 높은 산이 우뚝 솟아 있는데 그 산 배후 사방으로 나뉘어 뻗어서 연안에 많은 굴곡을 이룬다. 그 북쪽 연안 동쪽 끝에 있는 만입이 가장 깊다. 만 입구는 좁지만 안에 들어가면 넓어 바람을 피하기에 안전하다. 그곳을 동항(東港)이라고 부른다. 일본 잠수기업자의 근거지로 봄 · 여름철은 삼치 유망 · 도미 연승 또는 갯장어 연승 어선의 출입이 항상 끊이지 않는다. 성어기에 들어서면 활주선이 정박하는 것이 수십 척에 달하는 경우가 있다.

두미도(頭眉島)

욕지도의 북서쪽으로 약 3해리 떨어진 곳에 있는 작은 섬이다. 연안은 만입이 적고 또한 대개 험준한 절벽이어서 피난항(避難港)이 없다. 섬 전체에 키가 작은 나무들이 많다.

노도(蘆島, 로딕)

이 군도는 욕지도의 북쪽에 산재한 크고 작은 약 10개의 도서로 이루어져 있다. 그중 가장 큰 것은 노대도(蘆臺島)라고 하며, 길이는 약 10리, 해발은 691피트이다. 그 서쪽에 거취도(去就島)라고 하는 동근 모양의 섬이 있다. 노대도 북동쪽에는 평탄하고 긴 신도(申島)[114]가 있다. 이 섬은 작지만 경지가 있다.

연화열도(蓮花列島, 연화녈)

욕지도의 동쪽에 있다. 연화도(蓮花島) · 우도(牛島) 및 기타 크고 작은 여러 개의 도서로 이루어져 있다. 연화도가 가장 크고 그 서쪽 끝 근처에 해발 728피트의 봉우리가 있고 그 동쪽 끝 북쪽 연안에 만입이 있으며 수심이 깊다. 우도는 연화도의 북서쪽에 있다. 연안은 대개 험준한 절벽이고 암초(巖礁)가 많다.

각 섬의 지가는 토질 및 토지등급[地位] 등에 의해 다소 차이가 있지만 밭 1마지기에 상등 10관문, 하등 2관문 내외이며, 논은 상등 18관문, 하등 3관문 내외이다.

섬 주민이 근해에서 채렵하는 수산물은 정어리 · 갈치 · 조기 · 미역 · 가사리 등이 주를 이룬다. 일본인은 도미 · 해삼 · 전복 · 홍합[貽貝]을 주로 한다. 정어리어업에는 종래 분기망만을 사용했으나 최근 일본인이 손수 개량한 얀치키(ヤンチキ) 그물이라고 부르는 것을 사용하는 자가 점차 증가했다. 섬 주민 중에는 일본인으로부터 이러한 종류의 어구 및 어선을 빌려서 어획하여 어획고를 5등분하고 그 2등분을 자본주에게 제공하는 것으로 계약해서 영업하는 자가 있다.

---

114) 현재의 남도이다.

원삼면은 10동으로 나누어진다. 그 명칭 및 소재는 다음과 같다.

욕지도	읍동(邑洞)·청사동(靑沙洞)·도동(道洞)·덕동(德洞)·유동(柳洞)·양동(楊洞)·옥동(玉洞)
두미도	두미동(頭尾洞)
노대도	노대동(蘆臺洞)
연화도	연화동(蓮花洞)

옥동(玉洞)

욕지도의 동부 갑각의 남측에 있고 노적구미(露積九尾)·통포(桶浦)[115]·단초포(丹草浦) 세 마을로 이루어져 있다. 인가는 통틀어 41호가 있다. 채조 및 정어리 분기망 등을 행하며 채조가 가장 성행한다. 욕지도의 동항 입구 밖에 떠있는 대초도 및 금불도 두 작은 섬은 옥동에 속한다. 이 두 섬은 모두 동은광광구(銅銀鑛鑛區)로 허가되었다. 대초도에는 옛날 갱도가 있다. 대초도에는 인가가 2호 있지만 금불도는 무인도이다.

연화동(蓮花洞)

연화도 및 우도로 구성된다. 연화도의 북서쪽 끝에 마을이 있다. 인가는 35호이고 그중 15호는 우도에 있다. 주민은 반농반어를 영위하며, 채조가 가장 성행한다.

노대동(蘆臺洞, 노듸)

노대도, 거취도[116]·신도(申島) 혹은 납도(納島)·차도(茶島) 등의 여러 섬을 포함한다. 노대동은 노대도의 남쪽 연안 중앙에 있다. 작은 수도를 사이에 두고 거취도와 마주본다. 인가는 35호이고 주민의 생계 상황은 다른 섬과 같으며, 채조가 가장 성행한다.

---

115) 현재는 통구지라고 한다.
116) 현재는 거칠리도라고 한다.

두미동(頭尾洞)

두미도에 있다. 청석(靑石) · 구전(九田) · 고운(固云)의 세 마을으로 이루어진다. 인가는 120호가 있으며, 채조가 가장 성행한다.

읍동(邑洞)

욕지도의 동부 소위 동항의 북쪽 연안에 있다. 읍동 및 좌부랑포(座富浪浦)[117]의 두 마을으로 이루어진다. 부근에 경지가 많고 인가는 통틀어 801호가 있다. 주민은 농업을 주로 하지만 어업을 겸하는 자도 있다. 어선 약 15척이 있으며, 채조 및 정어리 분기망 등에 종사한다. 좌부랑포에는 도쿠시마현[德島縣] 사람인 도미우라 가쿠타로오[富浦覺太郎] 외 1호가 정주한다. 모두 명치 28~29년 경부터 매년 왕래했는데 지난 명치 34년(광무 5년) 6월 이래로 근거지로 삼기에 이르렀다고 한다. 잠수기를 가지고 홍합을 채취하는 것 외에 정어리 및 방어망을 영위한다. 또, 부산가납통조림제조소[釜山加納罐詰製造所]는 매년 이곳에 출장와서 활발하게 도미덴부[鯛田麩]와 기타 통조림을 제조한다.

청사동(靑沙洞, 청사)

욕지도의 북쪽 연안에 있고, 노대도와 마주 한다. 인가는 40호이며 동립(洞立) 향교가 있다. 주민은 반농반어를 영위한다. 어선 2척이 있다. 어업 상황은 읍동과 같다.

도동(道洞)

욕지도 북서부의 만 내에 있다. 인가는 36호이며, 향교가 있다. 주민은 반농반어를 영위한다. 어선 4척이 있다. 채조 및 정어리 분기망에 종사한다.

---

117) 현재는 좌부포라고 한다.

덕동(德洞)

욕지도의 남서쪽에 있는 만입부의 북쪽 모퉁이에 있다. 인가는 20호이며, 주민의 생계상황은 도동과 같다.

유동(柳洞, 류동)

덕동의 남쪽 만의 중앙에 있다. 인가는 28호이며, 어선 4척이 있다. 채조 및 정어리 분기망 등을 주로 행한다.

양동(楊洞)

욕지도의 남서쪽 갑각의 기부(基部) 북쪽에 있다. 인가는 18호이며, 어선 1척이 있다. 채조 및 정어리 분기망 등을 행한다.

제9절 고성군(固城郡)

개관

연혁

본래 가야국이었으나 신라 때 고자군(古自郡)으로 삼았다. 고려 때 고주(固洲) 및 철성(鐵城)이라고 불렀고, 현으로 삼아 거제에 소속시켰다. 또한 남해에 소속시켰다. 후에 지금의 이름으로 고쳤고 조선에 이르러 군으로 삼았다.

경역 및 지세

동쪽은 창원부 및 용남군에, 서쪽은 사천군에 접한다. 산맥은 동서로 이어서 달리며, 많은 지맥이 있지만 대개 험준하지 않다. 지세는 대개 군의 중앙을 중심으로, 사방으로 완만한 경사를 이룬다. 때문에 하류도 또한 여기에 따른다. 그 북류하는 것은 낙동강의 지류인 남하(南河)에서 합쳐지고, 서류하는 것은 다소 북쪽에 치우쳐 사천군으로 들어가 사천오(泗川澳)로 흐른다. 동류하는 것은 고성평야를 관류해서 배둔오로 흐르는 것이 많다. 남류하는 것은 유역이 매우 짧아서 물살이 센 여울을 이루고 대부분은 항상 말라있다.

연안

연안은 대개 남쪽에 있지만 또한 동쪽은 배둔오에 접하는 곳과 용남군(龍南郡)을 사이에 두고 진해만에 접하는 곳이 있다. 남쪽 연안에는 포교기(布橋崎) · 과기(鍋崎) · 방화기(放火崎)라고 부르는 두드러진 갑각이 있다. 이러한 갑각에 의해 자연히 3곳이 서로 이어져 있는 큰 만을 이루었다. 군의 동쪽 끝에 포교기와 용남군 산내면(山內面)에 의해 형성된 것을 고성오(固城澳)라고 부른다. 만 내에 많은 작은 만이 있다. 토산도(兎山島) · 읍도(邑島) · 불도(佛島) · 조도(鳥島) · 기타 도서가 있다. 수심은 만 입구에 있어서는 5~7길이고 안으로 들어가면 2~3길의 진흙 바닥이 있다. 고성오의 서쪽에 접해서 포덕기(布德崎)[118]와 과기에 의해 형성된 것을 교자만(郊子灣)이라고 부른다.[119] 만 내는 진흙바닥이고 수심은 3~4길로 중앙으로부터 다소 서쪽으로 치우쳐 작은 섬이 있는데, 자란도(自卵島)라고 한다. 과기와 방화기와의 사이에 형성된 만은 만입이 다소 얕지만, 안에 많은 작은 만이 있다. 동쪽 연안도 또한 만입과 굴곡이 많고 그 북쪽 끝 서쪽에 만입한 것이 가장 크다. 그것을 배둔오 또는 화양오(華陽澳)라고 부른다. 면적은 동서로 약 8해리, 남북으로 좁은 곳은 약 1해리이고 입구는 좁지만 안으로 들어가면 다소 넓어지는데 그 동반(東半)은 양안(兩岸)이 대개 절벽을 이루고, 서반(西半)은 갯벌이 많고 평지로 이어진다. 수심은 만 입구에 있어서는 7~9길, 중부에 있어서는 2길이고 대개 진흙바닥으로 피조개가 풍부하게 생산된다. 이 만 입구에는

118) 포교기(布橋崎)의 오자인 것 같다.
119) 현재는 한만이라고 한다.

봄 · 가을철 건방렴을 설치하는 것이 성행한다.

남쪽 연안은 대개 멀리까지 얕으며 간조 때는 광대한 갯벌이 드러나는 곳이 많다. 곳곳에 염전이 있다. 제염이 매우 성행하고, 소금가마[鹽竈] 48곳이 있다.

고성읍

고성읍은 고성오의 북쪽 모퉁이에 있다. 군아 외에 우편취급소, 순사주재소 등이 있다. 일본인 및 청국인으로 거류하는 자가 많다.

시장

동읍(東邑) 및 화양(華陽)에 시장이 있다. 동읍에는 음력 매 1 · 6일에 개시한다. 집산화물은 백미 · 콩 · 백목(白木) · 흰 명주 · 흰모시 · 삼베 · 당목(唐木) · 색주(色紬) · 사단(紗緞) · 땔감 · 어류 · 소금 · 미역 · 명석(明蓆) · 삿갓[笠子] · 화문석 등이고 집산지역은 부산 · 전주 · 진주 · 진해 · 김해의 각 지방이라고 한다. ▲화양에는 음력 매 4 · 9일에 개시한다. 집산화물은 백미 · 콩 · 삼베 · 흰모시 · 당목(唐木) · 색주(色紬) · 사단(紗緞) · 땔감 · 소금 · 잡어 · 화문석 · 삿갓 · 망건 등이고 집산지역은 부산 · 전주 · 진해 · 진주 · 김해의 각 지방이라고 한다.

수산물

수산물 중 주요한 것은 정어리 · 대구 · 청어 · 도미 · 삼치 · 넙치 · 전어 · 방어 · 상어 · 뱀장어 · 한치 · 문어 · 해삼 등이고 조선인이 어획하는 것에는 대구 · 청어 · 문어 등이 가장 많고 정어리는 주로 일본인에 의해 어획된다.

구획

고성군은 21면으로 나누어진다. 그중 바다에 접하는 것은 회현면(會賢面) · 화양면(華陽面) · 동마면(東馬面) · 동읍면(東邑面) · 광일면(光一面) · 도포면(萄葡面)[120] · 상서면(上西面) · 상남면(上南面) · 하일면(下一面) · 하이면(下二面) · 남양면(南陽面)의 11개 면이다.

회현면(會賢面)

고성군의 동쪽 연안 북쪽 끝에 있다. 동쪽은 창원부 진서면(鎭西面) 및 내량면(內良面)에, 서쪽은 화양면에 접한다. 남쪽은 배둔오에 접한다. 북부는 산악(山嶽)이 겹겹이 둘러싸고 있지만 남쪽에는 경지를 조금 볼 수 있다. 연안은 대개 절벽이 아니며 멀리까지 얕아서 배를 정박하기에 불편하다. 이 때문에 어업도 또한 자연히 부진하다.

어선동(語善洞)

회현면 동부 갑(岬)의 동쪽에 있다. 동쪽에는 산맥이 남북으로 달려서 창원부와의 경계를 구획하고, 서쪽은 평야가 넓게 뻗어 있다. 마을은 이 평야의 중앙에 있어서 해안에 가기까지 멀고 또한 연안이 멀리까지 얕으므로 주민은 자연히 농업을 주로 하고 어업에 종사하는 자가 드물다. 오직 제염에 종사하는 자가 있다. 염전 약 25마지기 · 소금가마 3개가 있다.

동촌동(東村洞)

어선동의 서쪽, 갑각의 연결부분[莖部]에 있다. 주민생업의 상황은 어선동과 같다. 연안에 염전 약 35마지기 · 소금가마 2개가 있다.

자소동(資所洞, 즈소)

회현면의 서쪽 모퉁이에 있다. 서쪽은 화양면에 접한다. 연안에 염전 약 40마지기, 소금가마 4개가 있다.

---

120) 이후에는 포도면(葡萄面)이라고 되어 있다.

화양면(華陽面)

동쪽은 회현면에, 서쪽은 동마면(東馬面)에 접한다. 남쪽은 배둔오에 면한다. 연안선은 매우 짧지만 북서로 만입하고 만 안에 화양(華陽), 일명 배둔(背屯)이라는 시장이 있어 어선의 왕래가 항상 빈번하다. 창원부 서부 · 진주군(晋州郡) 남동쪽 일대 · 고성군 및 용남군 서부 지방에서 생산되는 물화는 대개는 이 시장으로 모여든다. 또 해로로 부산 및 마산과의 사이에 이출입한다. 화양면에 두 마을이 있는데, 다음과 같다.

당항동(堂項洞)

화양면의 연안 중앙에 있다. 진해읍에서 배둔오를 거쳐 통영에 이르는 해안가도와 고성가도의 분기점으로, 건너편 연안인 용남군 내곡동(內曲洞)으로 통하는 도선장이 있는 곳이다. 인가는 86호가 있다. 연안에는 건방렴 어장 6곳이 있다.

화양동(華陽洞)

당항동의 서쪽에 이어져서 거의 한 마을 같다 매 4 · 9일에 개시하는데 한 장날에 1,000원 이상의 거래를 한다. 부산 및 마산에서 이입된 화물이 고성읍 및 그 부근에서 소비되는 것 중에서 통영을 경유하는 것은 약 60%, 화양동에서 소비되는 것은 약 40%의 비율이다. 선박의 출입은 계절에 따라 성쇠가 있지만 평균 1개월에 50척 내외에 이른다.

동마면(東馬面)

북동쪽은 화양면에, 서쪽은 서읍면(西邑面)에 접한다. 남동쪽은 배둔오에 면한다. 중앙은 산악이 들쑥날쑥하고 동서쪽에는 평지가 있다. 연안에는 산줄기가 구불구불하고 두 만을 이루는데, 배둔오의 가장 안쪽에 위치해서 수심이 깊고 또한 만조 외에는 깊은 진흙 바닥이 드러나기 때문에 수운의 편리함이 부족하다. 연안에는 다음과 같은 다섯 동이 있다.

전포동(田浦洞, 젼보)

화양의 북서쪽으로 만입한 작은 만에 있다. 부근은 대개 육안(陸岸)이지만 산자락 사이에 협소한 염전이 산재하는 것을 볼 수 있다. 그 면적은 약 30마지기이고 소금가마는 4곳이 있다. 연안의 갯벌에는 새우방렴의 어장이 있다.

평산동(平山洞)

동마면 중부 갑각의 중앙에 있다. 연안의 상황은 전포동과 같고 염전 약 20마지기 · 소금가마 2곳이 있다.

두락동(豆落洞, 두낙)

평산동의 서쪽에 있다. 어선 4척, 건방렴 어장 4곳이 있다. 음력 9월에서 이듬해 3~4월경까지 전어를 주로 잡는다. 그밖에 잡어를 어획한다. 겨울철은 대구를 어획하는 경우가 있다.

곤기동(昆基洞, 곤긔)

동마면 서부의 갑각에 있다. 어선 3척, 건방렴 어장 5곳이 있다. 어획물의 종류 및 어기는 두락동과 다르지 않다.

두포동(頭浦洞)

동마면의 최남서쪽 모퉁이에 있다. 어선 3척, 건방렴 어장 5곳이 있다. 어획 종류는 문절망둑 · 전어 · 학꽁치 · 감성돔 · 게 등이고 어기는 봄철 음력 3~4월 두 달 및 가을철 8~10월까지라고 한다.

동읍면(東邑面)

북동쪽은 동마면에, 동쪽은 광일면(光一面)에, 서쪽은 서읍면(西邑面) 및 상서면(上西面)에 접한다. 그 동쪽의 한 끝은 배둔오의 서쪽 안에 접한다. 남서쪽은 고성오에 면한다. 지세는 남동쪽으로 높고, 남서쪽을 향해서 점차 경사가 져서 마침내 광대한 평야를 이루어 북서쪽 사천평야에 통한다. 마을 중 바다에 접하는 곳은 배둔오에 있어서는 평계(坪溪) · 고성오에 있어서는 고성읍(固城邑) · 신부(新扶) · 거운(巨云)이라고 한다.

평계동(坪溪洞)

배둔오의 가장 서쪽 안에 있다. 서쪽은 고성평야에 이어져서 경지가 많다. 주민은 농업을 주로 하고, 곁들여 제염에 종사하는 자가 있다.

고성읍(固城邑, 고셩읍)

고성읍은 성내(城內) 및 성외(城外)로 나누어지고, 성내에는 동내(東內) · 남내(南內) · 서내(西內), 성외에는 동외(東外) · 남외(南外) · 수외(水外)의 세 동이 있다. 바다에 접하는 곳은 즉 수외동이다. 고성오의 가장 북쪽 모퉁이에 있어 연안 약 1해리 사이가 멀리까지 얕다. 수외동에는 어업을 영위하는 자는 없지만 어류 중매에 종사하는 호가 3호 있다. 어장으로부터 매집(買集)해 와서 읍내에 판매한다. 읍내에는 일본인으로 재류하는 자가 많고 일본인회 및 부속 소학교가 있다.

북서쪽은 사천, 북동쪽은 화양에 이어지는 비옥한 들이 있다. 굴지의 농산지로 출곡(出穀)하는 철에는 선박의 출입이 활발하다.

읍내는 1 · 6일에 개시한다. 화물이 폭주하는 것이 통영에 버금간다. 미곡 및 소에 이르러서는 전혀 손색이 없다. 한 장날의 거래액은 3,000~4,000원에 이른다.

신부동(新扶洞)

고성오의 북쪽 안, 남동쪽 연안에 있다. 신부 및 읍촌(邑村) 두 마을으로 이루어져 있다. 앞쪽에 있는 토산도(兎山島)는 신부동에 속한다. 주민은 반농반어를 하는 자가 많고 어선 7척이 있다. 전어 예망 · 해삼 형망 · 수조망 등을 행한다. 연안에 건방렴 어장 4곳 · 석방렴 어장 2곳이 있다.

거운동(巨云洞)

고성오의 북쪽 안에 접하는 동읍면의 가장 남쪽에 있다. 구선(舊船) · 거운의 두 마을로 이루어진다. 남쪽에는 용남군 도선면(道善面)과의 경계를 구획하는 진치산맥(眞峙山脈)의 여맥(餘脈)이 서쪽을 향해 돌출해 있다. 북쪽은 만입하고 만 내는 모래 바닥으로 멀리까지 얕다. 구선은 만의 북쪽, 갑각의 북쪽에 있다. 주민은 농업과 곁들여 어업을 겸한다. 어선 5척이 있다. 전어 자망 · 해삼 형망 등을 행한다. 거운은 만의 남쪽에 있다. 부근에 경지가 많다. 어업에 종사하는 자는 드물다. 연안에 석방렴 어장 3곳이 있다.

광일면(光一面)

서쪽은 동읍면에 접하고, 동쪽 및 남쪽은 거류산맥(巨流山脈)에 의해 용남군과의 경계를 구획한다. 북쪽은 배둔오에 면한다. 지세는 남동쪽으로 산맥을 등지고 북서쪽을 향해 점차 경사가 져서 마침내 고성평야에 이어진다. 연안은 중앙부가 높고 험준하지만 그 동서는 다소 낮다. 다음의 두 마을이 있다.

가리동(佳里洞)

광일면의 서쪽 끝에 있다.[121] 부근에 완만하게 경사진 경지가 많다. 주민은 대개 농업에 종사하고 어업을 영위하는 자는 드물다. 마을의 북서쪽 모퉁이에 협소한 염전 및 소금가마 1곳이 있다.

---

121) 현재는 가려리이다.

오산동(烏山洞)

갑각에서 가리동의 동쪽으로 떨어진 곳에 있다. 마을의 부근에는 대나무가 무성한 것이 두드러진다. 주민은 대개 농업에 종사하고 드물게 출어하는 자도 있지만 자급자족을 위해 할 뿐이다. 어선 2척이 있다. 연안에는 건방렴 어장 2곳이 있다.

포도면(葡萄面)

북쪽은 배둔오에, 동쪽 및 남쪽은 진해만에 면한다. 남쪽은 용남군 광이면(光二面)에 막혀서 고성군과의 연결이 끊어진다. 중앙에 산맥이 뻗어있고 그 여맥이 사방으로 달려 바다에 잠긴다. 때문에 평지가 부족하고 오직 북쪽 연안의 서부에 다소 넓은, 완만하게 경사진 경지를 볼 수 있다. 연안은 굴곡이 많은데 그중 가장 두드러진 곳은 북동쪽 끝에 돌출한 반도로 그 기부(基部)의 양측에는 깊게 들어간 만이 있다. 지세는 이와 같기 때문에 면내의 마을은 모두 바다에 면하고 북쪽 연안을 제외하면 대개 모두 반농반어에 의해 생계를 영위한다. 각 마을의 상황은 다음과 같다.

용흥동(龍興洞, 룡흥)

옛 이름은 조방(棗方)이라고 한다.[122] 북쪽 연안의 서쪽 끝에 있다. 주민은 모두 농업에 종사하고 어업을 영위하는 자는 없다.

장기동(章基洞, 쟝긔)

용흥동에서 동쪽으로 약 10리 떨어진 곳에 있다. 부근에 광활한 경지가 있다. 인가가 조밀한 것으로 북쪽에서 제일이라고 한다. 주민은 모두 농업에 종사한다. 연안에 잡어 방렴어장이 있지만 다른 마을 사람이 경영하는 것이다.

---

122) 동해면 장기리 서쪽에 대초방이라는 지명이 있다.

검포동(檢浦洞, 금포)

북안반도(北岸半島)의 연결부에 있다. 부근에 경지가 있다. 서쪽은 장기를 향해 펼쳐져 있다. 연안에 협소한 염전 및 소금가마 1곳이 있다.

전도동(錢島洞, 젼도)

북안반도의 연결부, 서쪽 만의 남쪽 연안에 있다.[123] 반도의 각 마을로 통하는 도로의 분기점이다. 어선 3척이 있다. 겨울철은 해삼 형망 · 대구망 등을 행한다. 여름철은 대개 농업과 곁들어 제염을 한다. 염전 약 15두락, 소금가마 1곳이 있다.

죽천동(竹川洞, 쥭젼)

북안반도 북부의 깊은 만에 있다. 이웃마을인 좌부(佐夫)와 함께 막포(莫浦)라고 부른다. 어선 3척이 있다. 대구 자망 및 대구 외줄낚시를 주요어업으로 한다. 만 내에는 대구 예망어장 1곳이 있다.

좌부동(佐夫洞)

죽천의 동쪽으로 약 10정 떨어진 동일한 만 내에 있다. 주민은 반농반어를 영위한다. 어선 4척이 있다. 연안에 대구의 정치망어장이 있다.

내신동(內新洞)

좌부의 동쪽에 있다. 어선 5척이 있다. 겨울철은 해삼 형망, 대구 자망, 여름철에는 농업과 곁들여 갈치 · 조기 외줄낚시 등을 행한다. 매년 일본인이 이 지역에 와서 권현망(權現網)을 사용해 정어리를 어획하는 것이 성행하고, 창고의 수는 7호, 종업자는 300명 내외에 달하는 경우가 있다. 그 토지에 대해서는 어획 기간의 사용료를 마을 사람들에게 지불한다고 한다.

---

123) 북반안도 동만의 북쪽 연안에 전도라는 지명이 남아있다.

범법동(凡法洞)

북안반도의 동만(東灣) 남쪽 모퉁이에 있다.[124] 주민은 반농반어를 영위하며, 어선 5척이 있다. 대구 자망 · 해삼 · 수조망 · 갈치 및 조기의 외줄낚시 등을 행한다. 범법동의 남동쪽에는 종래 효고현[兵庫縣] 사람으로 창고를 지어 정어리어업에 종사하는 자가 있었으나 최근에는 내어하는 것을 볼 수 없다.

매정동(梅亭洞, 믹졍)

동쪽 연안의 중앙 갑각의 남측에 있다.[125] 부근에 경지가 많다. 어선 2척이 있다. 연안에는 대구 정치망어장이 있다.

가룡동(駕龍洞)

매정동의 남쪽에 있다. 서측에 입구가 남쪽으로 열려 있는 작은 만이 있다. 일본인은 이 만에서 서쪽 원문만(元門灣)에 이르는 일대를 고성구(固城口)라고 부른다. 연안에는 대구 정치망어장이 매우 많다.

장좌동(壯佐洞)

가룡동의 서쪽에 있다. 연안 일대는 사빈이다. 우물이 있는데 수질은 좋지 않지만 이 부근에 내어하는 일본 정어리망업자는 대개 음료수를 이곳에 의지한다.

중장동(中壯洞, 즁장)

장좌동의 서쪽 갑각 넘어 작은 만에 있다. 주민은 반농반어에 의해 생계를 영위한다. 연안에 대구정치망 및 잡어방렴의 어장(漁場)이 있다. 중장동에 히로시마현[廣島縣] 어민으로 이주한 호가 3호 있다. 여름철은 도미 연승, 겨울철은 수조망에 종사한다.

---

124) 동해면 양촌리에 법동이라는 지명이 있다.
125) 동해면 용정리에 매정이라는 지명이 있다.

하장동(下壯洞)

중장동의 서쪽에 있다. 주민은 농업과 곁들여 어업에 종사하는 호가 3호가 있고, 어선 3척이 있다. 하장동에도 또한 히로시마현 에타지마[江田島] 지방으로부터 이주한 호가 7호 있다. 그중 1호는 어업용 잡화 및 곡물상을 영위하고 그 외는 모두 어민으로 도미 연승 · 수조망 등에 종사한다. 일본어민은 이곳을 히로시마무라[廣島村]이라고 부른다. 이곳에 기항해서 잡화를 구입하는 자가 많다. 중장동과 함께 재류일본인이 서로 의논해서 어구 · 어선의 수선 및 가옥 신축 등을 목적으로 일종의 계를 조직했다. 그 방법은 매월 1원씩을 각 호로부터 징수하고 음력 정월마다 전원이 서로 모여서 각자 갹출한 금액의 사용 목적을 이야기해서 일동의 찬성을 얻어 그 돈을 수취한 후는 반드시 그것을 회합했을 때 결정한 목적만으로 사용하고 부질없이 소비한 경우를 허락하지 않는다. 만약 그것을 위배했을 때는 벌금을 징수하고, 또한 이듬해부터 계원으로서의 자격을 잃는다.

상서면(上西面)

북동쪽은 하리면(下里面) 및 서읍면(西邑面) 두 면에, 남쪽은 상남면(上南面)에 면한다. 동쪽은 고성오에 접한다. 북서쪽은 산악으로 둘러싸여 있고 여맥은 북쪽에서 중앙을 관통하여 바다에 잠긴다. 그 동측은 북동쪽을 향해 경사가 져서 고성평야에 이어진다. 그 서쪽은 북쪽을 향해 좁은 평야가 펼쳐져 있다. 연안은 굴곡이 많지만 북쪽은 멀리까지 얕으며 남쪽은 험준한 절벽으로 이루어져 선박이 정박하기에 편리하지 않다. 또한 판운(板雲)[126] 및 병산(屛山)의 두 마을이 있지만 모두 농촌이다. 다만 병산동의 연안에는 건방렴 어장 2곳이 있다.

---

126) 삼산면 판곡리에 널운이라는 지명이 있다.

상남면(上南面)

북쪽은 상리면(上里面)에, 서쪽은 하일면(下一面)에, 동쪽은 상서면(上西面)에 접한다. 남쪽은 바다로 돌출해서 반도를 이룬다. 연안은 굴곡과 만입이 많다. 수심은 4~5길이지만 서남쪽으로 갈수록 점차 깊어진다. 이 방면은 갈치 및 조기의 좋은 어장이 되었다. 일본인도 또한 농어 · 전어 · 갯장어 등의 좋은 어장이라고 해서 내어하는 자가 많다. 부속 도서로 일출도(日出島) · 주행도(舟行島) · 만연도(晩煙島) · 송도(松島) 등이 있다.

장지동(長支洞, 창지)

옛 이름은 굴령(屈嶺)이라고 한다. 고성오에 접한 북쪽 끝에 있다. 동쪽으로 입구가 열려 있는 한 만이 있는데 만 안은 넓지 않으나 사방의 바람을 막아준다. 어선의 피난에 가장 적당하다. 만의 주위에는 협소한 경지가 있다. 연안에는 잡어 방렴 2곳이 있다.

두모동(豆毛洞)

장지의 남서쪽으로 깊게 들어간 만의 북쪽 안에 있다. 지세는 남북으로 경사가 완만하다. 인가는 그 가장 높은 곳의 북면에 있다. 경지가 많다. 주민은 대개 농업에 종사하고 드물게 수조망, 조기 및 갈치 외줄낚시 등을 하는 자가 있다. 어선 5척이 있다. 연안에는 대구방렴 1곳이 있다. 부근 지방으로부터 건너편 용남군(龍南郡)으로 도항할 경우는 두모동에서 한다. 그렇지만 상설 도선장이 없으므로 배를 구하는 데 시간이 필요한 경우가 있다.

포교동(布橋洞)

상남면의 가장 남쪽 끝 갑각에 있다.[127] 입구가 서쪽으로 열린 얕게 들어간 만을 감싸 안는다. 부근에 경지가 있으나 매우 협소하고 또한 토질이 척박하다. 어업이 가

127) 삼산면 두포리에 삼산초등학교 포교분교가 있었다.

장 성행한 지역으로 어선 18척이 있다. 대구 자망 · 소지예망 · 도미 연승 · 갈치 및 조기 외줄낚시 · 문어낚시 등을 행한다. 연안 곳곳에 염전이 있는데 면적은 약 15두락이며 소금가마 1곳이 있다.

용호동(龍湖洞, 룡호)

반도의 서쪽 기슭 북쪽 모퉁이에 있는 작은 만의 남측에 있다. 그 서쪽에는 북쪽으로 돌출한 가늘고 긴 산부리가 있어서 만 입구를 막으며, 앞쪽에는 송도(松島) · 충도(虫島) 두 섬이 있다.[128] 연안에 연해서 경지가 있으며 두모 방면으로 이어진다. 어선 8척이 있다. 갈치 및 조기 외줄낚시 · 문어낚시 등을 행한다. 연안에 잡어방렴 6곳이 있다. 또 염전 약 50마지기, 소금가마 4곳이 있다.

미곡동(米谷洞)

용호의 북동쪽 작은 만 안에 있다.[129] 부근에는 경지가 많다. 주민은 농업에 종사하는 자가 많다. 어선 1척이 있다. 갈치 및 조기 외줄낚시 · 문어낚시 등을 행한다. 연안에 방렴어장 2곳이 있다. 또 염전 약 25마지기 · 소금가마 3곳이 있다.

삼봉동(三峯洞)

미곡의 서쪽에 있다. 작은 배 6척이 있다. 앞바다에서 어류를 매집하는 일에 종사한다. 연안에 염전 약 70마지기 · 소금가마 6곳이 있다.

하일면(下一面)

동쪽은 상남면에, 북동쪽은 하리면(下里面)에, 서쪽은 하이면(下二面)에 접한다. 남쪽은 바다에 면한다. 북쪽으로 주태산(朱泰山)[130]을 등지고 그 여맥이 동쪽으로 달려

128) 삼산면 미룡리 앞에 괴암섬과 나비섬이 있다.
129) 현재의 삼산면 미룡리 삼산이다.
130) 하일면 북쪽에 높이 574m의 수태산이 있다.

상남면과의 경계를 구획하고 서쪽으로 달려 하이면과의 경계를 나눈다. 그 남쪽 끝에 이르러 다시 융기한다. 또 별도로 남동쪽으로 달려 면의 중앙을 관통하는 한 지류가 있다.[131] 그 동서쪽에는 다소 광활한 평지를 볼 수 있다. 연안 일대는 활처럼 굽어서 자교만(子郊灣)의 서반(西半)을 이룬다. 그 남쪽 끝에 이르러 서쪽에 두 만을 형성한다. 부속도서로 죽도(竹島) · 송도(松島) · 안마도(鞍馬島) 등이 있다.

삼대동(三臺洞, 삼듸)[132]

하일면의 동쪽 모퉁이에 있다. 남쪽에 한 작은 만이 있으며 만 안으로 흘러드는 작은 개천이 있다. 수심은 2~3길이고 진흙 바닥이다. 서쪽 기슭에는 경지가 이어진다. 주민은 대개 농업에 종사한다.

가룡동(駕龍洞)

하일면의 중앙을 관통하는 산맥의 남서쪽 산기슭에 있다. 주민은 어업을 영위하는 자가 많다. 어선 8척이 있다. 해삼 형망 · 수조망 · 조기 및 갈치 외줄낚시 등에 종사한다. 가룡동의 서쪽에 평촌(坪村)이 있다. 주민은 모두 농업에 종사한다.

고연동(古延洞)

평촌의 남서쪽으로 수 정 떨어진 산기슭에 있다. 연안에 협소한 염전과 소금가마 1곳이 있다.

송천동(松川洞, 송천)

자교만 서쪽 연안 일대 지역으로 송천(松川) · 지동(池洞) · 목포(木浦) · 평리(坪里)의 네 마을로 이루어진다. 어선 2척이 있다. 연안에는 협소한 염전과 소금가마 1곳이 있다. 앞바다[前洋]에 산재한 자란도(自卵島) · 와도(臥嶋) 일명 대호도(大虎島) · 죽

---

131) 수양천이다.
132) 원문에는 臺로 되어 있으나 台의 오기로 생각된다.

도(竹嶋)·송도(松島)는 송천동에 소속된다. 이 중 대호도는 주위 10여 정에 불과한 무인도이지만, 일본의 갯장어 낚시어선의 근거지로 유명하다.[133] 섬 전체가 높고 험준하며 겨우 그 북쪽 기슭에 경사진 자갈해안이 있다. 항상 어선을 쫓아 전전하는 무리는 이곳에 작은 임시 가옥을 짓고 줄지어 음식점을 열어 일시에 번성한 작은 시가를 이룬다.

동화동(東禾洞)

하일면의 남쪽 끝 과기(鍋崎)[134]의 서쪽으로 만입한 작은 만에 있다. 옛날 진(鎭)을 두었던 곳으로 잔루(殘壘)가 지금도 여전히 남아 있다. 주민은 반농반어로써 생계를 영위한다. 어선 9척이 있고 수조망·조기 및 갈치 외줄낚시·문어낚시 등에 종사한다. 앞쪽의 안마도[135]에는 인가 1호가 있으며, 동화동에 부속한다.

신기동(新基洞, 신긔)

동화의 서쪽으로 향와기(香臥崎)와 희룡기(喜龍崎)[136]에 의해 형성된 깊게 들어간 만의 북동쪽 모퉁이에 있다. 주민은 모두 농사에 종사한다.

장춘동(長春洞, 쟝즁)

신기의 북서쪽 구릉 중턱에 있다. 연안에서 멀리 떨어진 앞쪽에는 신기 방면으로부터 이어지는 평지가 있다. 주민은 대개 농업에 종사하고 어업을 영위하는 자는 없다.

입암동(立岩洞)

장춘의 서쪽 갑각의 연결부에 있다. 주민은 농업과 곁들여 어업을 영위한다. 어선 7척이 있다. 수조망·해삼형망 등에 종사한다.

---

133) 현재의 자란만 입구의 누운섬[臥島]으로 생각된다. 삼산초등학교 와도분교가 있었다.
134) 현재의 하일면 동화리의 대발끝이다.
135) 안장섬으로 생각된다.
136) 현재의 하일면 춘암리 천목끝으로 생각된다.

하이면(下二面)

동쪽은 하일면에, 북쪽은 하리면(下里面)에, 서쪽은 사천군 문선면(文善面)에 접한다. 남쪽은 바다에 접한다. 사량도 및 수우도(樹牛島)와 서로 마주한다. 북동쪽으로 산악을 등지고 그 지맥이 면 안을 오르내리고 북쪽에 있어서는 남양면(南陽面)과의 경계를 구획한다. 남쪽에 있어서는 해안을 따라서 달리고, 그 여맥이 남쪽으로 나뉘어 바다로 들어가는 것이 있으며 많은 갑각을 이룬다. 또 중앙을 관통해 달리는 산맥이 있다. 이러한 여러 산맥 사이에 계곡과 들이 있다. 연안은 굴곡이 많고 갑각 중 두드러진 것으로 중앙에 있는 것을 방화기(放火崎)[137], 서쪽에 있는 것을 암기(岩崎)[138]라고 한다. 방화기로부터 서쪽 사천군 삼천포(三千浦)에 이르는 연안과 건너편 기슭인 창선도(昌善島) 사이에 신수도(新壽嶋)라고 부르는 작은 섬이 있다. 그 남북쪽에 두 수도를 이룬다. 북쪽을 삼천포수도(三千浦水道)라고 하는데 수심 7~9길로 항행에 안전하다. 남쪽은 서수도(西水道)라고 부르는데 수심 12~19길에 달하지만 많은 암초(暗礁)와 노암(露岩)이 산재해서 위험하다. 연안에 다음의 다섯 마을이 있다.

월아동(月牙洞)

하이면의 동쪽 끝에 있다. 인가는 대개 삼천포가도에 연해 해안에서 매우 떨어진 곳에 있다. 연안에 있는 호는 겨우 45호에 불과하다.

덕명동(德明洞)

방화기의 동쪽 갑각의 북동쪽 연안에 있다. 두 만을 감싼다. 주민은 농업과 곁들여 주위의 산 속으로 들어가 잡목을 벌채하여 땔감으로 만들어 여기저기에 판매하는 자가 많다. 작은 배 수 척이 있다. 어업 이외 이러한 땔감의 운반에 사용한다. 어업은 수조망 및 해삼 형망을 주로 한다.

137) 하일면 덕호리의 남쪽으로 돌출한 지역을 말한다.
138) 하일면 덕호리의 서쪽으로 돌출한 지역으로, 삼천포 화력발전소 일대이다.

군호동(君湖洞)

덕명의 서쪽에 있다. 인가는 삼천포가도의 남쪽에 연해서 뻗어있는 평야의 중앙에 모여 있으며, 해안과 산맥을 사이에 두고 바다에 접한다. 연안에는 인가가 겨우 2~3호 있다. 제염에 종사하며 소금가마 1곳이 있다.

사곡동(沙谷洞)

군호의 서쪽에 있다. 암기(岩崎)의 북쪽 연안에 위치한다. 주민은 농업 이외에 제염에 종사하는 자가 있다. 소금가마 2곳이 있다.

신덕동(新德洞)

삼천포가도와 해안도로의 분기점에 있다. 남서쪽은 광활한 평야를 이루고 해안에 이어진다. 주민은 대개 농업에 종사한다. 그렇지만 제염업도 또한 매우 성행해서 염전이 많다. 소금가마 5곳이 있다.

남양면(南陽面)

동쪽은 하리면 및 사천군 문선면에 면한다. 서쪽은 바다에 접하고 사천오(泗川澳) 입구의 서쪽 연안을 이룬다. 지세는 동북으로 길고 남북으로 짧다. 북동쪽으로 산맥을 등지고 서쪽으로 완만한 경사를 이루는 것이 해안에 이른다. 면 내 27개의 마을이 있지만 그중 바다에 접하는 곳은 다음의 다섯 마을에 불과하다.

대방동(大芳洞, ᄃᆡ방)

남양면의 남쪽 끝, 각산봉(角山峯)의 남쪽 산기슭에 있다. 앞쪽에 있는 장양도(杖陽島)는 대방동에 소속한다. 주민은 반농반어를 영위한다. 어선 6척이 있다. 수조망·문어낚시 등에 종사하는 자가 많다.

각산동(角山洞)

각산봉의 남서쪽 산기슭에 있다. 주민은 농업과 곁들여 어업에 종사하는 자가 많다. 어선 2척이 있다. 어업의 종류는 대방동과 같다.

실안동(實安洞)

각산봉의 북서쪽 산기슭에 있다. 북쪽으로 갑각이 돌출하는데 이것을 삼분갑(三分岬)이라고 한다. 주민은 농업과 곁들여 수조망 · 오징어통발[筌] · 문어낚시 등에 종사한다. 오징어통발은 직경 2척, 길이 3척 정도로 이것을 한 가닥 새끼줄로 5길 정도의 간격을 두고 10여 개를 매달아 물속에 빠뜨린다. 그 방법은 진흙바닥 또는 모래바닥인 곳에 통발 입구를 만 입구를 향하여 조류를 횡단하도록 빠뜨린다. 돌에 고정해서 약 20일 놓아둔 후 이것을 끌어올린다. 한 척의 어선에 약 30개의 통발을 사용하는 것이 보통이라고 한다. 성어기는 음력 3~4월이고 어장은 사천오의 남부라고 한다.

광포동(廣浦洞)

삼분갑(三分岬)의 북동쪽으로 약 10여 정 떨어진 곳에 있다. 주민은 농업을 주로 하고 여가에 어업을 영위한다. 어선 2척이 있다. 어업의 종류는 실안동과 같다.

송천동(松川洞, 송천)

남양면의 북쪽 끝에 있다. 부근에 경지가 많다. 주민은 모두 농업에 종사하고 어업을 영위하는 자는 없다.

제10절 사천군(泗川郡)

개관

연혁

본래 신라의 사물현(史勿縣)이다. 경덕왕 때 사천(泗川)으로 고치고 고성군(固城郡)에 소속시켰다. 고려 초에 진주(晋州)에 소속시켰고, 현종 때 사주(泗州)로 고쳤다. 조선 태종 때 지금의 이름으로 고쳤고, 후에 군으로 삼았다.

경역

동쪽은 고성군에, 북서쪽은 진주군에 접한다. 남쪽 및 서쪽은 바다에 접한다. 군내에는 와룡산맥(臥龍山脈)이 가로놓여 있어 많은 지맥이 길게 뻗쳐 있어 지세가 평탄하지는 않지만 바다에 이를수록 다소 경사가 완만하다. 서쪽 연안은 곤양만(昆陽灣)의 동쪽 연안을 이루고 광대한 갯벌이 이어지며 가장 깊게 만입한 지역에는 염전이 있다. 제염이 매우 성행한다. 남쪽 연안은 진주만 동쪽의 입구에 해당하며 소위 삼천리수도(三千里水道)를 이룬다. 수심이 깊고 선박의 정박에 편리한 좋은 항구가 있다.

사천읍(泗川邑)

사천읍은 남쪽 연안 삼천포에서 약 40리 떨어진 내륙에 있다. 옛 이름은 사주(泗州) 또는 동성(東城)이라고 한다. 군아 외에 우체소 · 순사주재소 등이 있다. 음력 매 5 · 10일에 시장이 열린다. 집산화물은 곡물 · 면(綿) · 소금이 가장 많다. 삼천포에도 또한 매 4 · 9일에 시장이 열린다. 집산화물은 사천읍과 같지만 소가 가장 많다. 집산지역은 창선도(昌善島) 및 신수도(新樹島) 등이라고 한다.

수산물

수산물로 주요한 것은 도미 · 감성돔[黑鯛] · 대구 · 갈치 · 조기 · 민어[鮸] · 숭어

· 가오리 · 오징어 · 문어 · 해삼 · 굴 · 홍합 · 해조 등이다.

구획

사천면은 11개 면으로 나누어진다. 그중 바다에 접하는 곳은 수남면(洙南面) · 문선면(文善面) · 하남면(下南面) · 중남면(中南面)의 4개 면이다.[139] 각 면에 속한 이(里)와 동(洞) 및 도서는 다음과 같다.

마을 도서

면	마을 도서
수남면(洙南面)	서금동(西錦洞) · 동금동(東錦洞) · 하향동(下香洞) · 선지동(仙池洞) · 신수도(新樹島) · 늑도(勒島) · 마도(馬島)
문선면(文善面)	동동(東洞) · 서동(西洞) · 삼천포(三千浦)
하남면(下南面)	주문동(朱文洞) · 신청동(新淸洞) · 신금동(新今洞)
중남면(中南面)	화계동(花溪洞) · 선진동(船津洞) · 통양동(通洋洞) · 연포동(蓮浦洞) · 법도(法島)

신수도(新樹島, 신슈도)

사천군의 남쪽 기슭인 수남면의 앞쪽에 있다. 둘레는 약 20리이고 섬 전체가 구릉으로 이루어져 지세가 평탄하지 않다. 인가 56호가 있고, 어업에 종사하는 자가 많다. 중요 수산물은 문어 · 게 · 해조 등이다. 서쪽 기슭의 한 작은 만 내에 염전이 있다.

삼천포(三千浦, 삼천)

남쪽 연안 문선면에 있다. 삼천리와 팔장포(八場浦)의 총칭이다. 진주에서 남쪽으로 70리, 통영에서 서쪽으로 28해리 떨어진 곳에 있다. 뒤쪽은 산을 등지고 앞쪽에서는 신수도와 기타 도서가 가로놓여 있어 풍랑을 막아주고, 만 내 수심이 2~3길에서 7~8길에 이르러서 큰 선박이 정박하기에 적당하다. 게다가 해륙 모두 물자 집산의 요충지에 해당하기 때문에 내외 선박이 출입하는 것이 끊이지 않는다. 이렇게 형승(形勝)인 지역

139) 원문에는 五面으로 기록되어 있다.

이고 특히 해관을 설치하여 해세(海稅)를 징수하는 곳이다. 옛날부터 이 방면에 있어서 중요한 상항(商港)이었던 것이다. 부산 · 마산 등은 개항 이래로 일시에 그 번영을 잃어버린 것을 볼 수 있었는데, 최근 또다시 일본인이 이주하는 일이 점차 증가하고 점점 더 발전하는 형세를 보인다. 현재 조선인의 호수는 770호 인구 3,800명이고, 일본인의 호수는 48호 인구 161호, 그 외 중국인으로 이주한 자가 2호 5명이 있다. 일본인은 수산업에 종사하는 자가 가장 많고 잡화상이 그에 버금간다. 그 외 농업 · 어로[船乘] · 주조 · 해운업[回漕業]에 종사하는 자가 있다. 이미 일본인회를 조직하여 소학교를 설립했다. 여기에 순사주재소 · 우편소 등이 있다.

경지

동쪽 구릉 사이에 다소 광활한 경지가 있다. 지질은 매우 비옥하다. 매매가격은 1마지기에 대해 논은 상등 50원, 중등 30원, 하등 15원이고, 밭은 상등 10원, 중등 5원, 하등 2원이다.

교통

배후에는 산맥이 길게 뻗어 있지만 산기슭을 꿰뚫으며 진주로 통하는 가도가 있다. 이 도로는 매우 중요한 가도이지만 좁기 때문에 예부터 진주 지방으로 산출하는 물산의 반출에는 다른 도로에 의지했다. 그래서 지난해 개수에 착수하여 대략적인 토목공사를 끝냈다. 만약 자동차의 통행[車行]이 자유로워지기에 이른다면 이곳은 한층 더 발전할 것이다. 해운은 매우 편리해서 부근 각 항 사이에 정기항해를 하는 기선이 5척 있다. 즉 부산 · 장승포 · 마산 · 통영 · 좌수영 · 거문도 · 제주도 · 벽파진 · 목포와의 사이에 매월 3회 왕복하는 것이 1척, 부산 · 마산 · 통영 · 노량진 · 좌수영과의 사이에 매월 7회 왕복하는 것이 1척, 부산 · 마산 · 통영과의 사이에 매월 14회 왕복하는 것이 2척, 또한 같은 항로를 매월 9회 왕복하는 것이 1척 있다. 모두 부산을 기점으로 해서 왕복하는 도중에 이 지역에 기항하는 것이다.

시장

시장이 있다. 삼천리에서 음력 매 4일, 팔장포에서 매 9일에 번갈아 시장이 열린다. 각 지방으로부터 온 집산물이 매우 많다. 노점의 수는 약 300개에 이르며 매우 번성한 것이 극에 달하였다. 집산품으로 주요한 것은 미곡 · 목면 · 삼베 · 담배 및 문어 · 명태 · 갈치 · 조기 · 해조 등의 수산물이다. 그 외 삼천리와 팔장포와의 사이에 있는 선지포(仙池浦)에서 6일, 팔장포에서 1일에 작은 시장이 열린다. 또 이 지역 부근 주민으로, 스스로 어획한 것 혹은 일본어민으로부터 매수한 어류를 지고 육로로 진주에 이르러 진주 시장에 판매하는 자가 있다.

이 지역에 도매상 6호가 있다. 각각 일정한 지방에서 산출되는 화물을 취급한다. 도매상이 취득하는 중개료[口錢]로 주요한 것은 곡물은 1석 당 70문, 명태는 1태 당 170문, 절인 생선은 가격의 1할, 소금은 가격의 7푼이라고 한다. 또 중매인 20호가 있다. 중매인 중 도매상을 겸하는 자도 많다.

물산

물산은 주로 정어리 · 도미 · 감성돔 · 고등어 · 농어 · 조기 · 문어 · 가사리 · 우뭇가사리 · 미역 등의 수산물이고 쌀 · 콩 · 삼베[麻] · 담배 등과 같이 수출품도 있지만 이러한 것들은 대개 진주 · 고성 · 남해 · 하동 · 곤양 각 군으로부터 생산된 것이다. 문어는 이 곳의 특산물로 오로지 건조시키고 압착해서 각 지방에 수송한다. 수요는 매우 넓다.

제11절 진주군(晋州郡)

개관

연혁

본래 거열성(居列城) 또는 거타(居陁)라고 불렀다. 신라 문무왕 때 이곳을 취해 주로 삼았다. 경덕왕 때 강주(康州)라고 고쳤고, 혜공왕 때 청주(菁州)라고 하였는데, 고려 태조 때 또 강주로 고쳤다. 성종14년 진주로 고치고 절도사를 두어 정해군(定海軍)이라고 부르고 산남도(山南道)에 예속시켰다. 조선 태종에 이르러 진양(晋陽)이라고 하고 후에 다시 진주로 고쳐 지금에 이른다.

경역

동쪽은 의령군(宜[140]寧郡) 및 함안군(咸安郡)에, 서쪽은 하동군(河東郡)에, 남쪽은 서쪽 끝이 사천군(泗川郡) 및 곤양군(昆陽郡)에 접한다. 중앙의 일부만 겨우 바다에 접한다. 군 내에는 낙동강의 지류가 관통하는 것이 있다. 그 서쪽 연안은 비옥한 평야이고 쌀 · 보리 · 콩 · 목화 · 삼베 등의 농산이 풍부하다. 연안은 곤양만의 북쪽 모퉁이를 이루고 갯벌이 많다.

진주읍

진주읍은 군의 중앙에 있다. 옛 이름을 청주(菁州) · 진산(晋山) · 진강(晋康)이라고 한다. 통영에서 북서쪽으로 130리, 삼천포에서 북쪽으로 70리 떨어진 곳에 있으며, 인가가 조밀한 번성지로 관찰도 · 군아 · 경찰서 · 지방재판지소 · 우편국 등이 있다. 일본인으로 이곳에 정주하는 자가 매우 많으며, 일본인회를 조직하고 소학교를 설립했다. 음력 매 2, 7일 성내 혹은 성외에 시장을 여는데, 매우 번성해서 각지로부터 집산하는 해륙 산물이 대단히 많다. 그중 주요한 것은 곡물 · 비단[錦布] · 무명 · 삼베 · 수산

140) 원문은 宣으로 되어 있다. 宜의 誤字이다.

물 · 소금 · 담배 · 종이 · 도기 · 자리 · 철기 · 대나무[竹木] · 땔감 · 소 등이고 집산 지역은 단성(丹城) · 산청(山淸) · 삼가(三嘉) 등의 각 지방이라고 한다. 특히 유명한 것은 식염으로 통영, 삼천포 부근으로부터 온다. 선어(鮮魚)도 또한 적지 않다. 그 외 반성(班城)에서도 음력 매 3 · 8일에 개시한다. 집산화물 및 지역은 모두 진주읍과 같지만, 다만 삼베 및 목면이 이 시장의 특산물이다.

구획

진주군은 50개의 면으로 나누어진다. 그중 바다에 접하는 곳은 겨우 부화곡면(夫火谷面) 한 면에 불과하다. 그리고 연안에 하구(河龜) · 구호(龜湖) · 가산(駕山)의 세 마을이 있지만 진주만의 북쪽 모퉁이에 위치하고 갯벌이 많아서 약간의 염전이 있는 것 외에는 수산물이 부족해서 어업이라고 부를 만한 것이 없다.

제12절 곤양군(昆陽郡)

개관

연혁

본래 고려의 곤명현(昆明縣)이다. 현종 때 이곳을 진주에 속하게 했으나 조선 세종 원년에 남해현(南海縣)과 합해서 곤남군(昆南郡)으로 삼았다. 세종 19년에 다시 남해현과 나누고 진주의 일부를 합해서 지금의 이름으로 고쳐 군으로 삼았다.

경역

북동쪽은 진주군에, 서쪽은 하동군에, 동남 두 쪽은 바다에 접한다. 그 남쪽 연안의 앞쪽에 남해도(南海島)가 가로놓여 함께 서로 껴안듯이 큰 만을 이룬다. 이곳을 진주만이라고 부른다. 연안은 굴곡이 많고 작은 만이 많이 있지만 노량진 부근을 제외하면 갯벌이 많고 수심이 얕다. 도미 · 넙치 · 조기 · 전어 · 가오리 · 오징어 · 김 등을 생산한다.

읍치

곤양읍은 곤양군의 북동쪽에 있으며 바다에서 멀리 떨어져 있지 않다. 옛 이름을 철성(鐵城) 또는 곤산(昆山)이라고 부른다. 군아 외에 순사주재소, 우체소 등이 있다. 음력 매 5, 10일에 시장을 연다. 집산화물은 백미 · 삼베 · 담배 · 자리 · 종이 · 어류 등이고 집산지역은 진주 · 하동 · 사천 · 남해 · 단성 등 각 지방이라고 한다. 진교(辰橋)에서도 또한 매 3, 8일에 시장을 연다. 집산화물 및 지역은 모두 읍내와 같다.

구획

곤양군은 11개 면으로 나누어진다. 그중 바다에 접한 것은 가리면(加利面) · 서포면(西浦面) · 서부면(西部面) · 금양면(金陽面) · 서면(西面)의 5개 면이다. 각 면과 연해의 마을(里洞)은 다음과 같다.

가리면(加利面)	와치포(臥峙浦) · 점복포(占卜浦) · 중항포(中項浦)
서포면(西浦面)	저도포(楮島浦) · 대포동(大浦洞) · 구랑포(九浪浦) · 장천포(樟川浦) · 자혜포(自惠浦) · 선창포(仙倉浦) · 비토포(飛兎浦) · 신평포(新坪浦) · 다맥포(多脈浦)
서부면(西部面)	구복포(龜伏浦) · 내구포(內鳩浦) · 금진포(金津浦)
금양면(金陽面)	중해포(仲海浦) · 노량진(露梁津) · 미법동(彌法洞) · 수문동(水門洞)
서면(西面)	고포동(高浦洞) · 궁항포(弓項浦) · 광포동(廣浦洞) · 가덕포(加德浦) · 대진포(大鎭浦) · 대진포(大津浦)

노량진(露梁津, 로량)

곤양군의 남쪽 끝에 있으며, 남해도와 서로 마주한다. 그 사이는 겨우 4~5정에 불과하다. 조석간만 때에는 조류가 급격해서 큰 배도 또한 거슬러 올라가는 것이 어렵다. 수심이 깊지만 만을 이루지 않기 때문에 배의 정박이 불편하다. 그렇지만 이곳은 남해에 이르는 도진장(渡津場)이기 때문에 이름이 알려져 있다. 뒤에 금오산(金鼇山)이 높게 솟아 있어 경사가 급격하고 토질은 대부분 척박하다. 인가는 74호가 있고 주민은 농상을 업으로 하며 때로는 외줄낚시에 종사한다.

제13절 남해군(南海郡)

개관

연혁

본래 해도(海島)에 불과했으나 신라 신문왕 때 비로소 군을 두고 전야산(轉也山)이라고 칭했고, 경덕왕 때 남해(南海)로 고쳤다. 조선 태종 때 하동(河東)에 합하여 하남현(河南縣)으로 삼았다. 후에 진주의 금양부곡(金陽部曲)이 내속(來屬)하여 해양현(海陽縣)이라고 불렸으나 얼마 안 가서 금양은 진주에 환속되고 다시 남해로 고쳐 군으로 삼았다.

경역

남해군은 고성군 및 곤양군의 앞쪽에 가로 놓여 있는 큰 섬으로 소위 남해도(南海島)가 이것이다. 남북은 약 60여 리, 동서는 약 40여 리이며, 국내의 다섯 개의 큰 섬 중 하나이다. 섬의 중앙은 다소 동쪽으로 치우쳐져 있으며 높고 험준한 지협(地峽)이 있는데 동서의 두 섬을 연결하는 형태를 이룬다. 지협의 남북은 모두 광대한 만입을 형성한다. 섬 내에 여러 줄기의 산맥이 길게 뻗어 있으며 외해에 면하는 남쪽 연안은 대개 험준하고 북쪽 연안은 경사가 완만해서 다소 평탄하다. 또한 갯벌이 많아 곳곳에 염전이 있다. 전체 호수는 10,376호, 인구는 48,698명이다.

읍치

남해읍은 섬의 북서부에 있다. 옛 이름을 화전(花田) 또는 윤산(輪山)이라고 한다. 군아 외에 순사주재소 · 우편취급소 등이 있다. 음력 매 4 · 9일 이곳에서 시장이 열린다. 집산화물은 일용잡화이고 집산지역은 군 일대라고 한다. 구목장(舊牧場)에서도 또한 음력 매 2 · 7일에 시장이 열린다. 집산화물 및 지역은 읍내와 같다.

육산물

육산으로는 보리 · 조 · 삼베 · 소 등이 있다. 이 중 삼베는 이 섬의 유명한 산물로 그 생산이 가장 많고 질이 아주 좋으며 점력(粘力)이 강해 일본산보다 우수하다고 일컬어진다. 직물을 짜서 베(布)로 만들어 여러 곳에 보낸다. 소도 또한 많다. 무릇 이 섬은 목우가 성행한 곳으로 산과 들 도처에 소떼가 유유히 풀을 뜯는 것을 볼 수 있다. 소들은 주로 진주 · 대구 · 전주 등의 시장에 수송된다.

수산물

수산물 중 주요한 것은 대구 · 조기 · 삼치 · 도미 · 준치 · 회잔어(鱠殘魚[141]), 벗꽃뱅어) · 정어리 · 갈치 · 가자미 · 민어[142]) · 농어 · 해삼 · 문어 등이다. 삼치 및 도미는 주로 일본인에 의해, 그 외는 조선인에 의해 어획된다. 조기는 외줄낚시이고 개불 · 잔새우(小蝦) · 갯강구 등을 미끼로 하여 어획한다. 문어는 8~9월까지의 사이에 통발을 사용하여 어획하며 닦고 건조시켜 곤양 및 하동의 시장에 보낸다.

남해군은 현내면(縣內面) · 이동면(二東面) · 삼동면(三東面) · 남면(南面) · 서면(西面) · 고현면(古縣面) · 설천면(雪川面) · 창선면(昌善面)의 8개 면으로 나누어진다고 한다. 모두 바다에 면한다. 각 면과 바다에 연한 마을(里洞)은 다음과 같다.

141) 원문은 鱠 · 殘魚로 두 가지 물고기인 것처럼 기록하고 있으나, 鱠殘魚의 誤記이다.
142) 원문은 鮸으로 참조기를 뜻하는 한자이지만, 민어라는 뜻도 가지고 있다. 앞에 이미 조기가 나왔고, 실제로 남해에 잡히는 물고기로 보면 참조기보다는 민어가 옳은 것으로 생각된다.

현내면(縣內面)	동산포(東山浦) · 선소포(船所浦) · 토촌포(兎村浦) · 소포(蘇浦)
이동면(二東面)	양하포(良荷浦) · 초음포(草陰浦) · 석평포(席坪浦) · 신전포(薪田浦) · 화계포(花溪浦) · 상조포(尙助浦) · 갈미도(葛米島) · 세존도(世尊島) · 승치도(昇峙島) · 노도(櫓島) · 목도(木島)
삼동면(三東面)	난현포(蘭縣浦) · 시문포(矢門浦) · 화정포(花亭浦) · 동곡포(東谷浦) · 미조포(彌助浦) · 고도(鼓島) · 정도(頂島) · 잠도(蠶島) · 호도(虎島) · 조도(鳥島) · 갈도(葛島)
남면(南面)	상지포(上知浦) · 석교포(石橋浦) · 홍현포(虹峴浦) · 선구포(仙區浦) · 유구포(鍮九浦) · 평산포(平山浦) · 덕월포(德月浦) · 죽도(竹島) · 덕월도(德月島)
서면(西面)	병포(幷浦) · 노구포(蘆九浦) · 남상포(南上浦) · 서상포(西上浦) · 우모도(牛毛島) · 정포도(井浦島)
고현면(古縣面)	대곡포(大谷浦) · 도마포(都馬浦) · 포상포(浦上浦) · 탑곡포(塔谷浦) · 갈화포(葛花浦) · 당도(唐島) · 갈화도(葛花島)
설천면(雪川面)	모답포(毛畓浦) · 옥동포(玉洞浦) · 문의포(文義浦) · 월곡포(月谷浦) · 장도(長島)
창선면(昌善面)	당저포(唐底浦) · 적량포(赤梁浦) · 가인포(加仁浦) · 당항포(唐項浦) · 율동포(栗洞浦) · 대벽포(大碧浦) · 지시포(知是浦) · 율도(栗島)

노량진(鷺梁津, 노양)

노량진은 남해군의 북쪽 끝 설천면에 있다. 남해읍에서 30여 리 떨어진 곳에 있으며, 곤양군 노량진과 서로 마주한다. 곧 이 섬에서 육지에 이르는 나루터[渡津場]이다. 이 곳은 조석간만 때 조류가 급격하여 선박이 거슬러 올라가기 어렵다. 때문에 통행하는 선박이 밀물을 기다리는 경우가 많다. 연안은 높고 험준하며 토질이 척박하지만 만 안에서 협곡으로 들어가면 논이 잘 개척되어 있는 것을 볼 수 있다. 인가는 만의 왼쪽 연안에 즐비한데 그 수가 30여 호이다. 모두 농가이고 어업에 종사하는 자는 없다. 마을의 배후 즉 왼쪽 연안의 벼랑 위에는 오래된 나무들이 울창한 사이에 묘우(廟宇) 하나가 있다. 묘우 내에는 큰 비석이 들어 있다. 이는 곧 옛날 수군절도사로서 지략과 용맹[智雄]을 겸비한 명장인 이순신의 훈공기념비이다. 그렇지만 비석은 오랜 시간에 걸친 사이 풍우에 노출되었기 때문에 자체(字體)가 마멸된 것이 많아 통독(通讀)하기 어렵다. 이 비석을 이곳에 건설한 것은 이 지역 이 섬과 대륙과의 연결지점일 뿐만 아니라 진주만의 인후(咽喉)에 해당하여 왕래하는 선박이 반드시 이 절벽 아래를 통과하기 때문이다. 지금은 이 해협을 통과하는 경우가 점차 감소하고 있지만 종전에 이 지역은 남해의 요충지 중 하나였던 사실을 이 비석의 존재만 가지고도 충분히 살펴볼 수 있다. 이 비석의 남쪽 구릉의 중턱에 자암 김[143] 선생의 유배지 옛터 추모[自菴金先生謫[144] 廬遺墟追慕] 라고 기록된 작은 비석 하나가 있다. 배문(背文)을 새겼다. 자암 김 선생이 어떤 사람인지는 알지 못한다.

제14절 하동군(河東郡)

개관

연혁

본래 신라의 한다사군(韓多沙郡)이다. 고려 현종 때 이곳을 진주에 속하게 했다. 조선 태종 때 남해현(南海縣)과 합하여 하남현(河南縣)이라고 불렀으나 후에 지금의 이름으로 고쳐 군으로 삼았다.

경역

북쪽은 함양군(咸陽郡)에, 동쪽은 곤양군(昆陽郡)에, 서쪽은 하동강(河東江)을 사이에 두고 전라도 광양군(光陽郡)에 접한다. 남쪽은 바다에 면한다. 군내는 다소 광활

143) 자암 김구(金絿). 1507년(중종2년) 생원·진사시에서 장원하였고, 1513년 별시 문과(別試文科)에 을과(乙科)로 급제하였다. 1519년 홍문관 부제학(副提學)에 올랐으나 기묘사화(己卯士禍)로 조광조(趙光祖), 김정(金淨) 등과 함께 투옥되어 남해(南海) 절도(絶島)에 13년 동안 유배되었다. 특히 글씨에 일가를 이루어 이른바 '인수체(仁壽體)로 알려졌으며, 안평대군 · 한호 · 양사언 등과 함께 조선 초 4대 서예가로 손꼽힌다.(한국인명대사전)

144) 謪의 오기로 보인다.

하고 많은 면이 있지만 해안은 매우 짧고 또한 멀리까지 얕아서 대개 썰물 때 드러나는 사퇴(沙堆)이다. 그렇지만 하동강의 연안은 다소 길어 그 부근은 광활하고 비옥한 들이며 미곡의 생산이 풍부하다.

하동강(河東江)

하동강은 다르게는 섬진강(蟾津江)이라고도 부른다. 원천은 전라북도 진안(鎭安)·남원(南原) 두 군의 군봉(群峰)으로부터 발원하여 구례(求禮)에 이르러 서쪽의 여러 물줄기를 모은다. 백엄산(白嚴山)의 산기슭을 돌아 하동군과 전라남도 광양군과의 사이를 지나 바다로 들어간다. 그 유역은 약 65해리에 이어진다. 국내 9대 강 중 하나로 일컬어진다. 강바닥은 백사(白沙)이고 물이 맑으며 강 입구에 이를수록 다소 혼탁하다. 수원 및 연안의 산림이 황폐해진 결과 홍수와 모래흙이 유출되는 것이 많아져서 항상 물길[澪筋]의 변화를 가져온다. 그리고 만조에는 강물이 넘치지만 간조에는 겨우 여러 줄기의 물길이 있고 종횡으로 갯벌이 노출된다. 강 입구에는 하동군에 속하는 갈도(葛島) 및 돌산군(突山郡)에 속하는 크고 작은 도서가 가로놓여 있다. 부근 일대는 김의 산지로 유명하다. 이 부근은 하류가 더디고 완만해서 물의 비중(比重)이 6~8도, 바닥은 가는 모래·진토(眞土)·부드러운 진흙(軟泥)의 3종류로 이루어져 있다. 그리고 물길은 대부분 부드러운 진흙이다.

읍치

하동읍은 하동강 입구를 약 6해리 거슬러 올라간 연안에 있다. 옛 이름은 하동(河東) 또는 청하(淸河)라고 한다. 진주에 버금가는 큰 읍으로 경상, 전라 양도 각 읍 교통의 요충지에 해당한다. 쌀·담배·삼베·목재·식염 기타 여러 물화가 집산되는 양이 많으므로 내외의 상선이 항상 폭주한다. 군아 외에 경찰서·재무서·우편취급소 등이 있다. 일본인으로 정주하는 자가 매우 많은데 잡화상을 주로 하고 그 외 과자제조·약방·여관·음식점 등을 영위하는 자가 있다.

시장

읍촌(邑村) · 광평(廣坪) · 주교(舟橋) · 탑촌(塔村) · 보면(甫面) · 개치(開峙) · 문암(文岩)의 7곳에 시장이 있다. 읍촌은 음력 매 2일에 시장을 연다. 집산화물은 김 · 석유 · 옥양목 등이라고 한다. ▲ 광평은 음력 매 7일에 시장을 연다. 집산화물은 담배 · 성냥 · 방적사 등이고 그중 담배가 가장 많다. 부산 · 마산 · 고성 · 남해 · 순천 · 광양 지방에 이출한다. ▲ 주교는 음력 매 5 · 10일에 시장을 연다. 집산화물은 도기 · 담배[卷煙草] 등이다. ▲ 탑촌은 음력 매 3 · 8일에 시장을 연다. 집산화물은 농기구 · 철재 등이다. ▲ 개치는 음력 매 4 · 9일에 시장을 연다. 집산화물은 명태 · 면 · 곡물 등이다. ▲ 문암은 음력 매 3 · 8일에 시장을 연다. 집산화물은 종이 · 소 · 목재 · 대나무 · 어류 · 소금 등이다.

수산물

수산물 중 주요한 것은 조기 · 도미 · 가자미 · 갈치 · 상어 · 가오리 · 숭어 · 농어 · 문절망둑[沙魚] · 뱀장어 · 잉어 · 붕어 · 새우 · 조개류[介類] · 김 등이고 그중 김이 가장 유명하다.

구획

하동군은 19개 면으로 나누어진다. 그중 하동강에 접하는 곳은 팔조면(八助面) · 덕양면(德陽面) · 화개면(花開面), 바다에 접하는 곳은 동면(東面) 및 마전면(馬田面)이다. 각 면의 마을 및 부속 도서는 다음과 같다.

갈도(葛島)

화개면(花開面)	탑촌(塔村)
덕양면(德陽面)	개치동(開峙洞) · 두동(豆洞) · 진부촌(津夫村) · 광평촌(廣坪村)
팔조면(八助面)	상저구리(上猪口里) · 하저구리(下猪口里) · 노화리(蘆花里)
동면(東面)	장교리(長橋里)
마전면(馬田面)	신방리(新芳里) · 갈도(葛島)

하동강의 동쪽 입구에 가로놓여 있으며 만의 굴곡이 많은 가늘고 긴 섬으로 산악이 낮게 남북으로 뻗어있다. 동쪽 연안이 내도(內島)를 감싸안고 있으며, 남서쪽 끝에 대마도(大馬島)·모도(毛島)가 있다. 섬 전체에 5개 마을이 있다. 연막(蓮幕)·내도(內島)·서근(西斤)·나팔(囉叭)·사포(蛇浦)라고 한다. 인가는 연막에 41호, 서근에 30호, 나팔에 43호, 내도에 23호, 사포에 8호가 있다. 모두 김 채취를 본업으로 하고, 곁들여 농업에 종사하는 자도 있지만 그 생산이 많지는 않다. 겨우 연막에는 쌀 20석, 서근에는 15여 석을 생산할 수 있는 논이 있다. 김은 모두 김발을 세워 양식해서 후에 그것을 채취한다. 김발을 세우는 장소는 주로 부드러운 진흙 및 진토(眞土)이고 모래 바닥에는 매우 적다. 김발은 솜대[淡竹]·졸참나무와 상수리나무 등을 사용하지만 솜대가 가장 많다. 솜대는 하동 연안 도처에서 생산된다. 해당업자는 매년 6~7월경 그 산지로부터 구입해 와서 지름 7~8푼 내지 1촌, 길이 10~20척으로 가지가 많은 것을 선별하여 각 그 끝을 날카롭게 해서 준비해둔다. 9월 내지 10월 중순 경에 그것을 작은 배에 싣고 만조 때에 배로 실어 날랐다가 일정한 장소에 이르러 간조 때 약 3척의 사이를 두고 나란히 심는데 2열 혹은 3열에 이른다. 그 방향은 반드시 조류를 향하는 상태라고 한다. 각 호가 경영하는 섶의 수에는 다소 차이가 있지만 20~30짐[負][145]을 보통으로 한다. 한 짐은 340~350개이다. 채취하는 계절은 1년 중 한난(寒暖)에 의해 늦거나 빠른[遲速] 경우가 있지만 대개 12월 중순에 시작해서 다음해 3월 경까지 마친다. 김발은 채취한 후에 보존해 두었다가 다음해에 다시 새로운 것과 함께 교대로 사용한다. 솜대는 2~3년간 사용할 수 있으나 나뭇가지는 겨우 1년을 넘길 수 없다. 채취한 김을 건제하여 주로 하동 시장에 보내 판매한다.

---

145) 지게로 한 번 질 수 있는 분량을 말한다. 솜대 등으로 340~350개에 해당한다고 하였다.

제15절 울도군(鬱島郡)

개관

연혁

동해의 고도인 울릉도를 군으로 삼은 것이다. 울릉도는 다르게는 무릉(無凌) 또는 우릉(羽陵)이라고 한다. 원래 강원도에 속하고 울진현(鬱珍縣, 지금의 울진군)의 소관이었다. 군으로 삼은 것은 최근의 일이다. 그와 동시에 교통의 관계상 강원도에서 나뉘어 경상도에 편입되었다.

위치, 지세 및 연안의 형세

섬은 북위 37도 36분 내지 32분, 동경 130도 47분 내지 54분 사이에 위치하고 반원형을 이루며 그 너비는 동서남북이 모두 서로 비슷하고 최장거리는 20리 28여 정, 둘레는 약 18해리이다. 그 최고점은 3,230피트이고 중앙부로부터 다소 남동쪽으로 치우쳐져 있다. 수십 개의 높고 가파른 산봉우리가 우뚝 솟아 있고 그것이 둘러싸는 중앙에 1,000피트 이상에 달하는 십여 개의 봉우리가 있다. 작은 외딴 섬에 험준한 봉우리가 솟아있는 것이 이와 같고 산이 첩첩이 둘러싸여 있는 것이 이와 같다. 때문에 평지가 매우 적고 또한 해안은 거의 벼랑과 절벽으로 이루어져 있다. 지세가 이와 같기 때문에 이 섬을 먼 곳에서 바라보면 완연히 푸른빛 소라가 떠있는 것 같다. 섬의 주변은 이렇게 벼랑과 절벽을 형성하지만 역시 곳곳에 자갈해안인 곳이 없지 않다. 때문에 풍파가 잠잠하고 평온하면 어느 자갈해안이든 배를 댈 수 있다. 그렇지만 만입이 극히 적고 한결같이 배를 정박하기에 적합한 항만을 형성하는 데 이르지 않았다. 남동측에 작은 만 하나가 있다. 도동(道洞)의 앞쪽이 곧 이곳이다. 이 만은 다소 북풍 및 서풍을 막아주지만 조금 물결이 거칠면 정박할 수 없다. 도동에서 남하해서 남쪽 끝의 갑(岬), 즉 해도에서 소위 간령말(間嶺末)을 지나면 그 서쪽에 작은 만이 있는데, 통구미(通龜尾)라고 한다. 규모는 작지만 어선을 수용하는 데 지장이 없다. 그 서쪽에 비교적 활모양을 이루는 사빈이 있다. 남양동(南陽洞)이라고 한다. 이곳은 일찍이 러시아인이 울릉도의 수목을 벌목하여 반출한 곳이다.

사방이 이와 같이 급격한 경사이고 험악한 절벽을 이루고 있기 때문에 결국 연해의 수심이 매우 깊다. 『수로지(水路誌)』에 기록된 바에 의하면 "수심을 측량하려고 해도 거의 그 바로 아래에 이르지 않으면 측량추를 바닥에 닿게 할 수 없었다."고 하여 그 연안이 급격한 경사임을 확인하고 있으며, 동시에 기선이 정박하기에 불가능한 것을 알 수 있다.

주변의 여러 섬

주변에 많은 바위섬이 있다. 그중 가장 큰 것은 북동측에 떠있는 죽서(竹嶼)라고 하고 최고점은 424피트이다. 이것에 버금가는 것은 그 북쪽 즉 울릉도의 북동쪽 모퉁이의 날카로운 끝에 접해서 떠있는 서항도(鼠項島)이다. 북쪽 연안의 다소 중앙에 활모양의 문을 이루고 있는 바위가 있는데 공암(孔岩)이라고 이름 붙여졌으며 매우 두드러진다. 이들 여러 바위는 모두 울릉도와 마찬가지로 급격한 경사를 이루고 바로 아래가 깊은 바닥에 이르므로 그 옆에 접근해서 통항하는 것도 위험하지 않다고 한다.

기후

기후는 추위와 더위 모두 심하지 않다. 풍토가 건강에 매우 적당하다. 수질도 매우 좋다. 강설은 10월 하순부터 3월 하순에 이르고 산꼭대기[山頂]는 5월에 이르러서도 눈이 쌓인 것을 볼 수 있다. 바람은 4~9월까지는 편남풍이 많고 10~3월까지는 편동풍이 많다. 특히 11월 경은 북서풍이 강하게 분다. 때문에 이 시기부터 겨울철에는 육지 및 일본과의 교통이 거의 두절된다.

조석

조석은 삭망고조는 3시 15분이고 간만의 차는 극히 적다. 대조승은 3/4피트, 소조승은 1/2피트, 소조차는 1/8피트이다.

구획 및 마을

마을은 섬을 둘러싸고 나란히 줄지어져 있는데 그 수는 20여 개이다. 그것은 남 · 북 · 서의 3면으로 나누어지는데 다음과 같다.

남면(南面)	저동(苧洞)[146] · 도동(道洞) · 사동(沙洞) · 옥천동(玉泉洞, 옥천) 신리(新里) · 장흥동(長興洞, 쟝흥동)
서면(西面)	통구동(通龜洞, 동기미) · 석문동(石門洞,셕문) · 남양동(南陽洞) · 굴암동(窟巖洞, 글바위) · 남서동(南西洞, 남셔동) · 학포동(鶴浦洞) · 대하동(臺霞洞, 듸가동)
북면(北面)	현포동(玄圃洞) · 신촌(新村) · 광암(光巖) · 추산(錐山, 츄산) · 창동(昌洞, 챵동) · 죽암(竹巖,쥭암) · 정석포(亭石浦, 졍셕포)

앞에 기술한 마을 중 인가가 모여있는 곳은 저동 · 도동 · 통구미(通龜尾) · 남양촌 · 죽암의 5동이고 그 외는 인구 50인 미만의 작은 마을이다. ▲ 서면에 속하는 학포동은 옛 이름을 소황토포(小黃土浦)라고 부르고 대하동도 또한 그 옛 이름을 황토포(黃土浦)라고 했다. 이 지역은 울릉도 북서쪽 모퉁이의 서남측에 있다. 해도에 북서쪽 모퉁이에 황토금말(黃土金末)이라고 기록되어 있는 것은 아마 이 때문일 것이다. ▲ 북면에 속하는 죽암, 정석 등의 일대는 총칭해서 천부동(天府洞)이라고 한다. 아마 이것은 성책(成冊)상의 촌명이고 죽암 · 정석포 등은 각각 하나의 마을임에 틀림없다.

치소(治所)

치소는 원래 나리동(羅里洞)에 두었으나 지금은 이전하여 도동(道洞)에 있다. 이 지역은 울릉도에서 유일한 양항임과 동시에 울릉도 제일의 번성지이며, 거주하는 일본인의 대다수도 또한 이곳에 있다. 군아 외에 경찰서 · 우편소가 있다.

교통

교통은 섬 내 도로는 험준한 언덕이 많아 왕래가 불편하다. 각 마을 사이의 거리는 첨부도에 기록한 바와 같다. 육지에 이르는 교통점은 도동(道洞)이고 보통 범선으로

146) 한글로는 모동이라고 표기되어 있다.

도항하는 경우는 강원도의 울진군에 속하는 죽변만에 가는 것이 편리하다. 순풍이면 2일 만에 도항할 수 있다. 일본과의 교통은 호오키[伯耆][147] 경계에 이르는 것이 가장 가깝다. 이 또한 순풍이면 하루 반[一晝夜半]이면 도항할 수 있지만 도중에 날씨가 변하면 25~30일이 걸리는 경우도 있다. 부산에 이르는 데는 177해리, 죽변에 이르는 데는 70해리, 호오키 경계에 이르는 데는 186해리이다.

통신

통신은 지난 광무 8년(명치 37년) 이미 도동에 우편소를 설치하였지만 교통이 불편하므로 부산과 무릇 월 1회 체송할 뿐이다. 호오키[佰耆] 경계에도 직송하는 것이 있지만 정기선이 없으므로 횟수가 정기적이지 않다. 그렇지만 융희 원년(명치 40년) 4월부터 전보를 취급하는 데 이르렀으므로 지금은 통신상 심한 불편함은 느끼지 않는다.

호구

호구는 지금 융희 3년 말 현재 섬 전체 통틀어 902호, 4,995명을 헤아린다. 그중 남자는 2,742명, 여자는 2,253명이다. 지금으로부터 수년 전 조사를 보면 지난 광무 8년(명치 37년) 말 당시 85호, 260명, 광무 9년(명치 38년) 말 110호, 366명이었다. 현재 호구와 비교하면 792호, 4,629명이 급증했다. 이러한 것은 원래 종래의 통계가 제대로 갖추어지지 않은 것에 인한 점이 많지만 또한 이주자에 의해 증가를 보이는 데 이른 것도 사실이다. 아마 이러한 현상은 울릉도 물산이 풍부함을 증명한다.

주민은 원래 농업을 주로 하고 어업은 채조에 그쳤으나 최근에는 일본 거주자를 보고 배워서 중등 이상의 농민은 모두 오징어 어업을 영위하는 데 이르렀다. 군의 보고에 의하면 어업을 겸하는 자가 480호, 2,095명(남자 1,337, 여자 758)을 헤아린다. 섬 전체 주민의 과반수에 달하는 것을 알 수 있다.

---

147) 지금의 鳥取縣이다.

일본인 호구

일본인 재주자는 융희 3년 말 현재 224호, 768명으로 그중 남자는 410명, 여자 358명이다. 이들 정주자는 거의 시마네현[島根縣] 사람으로 이 중 오키섬[隱岐島] 사람이 많다. 의사 · 중매상 · 잡화상 · 어업 · 선원[船乘] · 목수[大工] · 벌목꾼[木挽] · 기타 각종 상업 또는 다른 직업에 종사하는 자가 있어서 대개 기관이 갖추어 있지 않은 것이 없다. 일찍이 자치단체를 조직하였고 소학교의 경우도 이미 명치 39년에 개교되어 절해고도 속의 번영이 이와 같이 한 구획을 형성한 것을 볼 수 있다.

일본인 발전의 연혁

울릉도에 대한 일본인의 도래는 오래된 연혁이 있다. 그렇지만 최근에 정주자를 보기에 이른 것은 실로 갑오개혁이 동기가 된 것이다. 그 다수가 도래한 것은 갑오개혁 후 즉 명치 29년(건양 원년) 무렵으로 당시의 도래자는 벌목 · 제재를 주목적으로 하였으나 그 이전부터 끈끈이풀[148] 제조 · 표고버섯 배양 · 물품교역 등의 사업도 행해졌다. 정주의 기초는 이미 그 생업에 따라 마련된 셈이다. 그리고 그 연도별로 도래자가 급증하자 점차 관리기관의 필요를 느끼고 일상조합(日商組合)이라는 것을 조직해서 규약을 정하고 각자 상호 이익증진을 도모하였다. 이것이 곧 자치단체의 맹아로 지금의 일본인회의 전신이라고 한다. 당시 조합원은 700명에 달했지만 이들 다수는 타관벌이에 불과하였다. 때문에 그 후, 즉 명치 31년(광무 2년)경 러시아가 울릉도에서 벌목을 계획하자마자 급격히 그 수가 감소하였고 잔류하는 자는 겨우 350명으로 줄었다. 그렇지만 그 잔류자는 정어리 · 우뭇가사리 등의 채집 · 물품교역 · 기타 사업을 경영하는 자로서, 벌목노동자와 같이 재주의 기초가 박약한 것이 아니었다. 이후 명치 35년(광무 6년) 부산거류지 경찰서는 이들 재주자의 보호 · 단속을 위해 경부 이하 순사 3명을 파견해서 유임(留任)하게 하였다. 이윽고 다음해 명치 36년(광무 7년) 근해에 오징어의 서식이 풍부한 것을 발견하게 되었다. 이에 다시 확실한 발전을 추구하는 기운(機運)으로 향하였다. 더욱이

---

148) 원문은 とりもち이고 새나 곤충을 잡는 데 쓰는 끈끈한 풀을 말한다.

러일전쟁이 끝남과 동시에 갑자기 재주자가 증가하고 현재의 번영을 보기에 이른 것이다. 그리고 종전의 일상조합을 폐지하고 새롭게 일본인회를 조직한 것은 명치 40년 즉 융희 원년 말인데 당시 이미 회원수가 450명을 헤아렸다고 한다.

울릉도의 이익의 근원[利源]은 전에 제시한 바와 같이 종전에 삼림이고 지금은 해산물이다. 삼림은 이미 벌목되어 버렸지만 대부분은 귀중한 용재이거나 연해의 반출에 편한 이 장소에 그쳤고 깊은 산지에 들어가면 여전히 오래된 나무 · 잡목이 울창하다. 종전에 울릉도의 유명한 용재는 느티나무 · 오동나무 · 백단향 · 소나무 등이며 이 중 느티나무의 경우는 지름 6척 정도의 목재를 생산하였다. 오동나무 · 백단향의 경우도 또한 진품(珍品)으로 매우 유명하다. 헛되이 이 진귀한 목재를 남벌해 버렸으니 통석함을 견딜 수 없다. 그렇지만 이 진귀한 목재는 여전히 어린 나무는 남아 있으므로 보호한다면 백 년 후에는 다시 예전의 성가(聲價)를 널리 퍼뜨리는 데 이를 것이다. 그렇지만 섬 주민이 증가한 것은 삼림 벌목에 따른 결과이다. 수백 년간 오래된 나무로 뒤덮였던 토지는 비옥하여 농산이 극히 풍족하기 때문에 저절로 이주자가 증가할 수밖에 없었다. 농업의 발전은 때때로 삼림의 보호를 저해하는 것이다. 울릉도의 경우도 또한 이러한 관계를 벗어날 수 없을 것인가.

농산물

울릉도의 농산물은 콩 · 보리 · 조 · 피 · 감자 등이다. 이 중 주요한 것은 콩 · 보리이고 이 두 품목은 도민의 생명줄이라고도 부를 만하다. 그리고 도민이 각종 물품[百貨]을 구하는 경우 화폐를 사용하지 않고 모두 콩으로써 교환했다. 즉 콩은 울릉도에 있어서 각종 물품의 표준이 되는 것으로 거의 화폐 대용으로 사용된다. 현재 거래되는 바의 한두 개 예시는 다음과 같다.

설탕	100문(匁) 당	콩 5되	(일본 되[桝] 이하 동일)
소면(素麵)	동	동	
성냥	1자루[袋]	2되[升]	
석유	1상자[箱]	1섬 2말 내지 1섬 5말	

이 표준은 콩 1말을 200문(文)으로 간주해서 산출한 바이고, 콩은 판매시장에서 그 값에 높고 낮음이 있고 또 풍작과 흉작이 있지만, 구애받지 않고 거의 일정하게 거래된다고 한다. 이는 태고의 교역이 현실에서 보이는 것이며, 도민의 풍속이 소박함을 여실히 보여준다.

콩 및 보리의 산액

콩은 이와 같이 도민 생활의 기본이 되는 것이다. 그리고 그 산액은 8,000석(탁지부 제2회 통계 연보) 또는 3,640여 석(통감부 제3차 연표) 혹은 6,000~7,000석(울릉도 재주자로 여러 해 교환에 종사한 자의 말에 의함)이라고 하였다. 제각기 다르지만 중간값을 취하여 4,000 ~5,000석이라고 보면 심히 그릇되었다고 할 수 없을 것이다. 보리는 추정하기로 2,000석을 헤아리는데(통감부 연표는 1,761석이라고 기록했다), 그 외의 잡곡과 아울러 도민의 상식(常食)이라고 하며, 섬 전체의 주민을 부양하는 데 부족함이 없다.

해산물

해산물은 오징어를 제일로 하고 그 외는 김 · 미역 · 우뭇가사리 · 전복이라고 한다.

오징어

오징어는 앞에서 말한 것과 같이 지난 광무 7년(명치 36년) 일본인이 어획을 시작한 것이고, 바로 섬사람들도 이것을 배워서 잡는 데 이른 것이 지금으로부터 3년 전이다. 그러나 유리한 생업이기 때문에 지금 본업으로 종사하는 자는 매우 많다. 어기는 5월에서 11월에 이르는 7개월에 걸치는데 성어기는 6월 경에서 9~10월에 이르는 사이라고 한다.

김, 미역

김, 미역은 종래 섬사람들이 채취했던 바이며, 지금은 일본인도 마찬가지로 그 채취에 종사한다. 그러나 일본인이 미역을 채취하기에 이른 것은 매우 최근의 일로, 섬사람들과 공동으로 하는 것 외에 단독으로 종사하는 자는 없다. 대개 울도군의 일반적인 관행을 준수하는 바이다.

우뭇가사리 · 전복

우뭇가사리, 전복은 일본인의 채취에 일임하고 섬사람들 중 이에 종사하는 자는 없다. 일본인은 잠수기 또는 갈고랑이로 채취한다. 잠수기는 매년 부산에서 차용하는 바로, 종전은 매년 2대 또는 3~4대를 사용하였지만 최근에는 수확이 감소함으로써 대개 1대를 차용하는 데 그친다. 그렇지만 작년 명치 41년 즉 융희 원년 한 어기의 수확은 약 3,500원이었다. 다만 한 어기는 4~8월에 이르는 사이라고 한다. 잠수기 차입 손료(損料)는 비율로 4대 6 또는 7대 3이라고 한다. 즉 4대 6이면 4는 손료로 지불하는 것이다. 종업자는 울릉도 재주민이고 그들은 그 소득의 반을 일본단체에 납부한다. 이는 종래 일상조합의 일반적인 관례이다.

어채물 판매지

어채물은 대개 재주일본인, 호오키 지역에 보내 판매한다. 섬사람들이 채취한 김은 부산에 보내기도 하지만 그 양은 매우 적다.

어선

어선은 섬사람들이 소유하는 보통범선 30척, 해조 채취에 사용하는 작은 배 200척, 일본인이 소유한 보통어선 120척, 계 350척이 있다.

수산물 수출액

재주 시마네현[島根縣] 사람인 가타오카[片岡] 아무개가 조사한 울릉도 수산물 수출 통계표를 얻었다. 아래에 그것을 제시하였다.

	명치 41년		명치 40년		명치 39년		명치 38년		명치 37년	
	수량	가액	수량	가액	수량	가액	수량	가액	수량	가액
말린 오징어	20,035,500 貫	26,046 円	33,186,400 貫	39,824 円	9,927,000貫	11,416 円	1,499,800 貫	1,500 円	1,173,000 貫	1,173 円
김	863,150	1,726	523,000	1,046	496,000	1,488	174,900	525	1,383,000	3,872
우뭇가사리	1,076,300	646	620,000	31	1,800,000	126	-	-	-	-
말린 전복	476斤	3,808	3,305斤	1,653	6,700斤	469	970斤	582	190斤	114
미역	1,323束	2,644	2,268束	4,536	189束	3,618	53束	50	747束	1,868
전복통조림	35 개	350	-	-	-	-	10개	96	-	-
합계	-	35,220	-	47,090	-	17,117	-	2,753	-	7,027

현재 채취하는 수산물은 이상의 몇 종류에 불과하다. 재주자의 말에 의거하면 울릉도에는 가사리의 착생을 볼 수 없고, 도미도 회유하지만 매우 적고, 삼치는 아직 시험어업을 시도한 적이 없다. 그리고 재주자의 일상적인 밥상에 오르는 것은 오징어이고 그 외는 해안에 사는 잡어에 그친다고 한다.

수입품

울릉도에 수입하는 것은, 인도목면 · 옥양목 · 능직목면 · 비단실[綿絲] · 가마니 · 도기 · 석유 · 성냥 · 소면 · 쌀 · 식염 · 간장 · 설탕 · 술 · 소주(燒酎) 등으로 이들 여러 품목이 섬사람들에게 수용되는 것은 모두 콩과 교환되는 것이라고 한다.

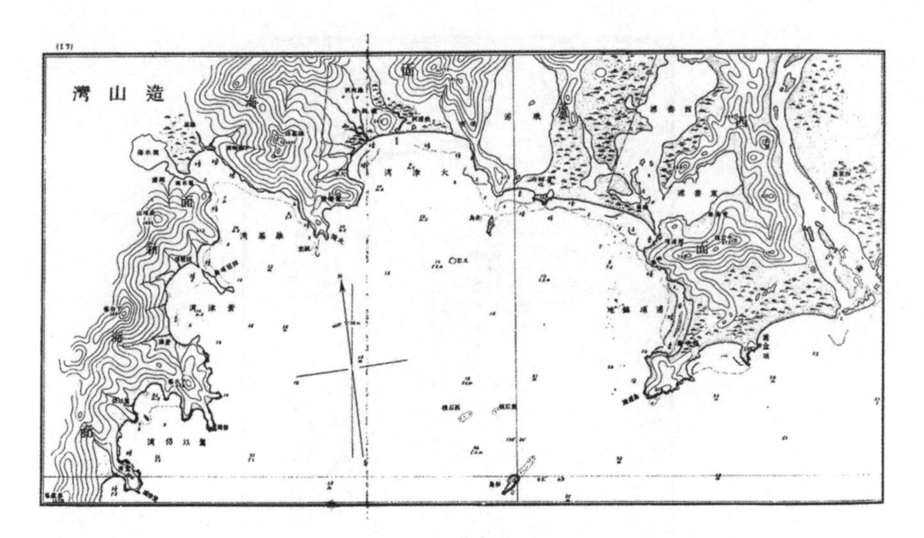

1. 조산만(造山灣)

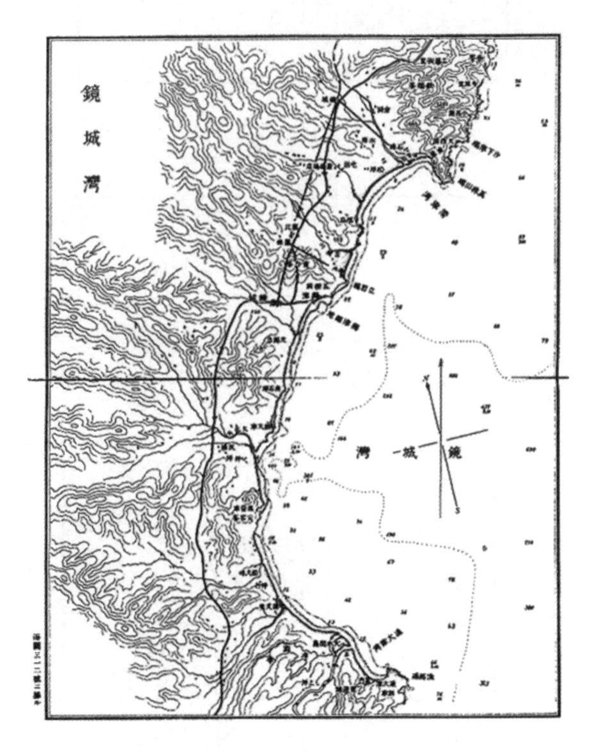

2. 경성만(鏡城灣)

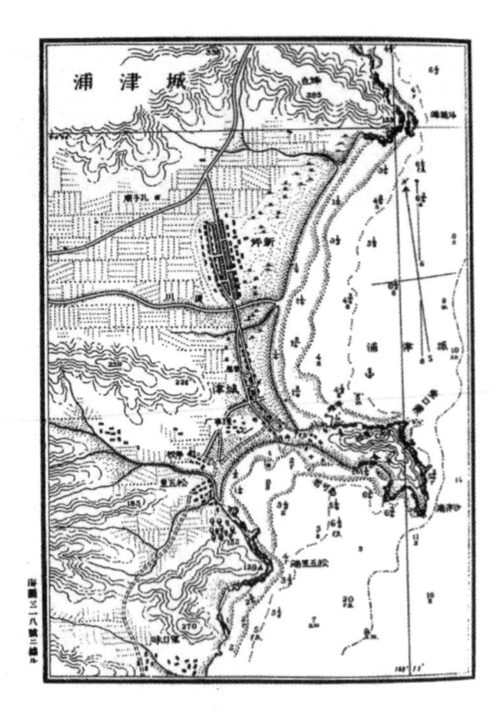

3. 성진포(城津浦)

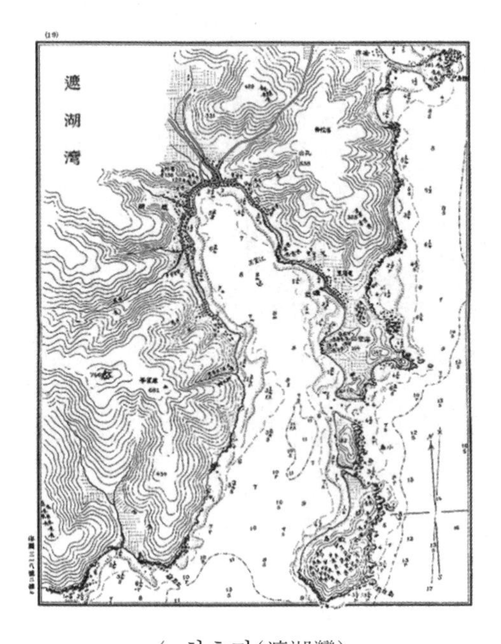

4. 차호만(遮湖灣)

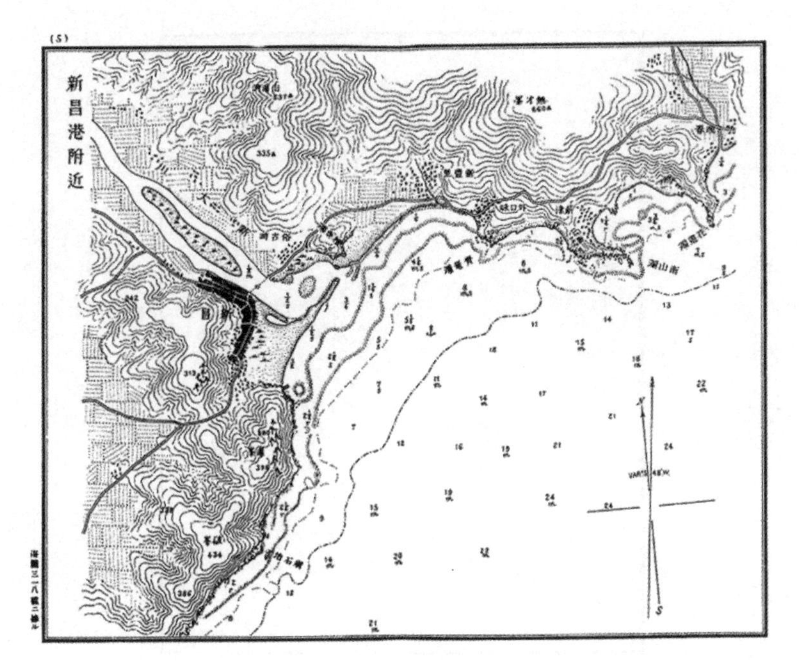

5. 신창항 부근(新昌港附近)

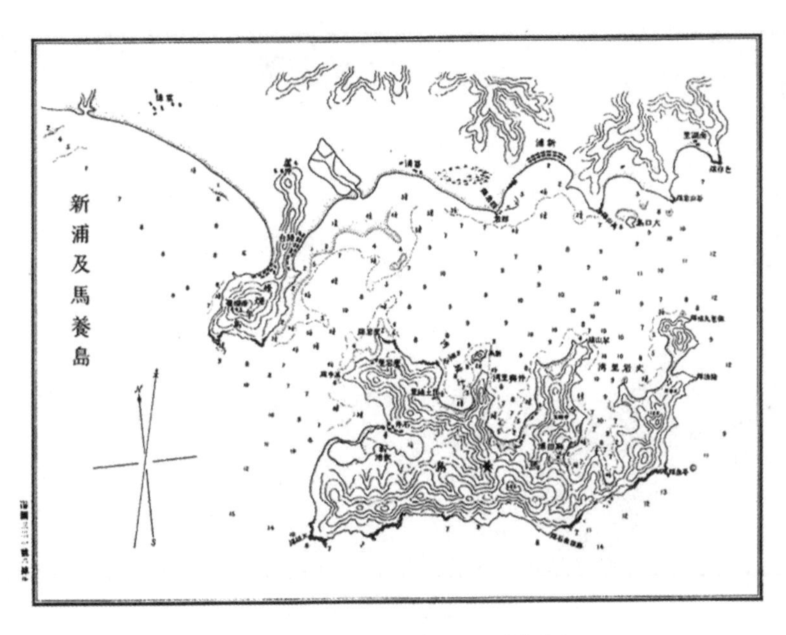

6. 신포 및 마양도(新浦及馬養島)

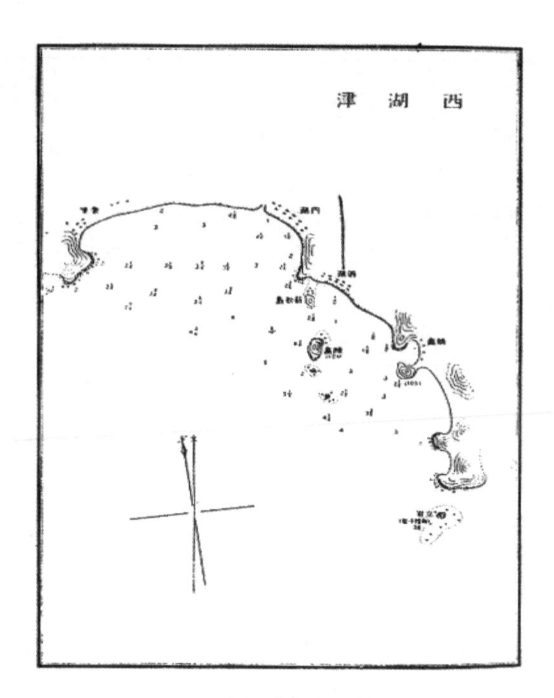

7. 서호진(西湖津)

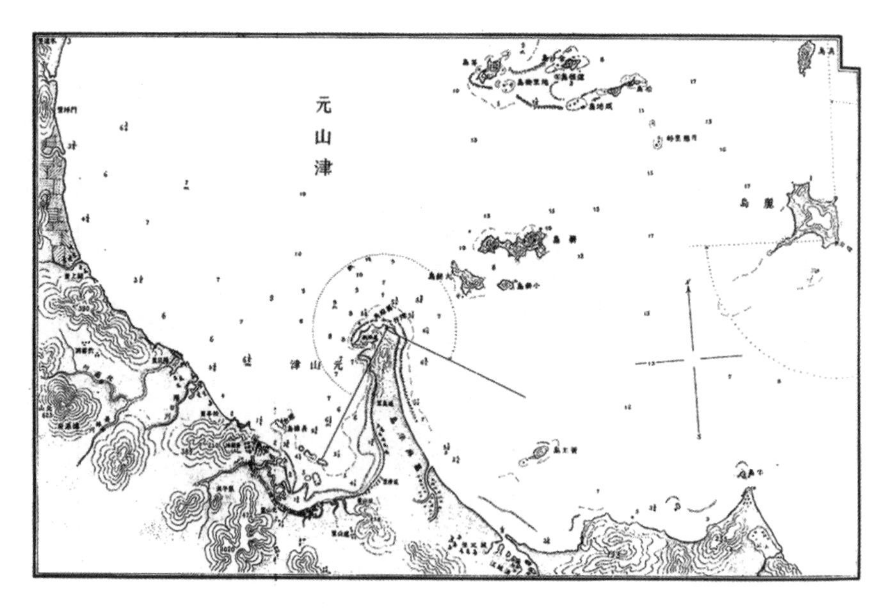

8. 원산진(元山津)

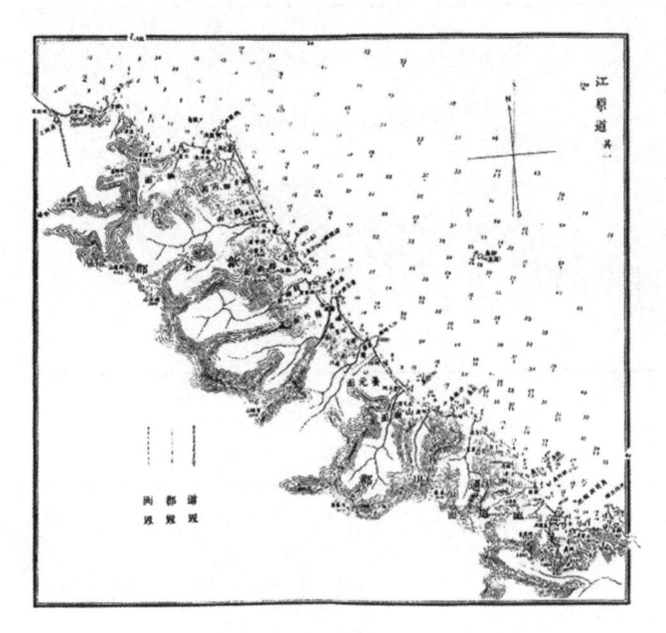

9. 강원도 1

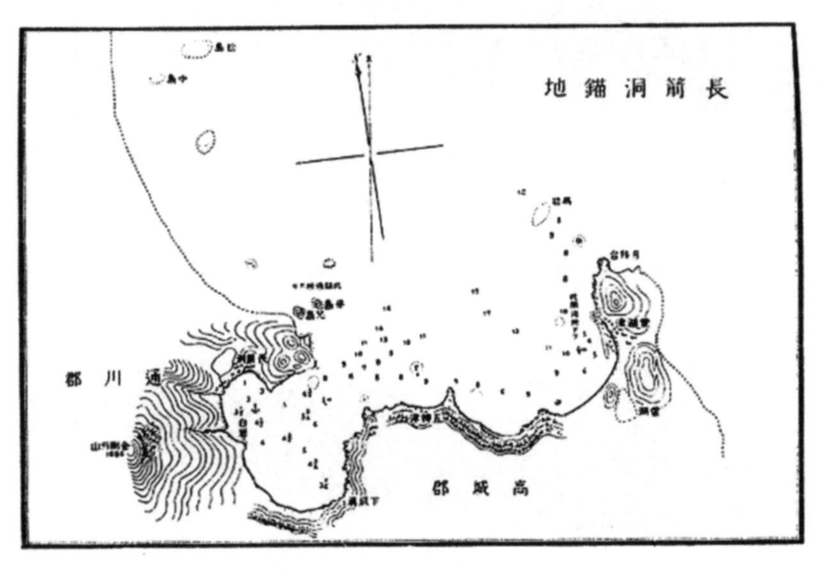

10. 장전동 정박지(長箭洞錨地)

11. 강원도 2

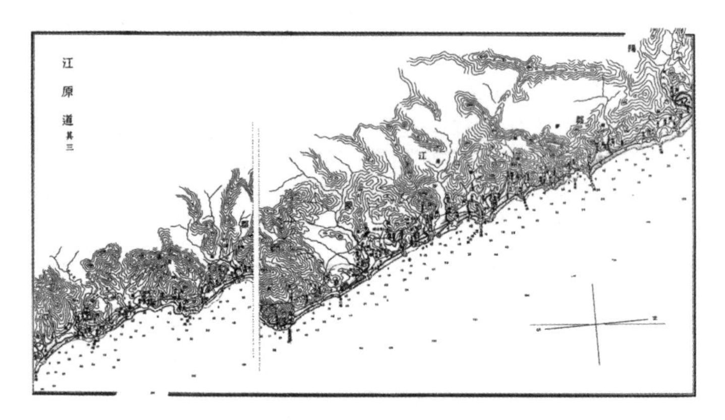

12. 강원도 3

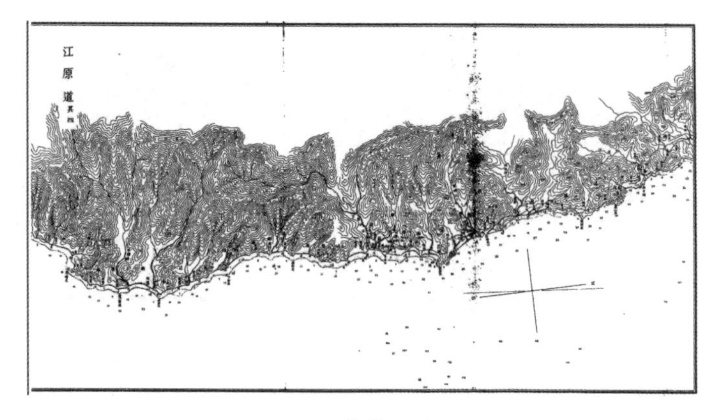

13. 강원도 4

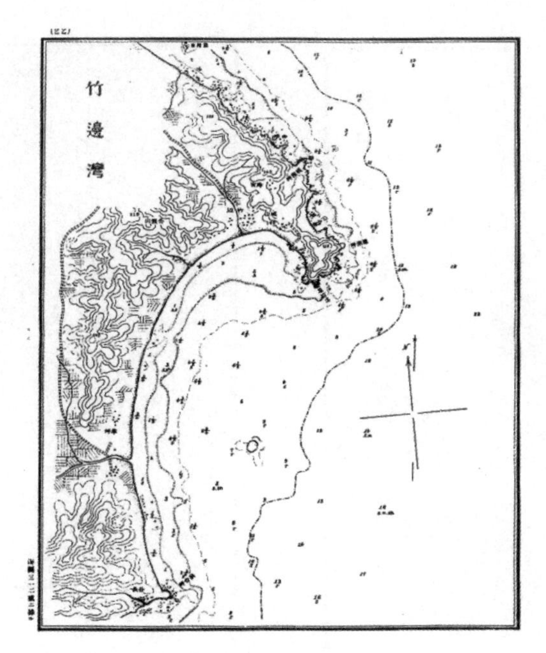

14. 죽변만(竹邊灣)

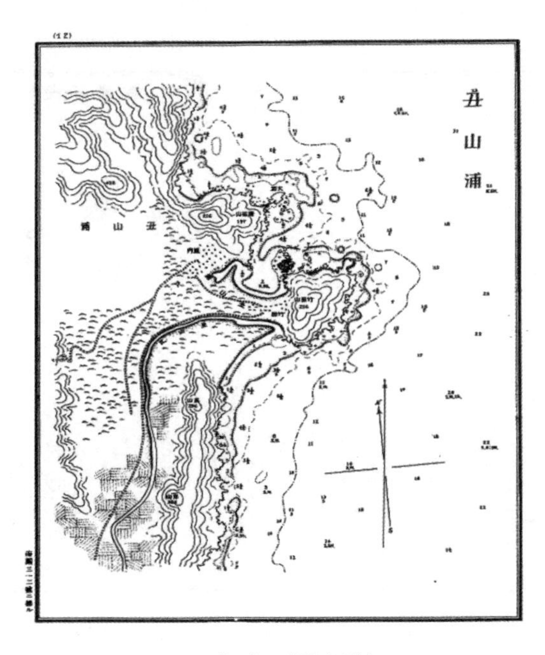

15. 축산포(丑山浦)

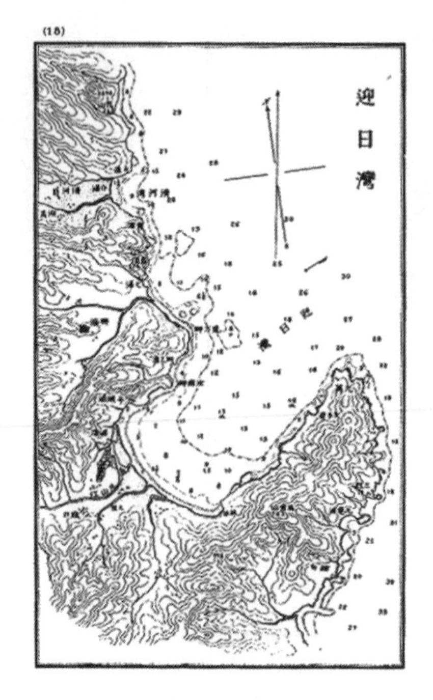

16. 영일만(迎日灣)

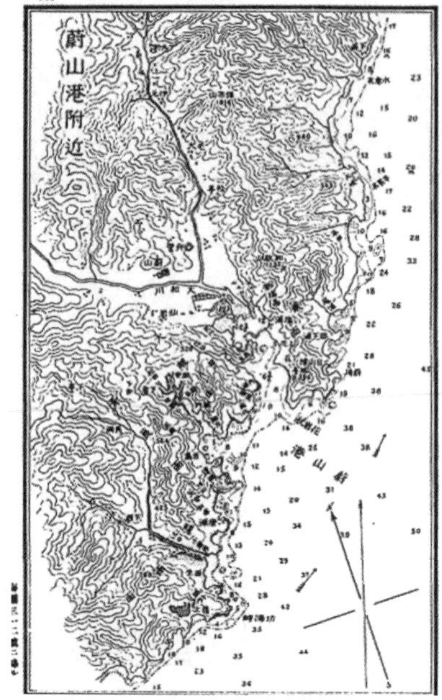

17. 울산항 부근(蔚山港附近)

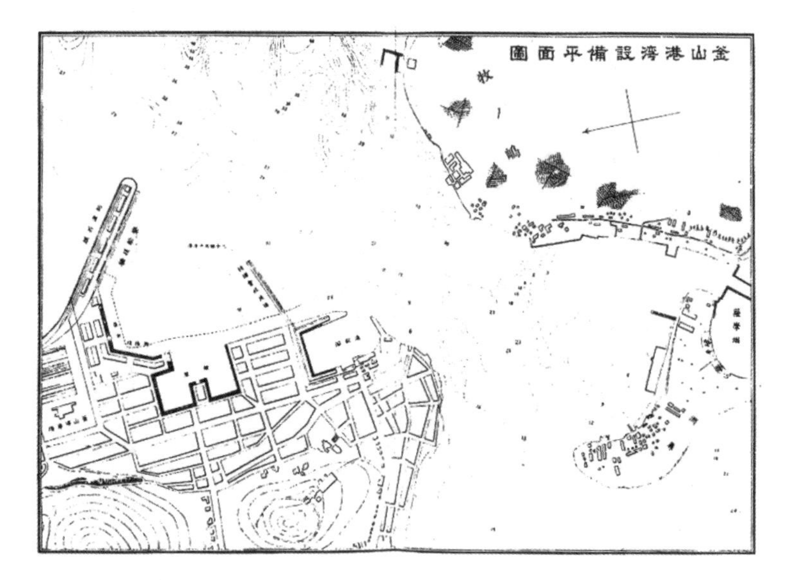

18. 부산항만 설비 평면도(釜山港灣設備平面圖)

19. 용남군 구역도(龍南郡區域圖)

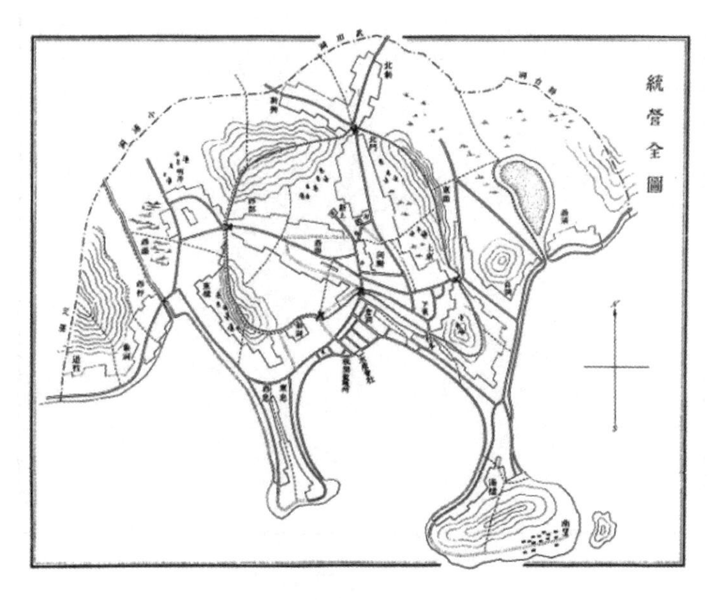

20. 통영전도(統營全圖)

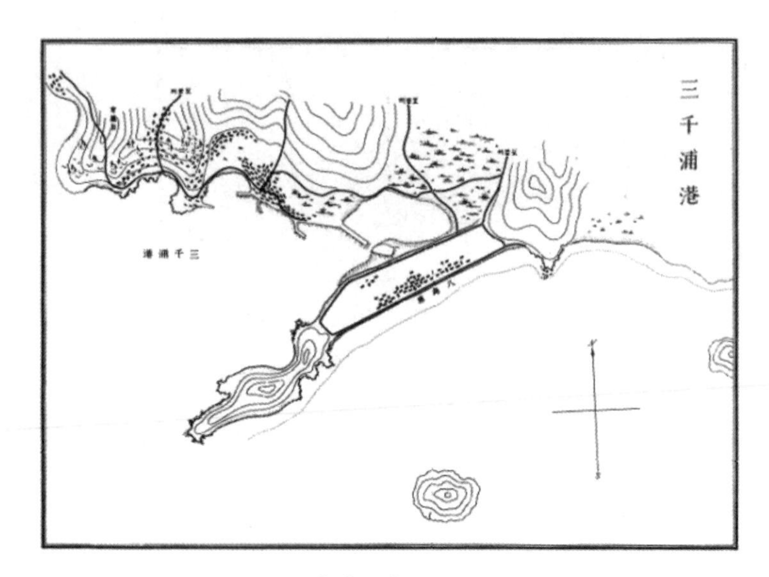

21. 삼천포항(三千浦港)

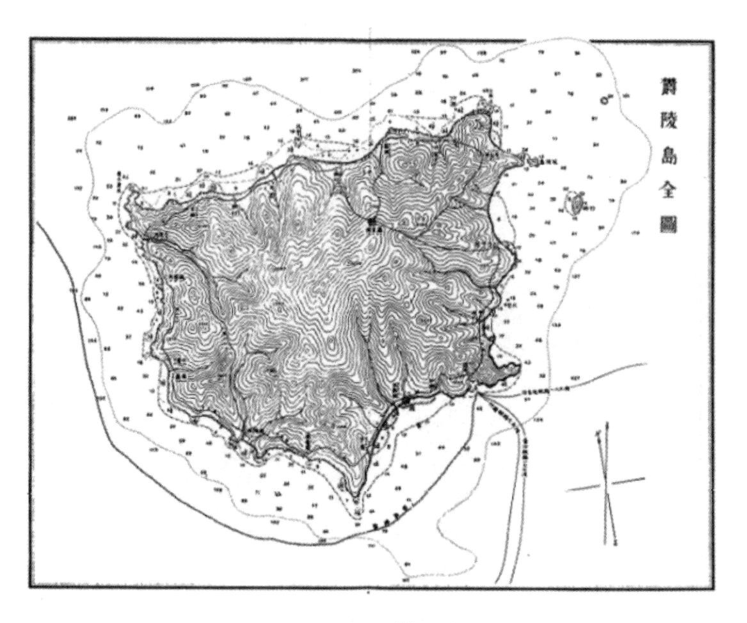

22. 울릉도전도(鬱陵島全圖)

부록

어사일람표(漁事一覽表) 1

함경북도

郡面	里洞	총 호구		어업자 호구		선수	어망종별 및 수		정치망·어살 소재지 및 수	
		호수	인구	호수	인구		종별	수	소재지	수
慶興府		370	2106	118	602	43		12		20
西面	西水羅	45	197	33	114	8	洪魚網 魴魚網	7 1		
海面	雄基浦	123	656	13	69	4	免致揮羅網	2		
新海		88	481	31	195	19	青魚網	2		10
安和		114	772	41	224	12				10
鐘城郡		53	213	8	22	7		7		
豊海	豊海	53	213	8	22	7	擧網 揮羅網	3 4		
會寧郡		502	2511	31	122	7		6		
觀海	梨津 間津 櫟山津	502	2511	31	122	7	魴魚網	6		
富寧郡		303		95		41		28		1
海面	板津	3		3		3				
三里	沙津	28		13		10	청어망 휘라망	2 1		
東面	雙津	39		39		4	방어망	15		
連川	連津	35		19		10	청어망 방어망	2 1		
青下	清津	198		21		14	연어망 면치망 방어망 휘라망	3 1 1 2	燈臺岩	1
鏡城郡		1018	5279	230	1160	78		136		2
龍城	鹽盆洞	9	49	4	18	1	방어망 홀치망	2 1		1
	浦項洞	11	54	6	37	1	양어망	1		
	五柳洞	32	181	7	38	2	양어망	2		
梧村	長淵洞	8	40	4	22	2	양어망	1		

	獨津洞	97	542	28	162	9	잡어홀치망 잡어휘리망	3 3		
	元鄕洞	11	36	8	28	2	稻米望魚網 양어, 免致魚, 홀치망	1 3		
朱乙湯	錢山洞	63	315	4	19	1	양어망 手蟹, 加魚, 눈치망	1 1		
	執三洞	15	95	7	49	2	手蟹, 加魚掛網	2		
	溫大津洞	66	359	16	85	4	양어망 洪魚網 加魚掛網	3 4 10		
	南夕津洞	37	148	10	39	4	紫蟹, 加魚掛網 양어, 잡어휘리망	40 2		
	鹽盆津	37	203	8	56	2	加魚 掛網	13		
朱北	接王津	41	205	14	70	3	加魚 掛網	21		
漁郞	吾常洞	43	212	6	30	2	利面水細網	1		
	梨津洞	45	180	10	45	2	동	1		
	新浦洞	29	201	9	55	2	利面水細網	1		
	大津洞	36	193	9	46	5	利面水細網 잡어거망 방어망	1 2 1		1
	魴魚洞	48	192	8	32	4	털게, 가자미, 홀치망	2		
東面	多津洞	120	702	31	137	7	青魚, 利面水細網	2		
	麻田洞	21	102	4	18	4	청어망	1		
	稷田洞	8	43	1	7	1	利面水細網	1		
	呼禮洞	35	171	3	12	2	利面水細網 잡어거망	1 1		
西面	楸津洞	31	196	7	49	5	青魚, 利面水 細網	3		
	雩洞	50	310	5	38	1	동	1		
	小良洞	31	219	3	13	2	利面水細網	1		
	大良洞	94	331	18	55	8	青魚, 利面水 細網	3		

明川郡		769		179		109		130		2
下古	葛麻津	16		7		4	어망	2		
	東湖津	90		35		16	어망, 利面水細網	35		
	治宮津	22		7		5	동	12		
	露積津	13		3		2	동	6		
	佳湖津	31		7		3	利面水細網 휘라망	14 1		1
	仙倉津	27		9		7	利面水細網	7		
	新津	47		16		12	利面水細網 比目魚細網	16 3		
	黃岩津	175		15		8	利面水細網	10		
	厚里津	38		18		5	어망	12		
	井湖津	28		13		8	利面水細網	6		
下加	三達津	29		4		2	어망	1		1
	多叱同津	20		4		4				
	蒼津	70		6		2				
上古	浦項津	75		15		8	어망	1		
	寶村津	68		10		9	동	2		
	黃津	20		10		5	어망	2		
吉州郡		81		35		10	예망	1		5
東海	大浦津	12		8		2	예망	1		
	洋島津	19		9		3				2
	日下津	50		18		5				3
城津府		1,192		332		107		57		2
鶴城	松下津	70		7		2	囊帒網	1		
	恩湖浦	13		9		3	잡어망	3		
	雙浦津	132		30		8	囊帒網 휘리망	3 2		
	達里浦	17		9		2	잡어망	3		
	晩春津	37		8		2	홀치망	1		
	雙龍津	52		16		4	囊帒網	5		
	晩春里 伐丁里	40		17		4	홀치망	3		
鶴東	蒙祥津	84		37		5	동	2		
	三斤津	77		10		2				
鶴中	南筏津	20		10		2	어망	1		
	臨湖津	57		35		18	휘리망	8		
	都龍洞津	57		23		4	동	2		

	楡津	17		10		2	방어망	1		1
鶴南	豊湖津	70		13		6	홀치망	2		
	禮洞津	35		17		4	잡어망	4		
	日新津	180		14		8	동	4		
	麻田津	33		12		4				
	樟項津	57		16		10	잡어망	8		
	靈坮津	69		27		9	홀치망	2		
	龍興津	75		12		8	휘리망	2		
합계		4,288		1,028		402		377		34

함경남도

郡面	里洞	총 호구		어업자 호구		선수	어망종별 및 수		정치망 · 어살 소재지 및 수	
		호수	인구	호수	인구		종별	수	소재	수
端川郡		628	1,413	189	348	55		192基		4
利下	加山里 (北大川 부근촌)	77	165	11	19		小網 周網	25 2		1
利上	汝海津	79	165	55	80	13	청어망 忽致網	3 7		
波道	倉津	56	113	32	77	14	청어망 홀치망	3 11		
	新昌里	120	238	6	11	1	휘리망 주망	60 4		
	鳳陽里	77	229	5	9		소망 주망	21 1		1
	德川里	33	72	7	16		소망 주망	23 3		1
	棋坪里	40	116	5	9		소망 주망	21 2		1
福貴	沙富津	50	98	26	41	11	홀치망	3		
	汀石津	57	121	25	47	12	동	1		
	龍水津	39	96	17	39	4	동	2		
利源郡		758		237		66		5,225把 19基		
東	上仙津	89		12		6	北魚網 北魚忽致網	545把 6基		
	下仙津	59		15		5	北魚網	450把		
	青津	64		16		6	동	400把		
	古巖津	48		7		4	동	600把		
	長津	117		30		3				
	文星津	94		30		12	北魚網 筶罹網 홀치망	1,500把 1基 4基		
南	浦津	80		20		7	北魚網 홀치망 휘리망	350把 4基 1基		
	龍項津	133		83		15	北魚網	840把		
	有津	30		11		4	北魚網 홀치망	180把 2基		
	船盆津	44		13		4	北魚網 홀치망	360把 1基		
北青郡		1,931		1,608		221		11,584把 116基		2

下居山	乾自浦	135		115		21	北魚網 홀치망	1,300把 6基		
下甫青	晩春津	268		228		28	北魚網 홀치망	1,220把 7基		
	薪豊津	133		120		21	北魚網 홀치망 휘리망	2,400把 9基 1基		
	新昌津	473		450		33	北魚網 홀치망 휘라망	2,800把 10基 3基		
海尾	長津	96		75		11	北魚網 홀치망 휘리망	1,450把 5基 1基		
陽坪	松島津	33		20		6	北魚網	96把		
	楡湖里	137		80		9	北魚網 홀치망	148把 11基		
	厚湖津	160		100		46	北魚網 홀치망	170把 38基		
南陽	新湖津	79		50		14	北魚網 휘리망	200把 5基		
	新浦津	257		230		8	北魚網 휘리망	300把 1基		
中陽	六坮津	160		140		24	北魚網 홀치망	1,500把 19基		1
洪原郡		2,513	6,390	378	994	207		219		12
龍源	島中浦	196	852	29	39	29	홀치망	22	본포 앞 5리 정도	2
灑浦	觀東浦	88	307	15	27	7	동	6		
	小乭浦	34	160	11	18	5	동	6		
	大乭浦	26	72	10	15	6	홀치망 예망	6 1	본포 앞 水面 5리인 곳	1
電龍	古看浦	31	133	5	8	4	홀치망	4	해면 3리 정도	1
景浦	長興浦	47	223	3	5	1	휘리망	1		
	松嶺浦	66	322	14	17	8	예망 휘리망	2 3	해면 4리 정도	1
州南	穿中浦	135	508	23	105	11	홀치망	11		
	方下浦	80	381	13	30	6	휘리망 예망	2 4	본포 앞 水面限 100보 혹은 205보 정도인 곳	4
	方上浦	30	156	6	25	2	홀치망	6		

	方西浦	56	292	9	40	3	동	9		
	壯東浦	55	222	13	65	4	동	13		
	西興浦	64	203	10	30	6	동	6		
新翼	南興浦	89	433	10	80	10	동	10		
湖南	新浦	17	66	5	8	2	동	2		
	蟹巖浦	27	58	7	15	2	동	2		
西甫青	茂桂浦	901	273	30	60	12	예망	12		
	三湖浦	476	1,428	146	349	71	홀치망	72	海面限 7, 8리	3
東退湖	東上浦	20	67	7	14	7	동	7		
	豊西浦	25	57	4	14	4	동	5		
西退湖	興上浦	19	95	4	20	4	동	4		
	興德浦	14	38	1	3	1	홀치망	1		
	松興浦	17	44	3	7	2	휘리망	2		
咸興郡		1,237		300		61		61基		17
東溟	西湖里	752		120		25	홀치망 거망	20 5		8
東雲田	倉里	380		140		30	홀치망 거망	23 7		9
連浦		105		40		6	홀치망	6		
定平郡		506		123		39		39基		5
富春	布德里	30		5		5	휘리망 거망	1 4	金江津	1
歸林		210		92		8	휘리망 거망	1 7	仲下里, 東下里	3 1
東宣德		79		10		10	휘리망 거망	9 1		
上宣德		80		9		9	휘리망 거망	7 2		
南宣德		107		7		7	휘리망 거망	2 5		
永興郡		4,822	23,292	88	326	54		405基		29
德興	龜巖灘	768	2,304	18	54	1	長網 都罹網	90 20		1
仁興	東川里	938	5,249	7	21		주망	60		3
古德	白安津	754	3,402	51	184	28	홀치망	1		3
	枇洞津	10	22			3	소휘리망 방어망	1 1		2
	青鶴里	3	15			1	加魚網 방어망	1 1		2

	三峯里	5	23			1	훌치망	1		1
	加津里	7	36			12	幾魚網 漁帳網	5 6		11
	明場津	1	4			1	小流網	1		1
	梨洞津	3	9			3	小流網	5		3
順寧	所羅里	1,248	6,873		7		四指漁網	105	所羅里[1]	2
憶岐	德美浦 廣灘浦 梧里浦	1,085	5,355	12	60	4	주망 四指網 二指網 휘리망	4 80 20 3		
高原郡		156		39		3		910把		8
郡內	下泗里	73		9			麻網	90把	下泗里, 加東里	2
下鉢	德興里	33		6			絲網 草網	90把 80把	德池灘	2
	高島里	38		12	1		麻網	150把	高島里, 湖坪里, 廣灘	3
	熊島里	12		12	2		동	500把	熊島里	1
文川郡		391		92		60		3基		16
龜山	北津浦	141		25		3	어망	3		2
明孝	南津浦	250		67		57			龍岩端 좌우	14
德源府		1,419	5,968	158	693	147		9基		150
龍城	石根里	26	134	5	23	5			石根里 구역내	5
	野汰里	56	245	5	26	5			野汰里 구역내	5
	沙屹川里	18	93	5	22	4			沙屹川 구역내	5
	庫石里	32	160	3	17	3			庫石里 구역내	3
	庫岩里	30	155	4	25	4			庫岩里 구역내	4
	龍津里	26	132	9	56	8			龍津里 구역내	9
	新興里	13	71	2	12	2			新興里 구역내	2
	新安里	47	232	9	33	8			新安里 구역내	9
	雲城里	25	127	7	39	7			雲城里 구역내	7
	揮厚里	52	270	3	13	3			揮厚里 구역내	3
州北	新上里	37	96	4	14	6			新上里 구역내	6

	陽日里	50	108	8	23	6		6	陽日里 구역내	5
	文坪里	41	97	3	6	3			文坪里 구역내	3
北面	關上里	69	222	8		8			關上里 구역내	8
	豊村里	37	171	4	20	4			豊村里 구역내	4
	文坪里	29	109	3	15	3			文坪里 구역내	3
赤田	松上里	21	119	3	12	3			松上里 구역내	3
	松中里	44	230	6	27	6			松中里 구역내	6
	松下里	37	188	5	22	5			松下里 구역내	5
	松興里	39	182	4	19	4			松興里 구역내	4
縣社	銘石院	258	829	12	42	4			銘石院 구역내	8
	斗南里	97	628	19	101	19			斗南里 구역내	19
	斗方里	16	79	2	9	2			斗方里 구역내	2
	斗山里	42	172	7	31	7			斗山里 구역내	7
	連島里	66	234	11	44	11			連島里 渴馬浦 구역내 渴島浦 구역내	7 4
	城北里	120	569	3	13	3		3		
	元山中里 三洞	53	210	1	8	1			元山中里 구역내	1
	元山中里 下村	38	106	3	21	3			元山中里 구역내	3
安邊郡		292		38		10		45基		4
下道	浪城津	65		24		6	유망 거망 휘리망	3 6 2	倉洞後津 浦項	1 1
	麗島	22		11		3	유망 휘리망	1 1	白日浦	1
世淸	南川江	205		3		1	絲網	32	南江	1
합계		14,65 3				923		17,719把 1,108基		247

강원도

郡面	里洞	총 호구		어업자 호구		선수	어망종별 및 수		정치망 · 어살 소재지 및 수	
		호수	인구	호수	인구		종별	수	소재지	수
通川郡								23		1
順達	叢石津						휘리망	4		1
龍守	金蘭津						동	6		
山南	童子院里						동	3		
臨道	荳白津						동	2		
	沙津						동	7		
	長箭津						동	1		
高城郡								53		1
二北	五里						幾魚網	3		
	城直						동	2		
一北	靈津						방어망	7		
	西墟						幾魚網 방어망	7 3		
	后津						방어망	2		
	梨洞						幾魚網 방어망	3 1		
	浪汀						幾魚網	1		
東面	熢燧						어망	2		
	立石						幾魚網 방어망	2 3		
	南江						鰱魚網	1		
	末茂						幾魚網 방어망	2 3		
西面	全城									1
安昌	浦外						幾魚網 방어망	5 3		
	松島						幾魚網	3		
杆城郡								47		
縣內	草島里						鰯魚網	1		
	大津						동	1		
	麻次津						동	2		
	猪津						鰯魚網	1		
梧峴	巨津						大魚網 (麻絲網) 鰯魚網 (綿絲網)	3 5		

	長坪津						鰯魚網	1		
大垈	松湖里						동	2		
	盤巖里						大魚網 鰯魚網	1 5		
旺谷	仙游里						大魚中 漁網 鰯魚網	1 2 2		
	加津						동	2		
	公須津						鰯魚網	4		
竹島	五里津						동	4		
	望浦						동	2		
	掛津						동	1		
土城	槁巖里						동	1		
	群仙津 (일명 清澗)						동	2		
	天津						동	1		
	廣浦						동	2		
	沙津						동	1		
襄陽郡								69		
所川	東津						綫魚網 列只魚網	3 7		
	外瓮津						列只魚網	6		
道門	瓮津						綫魚網 列只魚網	3 7		
沙峴	北津						列只魚網	5 2		
東面	屈浦						綫魚網 麻魚網	2 1		
	水山津						綫魚網 列只魚網	2 7		
縣北	草津						동	2 4		
縣南	洞山津						동	4 6		
	南涯津						동	3 5		
江陵郡								47		11
	南項津				28	5	어망	2	南坪沙場	1
	見臺津				20	3	동	2	前坪沙場	1
	安仁津				38	8	동	2	北坪沙場	
	正東津				70	21	동	7		
	金津				25	6	동	6		

	建南津				71	13	동	8		2
	道直津				18	4	동	2	前坪沙場	1
	漢津				11	11				
	於達津				5	5				
	墨湖津				73	25	어망	5	1	
	江門津				27	4	동	2	1	
	沙仁津				30	12	동	3	1	
	沙斤乭				3	3	동	1		
	領津				20	4	어망	2	1	
	注文津				36	9	동	2	1	
	手岩津				45	9	동	3	1	
三陟郡								18		3
遠德	笑湖浦						幾魚網 大口魚網	1 1		
	臨院浦						동	2 2		
	楸川浦						동	1 1	文柯洞 前川	1
	德山浦						동	2 2		
府內	汀澤浦						幾魚網 홀치망	3 1	南陽洞 箭川	1
道下	松亭浦						기어망 대구어망	1 1		1
蔚珍郡								14		
遠北	馬墳浦						소휘리망	1		
	鹽邱浦						대휘리망 소휘리망	1 2		
	朽斤浦						대휘리망 소휘리망	1 1		
	羅谷浦						소휘리망 長:430把幅 :8把	2		
近北	骨長浦						대휘리망 소휘리망	1 1		
	草坪浦						소휘리망	1		
	竹邊浦						대휘리망 소휘리망	3 1		
上郡	曲海浦						동	1 2		
下郡	貢稅浦						동	1 2		

近南	屯山浦						소휘리망	1		
	洞庭浦						동	2		
	全反浦						대휘리망 소휘리망	2 2		
	黑浦						동	1 2		
遠南	草山浦						동	2 2		
	烏川浦						동	2 1		
	厚里浦						소휘리망	1		
	望洋浦						대휘리망 소휘리망	1 1		
平海郡								22		
南面	厚里洞						휘리망	4		
	地境洞						동	2		
	也音洞						동	1		
	下栗洞						동	1		
近北	邱山洞						동	2		
	烽燧						동	1		
南下里	猪場洞						동	1		
	直古洞						동	1		
	狗巖洞						동	1		
遠北	箕城洞						동	2		
	下沙洞						동	3		
	望洋洞						동	2		
近北	項谷洞						동	1		
합계								320		16

1) 所罹里의 오자로 생각된다.

경상북도

郡面	里洞	총 호구		어업자 호구		선수	어망종별 및 수		정치망 · 어살 소재지 및 수	
		호수	인구	호수	인구		종별	수	소재지	수
寧海郡		663		100		43		638		
邑內	公須津	40		4		2	靑魚網 大口魚網 三魚網 放網	6 6 6 1		
	大津	88		9		4	靑魚網 三魚網 大口魚網 蟹網 古登魚網 洪魚網 放網	18 24 19 8 6 8 2		
	乾達	38		13		3	청어망 삼어망 대구어망 紫蟹網 홍어망 고등어망	25 34 24 24 24 9		
	件里津	37		7		2	청어망 삼어망 대구어망 紫蟹網 고등어망	8 17 12 8 3		
	糸津	31		10		2	청어망 삼어망 대구어망 紫蟹網 고등어망 홍어망	16 24 20 12 7 20		
	磨屹	26		10		2	청어망 고등어망 삼어망 홍어망 대구어망 紫蟹網	14 7 19 3 20 5		
南面	丑山	109		10		4	삼어망 대구어망 고등어망 방망 휘리망	16 15 3 12 1		
	踰輪	28		12		3	삼어망 대구어망 고등어망	26 23 3		

							방망 紫蟹網 홍어망	1 12 12		
	景汀	112		11		11	고등어망 대구어망 삼어망 방망 紫蟹網 휘리망	5 12 3 8 4 1		
	烏每	27		3		1	대구망 고등어망 방망	4 2 3		
	柄津	57		6		6	고등어망 방망 휘리망	2 4 2		
	白津	70		5		3	방망 고등어망 휘리망	3 1 1		
盈德郡		1,018		446		94		216		
東面	芮津洞	36		10		5	대구어망 유망 청어망 삼어망	5 3 5 5		
	老勿洞	51		29		8	蟹網 청어망 대구어망 유망 삼어망	1 2 12 4 3		
	烏保洞	71		35		6	휘리망 방망 蟹網 유망	2 3 1 1		
	菖浦洞	115		25		8	蟹網 방망 細網 유망 대구어망	2 2 1 4 4		
	太夫洞	71		32		7	細網 光魚網 삼어망 유망 대구어망	2 3 3 3 3		
	下渚洞	79		42		9	휘리망 방망	2 7		
	金津洞	70		34		11	삼어망 방망 廣魚網 대구어망	12 11 3 12		

	小下洞	19		10		2	삼어망 유망 대구어망	4 4 4		
中南	舊江洞	77		22		5	휘리망 방망	2 3		
	新江洞	26		4		3	방망	2		
	三思洞	65		27		5	삼어망 廣魚網 대구어망	5 5 5		
	皮田洞	10		10						
外南	南湖洞	39		15		1	소휘리망	1		
	龜溪洞	73		70		6	휘리망 방망 대구어망	2 4 10		
	元尺洞	49		20		5	휘리망 삼어망 방망 卜網 대구어망 유망	1 3 1 1 3 4		
	飛勿洞	27		20		6	대구어망 유망 방망	5 5 2		
	新興洞	35		20		1	소휘리망	1		
	高天洞	24		11		3	방망 대구어망	3 6		
	地境洞	61		10		3	동	3 6		
清河郡		614		345		88		1,990		
北面	地境洞浦	48		19		3	申魚網 青鹽魚網 대구어망	38 38 38		
	耳津洞浦	53		44		9	申魚網 고등어망 대구어망 청어망	2 8 50 86		
	大津洞浦	35		28		7	申魚網 고등어망 青魚網 대구어망	5 8 60 32		
	獨石里浦	37		32		6	蟹網 고등어망 대구어망 청어망	12 9 6 48		

	祖師洞浦	94		31		11	청어망 대구어망 蟹網 고등어망	550 100 56 8		
縣內	中揮里浦	36		30		6	申魚網 청어망 휘리망	3 10 2		
	方漁津浦	78		31		8	青鹽魚網 申魚網 蟹網 고등어망 청어망	12 24 10 16 60		
	小斤浦	37		10		2	申魚網	2		
	介浦洞	26		16		1	申魚網 휘리망	1 1		
	外揮里浦	25		12		6	申魚網 휘리망 청어망	3 1 20		
	龍山里浦	26		15		5	申魚網 청어망 휘리망	2 20 1		
東面	青津浦	36		25		7	申魚網 고등어망 청어망 대구어망	30張 20同 140同 70同		
	二加老浦洞	83		52		17	고등어망 申魚網 蟹網 청어망 대구어망	40同 32同 10同 170同 136同		
興海郡		915		414		158				
北下	青津洞	42		24		6	방망 유망 細網	48張 3,120巴 1,500同		
	方魚洞	17		6		3	방망 細網	24張 60巴		
	島項洞	65		41		13	방망 유망 細網	104張 676巴 325同		
	七浦洞	183		110		24	방망 휘리망 細網	192張 9,600巴 600同		
東下	龍德里	61		24		9	방망 휘리망 細網	72張 7,200同 270同		
	小汗里	71		26		11	방망	88張		

							유망 細網	2,200巴 3,300同		
	牛目里	70		27		9	방망 유망 細網	72張 1,800巴 2,700同		
	知乙里	33		12		11	방망 유망 細網 휘리망	88張 2,200巴 3,300同 5,500同		
	竹別里	44		18		4	방망 細網	32張 1,200巴		
東上	汝南洞	57		25		16	방망 弁船 細網	128張 17,920巴 4,800同		
	葛馬里	39		15		5	방망 弁船 細網	40張 5,500巴 1,500同		
	汗者里	75		30		12	방망 弁船 細網	96張 13,200巴 3,600同		
	雪末里	20		10		12	방망 朱卜網 細網	96張 5,040巴 3,600同		
	利津里	32		15		12	방망 珠卜網 細網	96張 5,040巴 3,600同		
	斗湖洞	50		15		7	珠卜網 細網	2,940同 2,100同		
	余川里	56		16		4	細網	1,200同		
迎日郡		805		134		134		106		27
東海	一三洞	381		129		129				
邑內	一洞	27		3		3	휘리망 세망 유망 囊網 楚網	73 9 8 12 4	東海面 林谷灣 興海灣 立岩灣 馬山灣 下興灣 稷串灣 發山灣 余士灣 大冬背灣 淨川灣 九萬灣	2 3 3 3 1 2 3 5 2 2 1
北面	一洞	397		2		2				
長鬐郡		1,936	6,936	99	272	106		424件		
外北		428	1,711	12	32	11	휘리망,	44同		

							蟹網, 加三魚網, 고등어망			
內北		196	789	21	59	21	동	84同		
西面		93	364	7	18	6	휘리망, 蟹網, 加三魚網, 고등어망	24件		
縣內		374	1,263	11	44	20	동	80件		
內南		466	1,727	26	71	26	동	104件		
陽南		379	1,082	22	48	22	동	88件		
합계		5,951		1,538		623				

경상남도

郡面	里洞	총 호구		어업자 호구		선수	어망종별 및 수		정치망 · 어살 소재지 및 수	
		호수	인구	호수	인구		종별	수	소재지	수
蔚山郡		1,722	7,406	487	1,950	159		212		59
江東	地境洞	70	332	21	62	9	葛網 麻網 紬網	3 3 3		
	亭子	85	403	7	30	2	주망	2		
	板只洞	21	112	3	10	2	주망	1		
	卜星洞	14	69	3	9					
	楮田洞	45	205	9	27	3	주망	3		
	牛加洞	5	12							
	堂社洞	34	124	3	9	1	주망	1		
	朱田洞	71	341	10	52	2				
	尾浦洞	33	154	16	58	4				
東	田下洞	52	197	15	40	5	갈망 주망	1 1		
	日山洞	49	208	41	186	10	주망	6		
	方魚洞	39	111	9	27	3	동	3		
	下花岑洞	19	92	2	5	2	동	2	分月利, 多利趣	2
	上花岑洞	11	42	1	1	1	주망	1	月菜, 都督, 柳克浦, 武陵浦, 月菜后 大口頭, 柄浦, 望巖, 艾田	5 4
	鹽浦洞	179	827	3	14	3	갈망 주망	2 1	黑岩, 水浦, 水浦長登麻 田浦, 安石浦, 柄浦長登兩 石場	8
峴北	楊竹洞	78	235	25	105	8	絲網 주망	8 8	自夫岩 東夫浦, 廣魚浦, 廣石浦, 魚分浦, 后登浦, 上自岩, 中自夫岩, 下自夫岩,	1 11

									石上浦, 泡木項	
	九井洞	63	83	24		12	絲網 주망	1	竹島 踏角, 倢岩	3
	柳串洞	19	99	2	11	2	주망	12 2	月下浦 自登浦, 血浦, 松浦, 細島	5
峴南	用岑洞	69	252	13	35	6	주망	12	禿岩, 廣岩, 官廳浦, 每麻, 金沸里, 漁項 僧岩, 古岩, 邑內浦, 每麻長登, 上㖡味石津浦, 沙汰浦	13
	南化洞	61	328	9	45	3	마망 주망	9 12		
	用淵洞	90	444	11	45	4	주망	3		
	黃岩洞	24	118	5	17	2	마망 주망	4 5		
	城外洞	68	284	5	19	3	동	7	甲巖,立巖 小岳津, 大岳津, 龍王㖡, 上取尾	6
	城岩洞	66	296	12	53	2	갈망	2		
青良	新只洞	23	70	15	50	4	주망	4		
	松岩洞	79	276	58	197	25	동	58	達岩, 麻岩	
溫山	利津洞	32	150	13	53	7	동	13		
	唐浦洞	95	412	56	261	8				
	牛峰洞	71	407	54	415	10	絲網 주망	1 5		
	江回洞	38	201	12	25	4	주망	5		
西生	鎭下洞	84	354	20	54	11	예망 주망	4 3		
	大陸洞	35	168	10	35	1	주망	1		
機張郡		1,125	4,960	424	1,911	132	어망	206		14
上北	火浦洞	166	744	112	508	29	放揮網 細網 휘리망	11 5 3		
中北	七浦	54	228	19	89	7	방휘망 세망	5 20		

	文浦	119	622	33	156	12	동	10 20		
	月浦	136	657	70	343	15	방휘망 휘리망	12 3	본포 앞	3
東面	冬浦洞	69	255	14	51	6	방휘망	2		
	項浦	71	272	25	94	7	방휘망 세망	5 6	본포 앞바다 본포 三聖 水面	1 3
	楪浦洞	99	461	20	96	13	방휘망 세망 휘리망	4 9 1	본포 앞바다	1
邑內	船頭浦	161	720	66	365	16	세망 방휘망 휘리망	25 5 2	본동 前面	1
	豆毛浦	115	435	35	78	15	동	20 3 2	동	2
南面	非玉浦洞	135	566	30	131	12	휘리망 세망	3 30	松亭洞 앞 水面 公須洞 앞 水面	3
梁山郡		494	1,919	33	133	43	어망	27		
外南	平洞	20	72	7	22	採藿船 3 어선2				
	羅士洞	50	219	2	7	韓漁船 3 日漁船 2 採藿船 2	韓揮罹網 일본 휘리망	4件 2同		
	雲巖洞	71	339	3	17	어선7 採藿船 3	한휘리망 일본 휘리망	4同 2同		
	新里	49	207	11	46	동 4 동 3				
	孝烈洞	29	115	3	12	동 3 동 2	휘리망	2同		
上西	沙旨洞	75	284	3	14	3	打瀨網	6同		
下西	龍塘洞	142	451	3	12	4	동	6同		
	院洞	58	232	1	3	2	동	1同		
東萊郡		4,418	19,812	588	1,855	240				
東下	右洞浦	108	264	30	30	3	휘리망	3機		
	中洞浦	124	300	25	25	7				
南	求樂浦	47	197	4	4	4	방휘리망	4同		

	德民浦	33	129	7	7	7	휘리망 세망	5同 14同		
	平民浦	46	265	8	8	8	휘리망 방휘리망 세망	1機 8機 105 幅		
	虎巖浦	45	200	1	1	1	휘리망	1幅		
	南川浦	78	420	19	19	19	휘리망 세망	3機 26幅	項踰楸 窟巖楸	2
龍珠	龍湖浦	159	454	1	3	1	세망	10幅	扶席湫, 白雲浦, 路林浦	3
	龍塘浦	82	242	40	70	15	동	185 幅	貴人湫, 遮日巖, 大石巖 井湫	4
	戡蠻浦	64	199	24	50	20	동	20幅	納雲湫, 聚城湫, 井湫, 皷巖, 白泥嶝, 東簾,船艙, 玉也巖	8
	牛巖浦	20	56	6	6	2	동	20幅	生木湫, 若木湫, 釗乭湫	3
釜山	路下浦	59	342	5	25	5				
	佐一浦	175	979	16	45	5	예망	5機		
	水晶浦	228	888	44	79	13	동	13機	椧二湫, 椧湫, 納物湫	3
沙中	草梁浦	502	2,616	4	24	2	세망	10幅	湫簾, 洞簾, 新龜巖, 舊龜巖	4
	瀛洲浦	408	1,870	2	7	2			設門湫, 西簾, 宮汀	3
	瀛仙浦	208	945	6	30	6	동	24幅	堂前湫, 城底湫, 鷹光湫	3
	靑鶴浦	55	288	6	25	2	동	30幅	黑石湫, 駕馬湫, 門乭湫, 嶝糸湫, 廣石湫	5
	東三浦	117	606	53	156	14	세망	230 幅	兼浦, 仙嵒, 蟾岩,	6

									納德湫, 立石湫, 黑母湫	
	瀛溪浦	186	850	12	38	5	동	20同	城未湫, 吉浦, 長基浦 火基湫, 洞基	5
沙下	富民浦	597	2,328	65	253	16	동	36同	通水湫, 自葛湫, 堂山湫	3
	巖南浦	87	407	47	52	10	세망 휘리망 鰯魚網	10同 2機 8機	官船, 廣別, 麻堂德, 수[2]魚員, 虎尾湫, 東島	6
	甘川浦	123	546	43	210	10	세망 鰯魚網	10幅 8機	高石湫, 鳥口員, 鳥枝岩 九石浦, 栢子浦, 麻堂德, 毛湫浦, 鳥木汀	8
	舊西平浦	50	244	17	55	7	세망 휘리망	6幅 1機	鄕所, 官廳, 象岩, 松栢 蜂巖, 禿乭, 未德	7
	多大浦	243	1,428	75	507	42	세망 휘리망 周網	20幅 2機 7同	松湘, 籠巖, 西根杜味 白石巖, 簾幕, 夜望, 半月, 槽命, 臥石杜味, 桐栢汀, 遠望 井下	12
	長林浦	57	455	10	38	3				
	平林浦	144	715	6	21	3	回引網 防網	1幅 2同	南燈, 補德浦, 西江, 東江	4
	下端浦	106	427	11	62	6	回引網 防網	10同 10同	南燕島, 新嶝, 藪浦燈[3]	3
左耳	龜浦	267	1,152	1	5	2	예망	1同		
金海郡		308	1,522	43	136	27		16		
鳴旨	鎭東浦	78	364	28	65	14	예망	10本		
	下薪田浦	61	333	5	15	4	동	2同		
	仙巖里	35	123	2	10	2	동	2同		

駕洛	竹林浦	47	217	4	29	3				
	內竹浦	87	485	4	17	4	예망	2同		
昌原府		3,354	14,693	622	1,937	416	어망	211		135
熊東	山陽里	46	173	17	45	6	松魚網 錢魚網	10幅 13同		
	安城里	25	101	18	53	5			栗山大 末條 立石條 玄乭條 群條 廣石條	1 1 1 1 1
	晴川里	30	113	18	45	6	擧網	1		
	安骨里	129	647	40	99	11			巨文巖條 甘水杖條 醬巖條 濟若條 大淸巖條 甬民巖條	6
	院里	90	386	14	33	23				
天加	訥次里	113	479	37	79	23	防揮罹網 거망	2 1	內外箭條 外水箭條 巨文吉條 嶼末條 於雲浦條 (義親王宮進 上條) 中德條 沙汰條 松末條 島嶼次九味條 初非淩條 島嶼上下沙 箭條 先舊骨條 後舊骨條 後舊骨三古 代條 浦外竹田洋中 錢馬島洋中 竹田外海洋中 尾乭末海洋中 沙湫海洋中 乷嶼上海洋中 文筆峰下 海洋中 宕巖前海洋中 牽馬島海洋中	23
	南仙里	55	300	9	23	9	防網	3	倉內九是條 火石巖條	6

									廣飛磯條 仇乙浦六九磯條 船倉外火土條 毛豆白其條	
	南坪里	64	338	4	12	4	방휘리망	4		
	大項里	77	378	16	39	16	周卜	1	童島條 倭俠條 島支巖條 (義親王宮進 上條)	3
	獐項里	33	185	17	37	10			氷帳條 謀內條 (組合入)	2
	城北里	105	475	5	15	5			畓底條 臥朱岩條 內治條 民有陳 大金木條	4
	東仙里	206	923	1	3	1			杓飛磯條 松末條 中德條 沙汰條 石澗條 石橋條	6
熊邑	參浦里	57	282	27	63	15	방휘리망 蔑魚網	2 2	村前烏巖條 官防簾先枝條 官防簾後枝條 民有 蘇台先枝條 蘇台後枝條 友島莫古之條 友島西巖條 村前先枝條 村前後枝陳	9
	槐井里	45	214	20	53	11	방휘리망	2	湫末條 (民有) 溺江加音條 千年條 東柏條 載巖條陳 洛柄條 磯隙條 官防簾條	8
	明洞里	65	306	25	56	11	방휘리망	3	沙汰條 東浦條 西浦條 秀魚條 石魚條 東浦後枝條 簣島鯨江條	7

	薺浦里	37	174	11	27	6	방휘리망	2		
	水島里	45	171	42	125	19	방휘리망 거망 乼網	3 2 2		
	竹谷里	40	189	4	10	3	방휘리망	2	川湫條 熊島條 �JSON末條 籠巖條 草理島干浦條 草理島東邊條	6
	臥城里	26	116	25	60	16	방휘리망 거망 乼網	2 1 2		
	院浦里	35	170	5	15	3	萬項揮羅網 방휘리망	1 1	蛇磯條 內湫條 突房條	3
	水治里	16	75	4	13	3	방휘리망	1	山汰條 家前條 秀魚條 明幕條 合浦東浦條	5
	椽島里	63	359	50	355	15	방휘리망 乼網 거망	2 1 2		
熊中	涑川里	85	485	13	32	12	휘리망 방망	3 3	陽沙條 梁山下條 新倉條	3
	豊湖里	118	639	6	16	6	방휘리망	4		
	行巖里	48	307	4	17	4	잡어방망 해삼방망	1 3	大野條 合浦西浦條 舊地條 家前條 穴巖條 藪丹條 大浦條 台峯內湫條	8
熊西	安谷里	45	229	8	21	8	방휘리망	3	秀魚條 龍巖條 內湫條 家前條 大浦條	
	中坪里	25	171	4	13	4	잡어방휘리망	2	西浦條	
	道萬里	32	226	3	9	3	방휘리망	1	左旋浦條	4
	飛鳳里	59	226	6	17	6	방해삼망	6	麻島鼻巖條 博島條	
	貴山里	43	157	3	9	3	방휘리망	1		
	龍湖里	6	21	1	4	1	동	1		

外西	山湖	91	364	2	6	2	방휘리망	1	日南條	1
	西城	158	474	4	11	4	방어망	4		
	午山里	156	618	14	56	14	방휘리망 綿網	10 4		
龜山	水晶里	73	232	3	17	3	방렴 방휘리망	1 1	女機條 崑山家前條	2
	安寧里	10	57	3	12	2	방렴 방휘리망	1 1	洞案山條 馬邱里條	2
	玉浦里	40	177	3	17	3	방렴 거망	1 1	山汰條 立岩條	2
	藍浦	71	232	12	47	12	방렴 거망 방휘리망	1 1 1	揮羅條 烽下條 岩下條 西間條 白�條 細作條	6
	元田里	18	81	1	1	1	箭網	1	越南條 玉浦外洋條	2
	龍湖里	21	105	3	22	3	방휘리망	3	彌木條	1
	龜伏	50	260	6	35	3	동	1	玉浦梧桐條	1
	明珠浦	23	89	3	9	3	동	1		
	德東里	34	160	3	14	3	동	3	牧兒島條	1
	架浦	45	162	4	15	4	동	4		
鎭東	宣基里	43	190	20	45	20	剪魚網 방어망	2 18		
	古縣里	97	389	19	54	19	동	1 2		
	西村里	126	546	15	44	10	within網 방어망	4 6		
	東村	106	479	16	41	12	within網 방어망	7 5		
	城山里	81	296	3	11	1	within網	2		
	蓼場里	52	213	7	23	5	방어망	5		
	多飛里	64	227	11	31	11	동	11		2
鎭西	耳明里	77	189	4	8	4	방휘리망	4		
	倉浦里	55	138	9	20	9	동	7	倉浦條 前洋條	2
巨濟郡		3,808		216		180	세망 대부망	139 93		94
河淸	柳溪浦	110		6		6	세망 대부망	6 1		1
	實田浦	41		1		1	세망	1		
	德谷浦	45		2		1	세망 대부망	1 1		1

	石浦村	46		5		2	동	2 4		4
	河淸浦	153		1		1	세망	1		
	七川島	244		40		25	세망 대부망	20 5		5
長木	頭毛浦	45		2		2				
	冠浦村	60		2		2				
	下柳浦	44		3		2	거망	2		2
	長木浦	123		2		2	예망	2		
	宮農浦	39		2		2	동	1		
	黃浦村	67		3		3	동	3		2
	舊永村	45		2		2	동	2		
延草	大烏浦	109		3		4	세망	3		
	汗內浦	100		4		4	세망 대부망	1 3		3
外浦	大今浦	77		1		1	대부망	1 1		1
	矢方浦	71		5		5	동	5 1		1
	外浦村	154		5		5	동	5 3		3
	德下浦	47		3		3	동	3 2		2
二運	玉浦村	133		5		3	대부망	1		1
	居老浦	74		1		1	동	1		1
	杜母浦	48		2		3	동	5		5
	舵臺浦[4]	34		2		2	세망	2		
	菱浦村	39		2		3	대부망	5		5
	長承浦	39		3		3	세망	3		
	助羅浦	50		2		2	대부망	3		3
一運	楊花浦	28		2		2	동	2		1
	望峙浦	57		3		3	동	3		3
	項里浦	109		5		5	세망 대부망	3 2		2
	助羅島	9		1		1				
	曳九浦	28		9		6	세망 대부망	6 3		
	臥峴浦	47		7		5	동	3 3		3
	知心島	13		1		1	세망	1		

	橋項浦	68		1		1	세망 대부망	1 1		1
	船滄浦	42		1		1	동	2 4		4
	會이[5]浦	36		2		2	동	1 1		1
	大洞浦	27		1		1	대부망	1		2
	玉林浦	26		5		3	세망 대부망	2 3		5
	中里浦	22		1		1	세망	1		
東部	塔浦洞	73		2		2	동	2		1
	猪九洞	51		2		2	동	2		1
	多大浦	63		7		2	세망	7		1
	多浦村	33		3		3	동	3		1
	乭串洞	51		5		5	세망 대부망	5 1		2
	鶴洞浦	56		2		2	동	2 5		5
	東湖浦	16		1		1	대부망	1		1
	玉松浦	26		2		2	동	2		2
西部	小浪洞	54		3		1	동	2		2
	內看浦	119		5		1	세망 대부망	2 3		2
	法東浦	60		3		3	동	2 2		2
	山達島	36		3		3	동	2 2		2
	鳥首浦	69		2		2	세망	2		
	竹林浦	40		6		6	세망 대부망	6 1		1
屯德	鹿山浦	19		3		3	세망	3		
	逑亦浦	39		2		2	동	2		
	花島浦	16		5		5	동	5		
	鶴山浦	65		4		4	동	4		
沙等	沙谷浦	80								1
	內沙等浦	78		1		2	세망 대부망	1 1		1
	沙斤浦	50		1		1	동	1 1		1
	青谷浦	45		2		2	대부망	3		3
	新溪浦	45		1		1	세망 대부망	1 3		3
	德湖浦	75		3		3	세망	3		

固城郡		2,376	11,472	193	795	146		111		47
華陽	堂項浦	86	172	13	91	13	日防網	5機	본포	7
東馬	頭浦	72	293	4	17	1			본포 앞	4
	昆基浦	27	139	4	16	2			동	4
	豆洛浦	21	89	4	16	2			동	4
	平山浦	55	232	1	5	1			동	1
東邑	邑前浦	55	370	8	63	6	예망	6	본포	2
	水外浦	83	345	3	15				동	3
	曲龍浦	32	120	4	18	4	日防網	4機		
光一	島山浦	60	273	5	20	2			東馬面 頭浦 앞	5
葡萄	竹川浦	39	173	1	4	1	日防網	1		
	內新浦	28	172	4	18	4	동	4		
	法洞浦	71	381	4	19	4	동	4機		
	梅亭浦	39	169	1	7	1	동	1		
	下壯浦	95	422	3	11	3	동	3機		
	檢浦	61	310	1	4	1	동	1		
	佐夫浦	29	100	1	4	1	휘리망	1		
	駕龍浦	56	225							
	錢島浦	29	101							
上西	屛山浦	56	242	5	20	6			堂山 앞바다	2
上南	布橋浦	53	260	22	45	10	日防網 掛網	5 2		
	豆毛浦	31	127	6	12	4	日防網	4機		
	龍浩浦	53	230	16	34	4	동	4機	同浦 앞바다	12
	米谷浦	37	124	2	9	2			鷗浦 앞바다	2
	長支浦	35	129	4	9	1	日防網	1機		
	三峯浦	102	511	4	9	1	동	1		
下一	松川浦	107	679	9	39	9	예망	6機		
	松鶴浦	24	107	4	19	4	동	3		
	東禾浦	39	224	8	41	8	동	7		
	新基浦	23	89	2	11	2	동	2機		
	立巖浦	29	118	7	37	7	동	7		
	下禾浦	23	144	3	9	3	동	2		
	三台浦	23	129	2	7	2				
	駕龍浦	21	100	7	35	7	예망	7機		
下二	君湖浦	54	297	3	11	4	日防網 괘망	5機 1		

	德明浦	73	390	7	25	7	예망 괘망	5 2		
	月下浦	80	393	2	6	1	日防網	2		
南陽	實安浦	135	737	6	38	6	동	6機		
	大芳浦	112	522	3	14	3	동	3		
	深圃浦	47	299	2	7	2	예망	2		
	大禮浦	37	218	5	18	5	동	5		
	龍洞浦	45	373	2	7	2	동	2		
	松川浦	200	953	1	5	1			同浦 남쪽 3丁	1
泗川郡		1,024	3,072	160	320	102		32	下南面 中南面	7 3
洙南	新樹島 勒島 馬島 東錦洞 西錦洞 仙地洞 下香洞									
文善	東洞 西洞									
下南	朱文洞 新清洞 新令洞									
中南	船津洞 通津洞 蓮浦洞									
晋州郡		141	594	5	23					
夫火谷	駕山洞	80	332	1	5					
	河龜洞	61	262	4	18					
昆陽郡		1,257	5,115	318	892	釣 12 漁 30				80
加利	牙方浦	28	109	2	2				본동	2
	臥峙浦	25	110	7	7				동	7
	占卜浦	36	142	6	6				동	7
	中項浦	29	133	7	7				동	7
	古東浦	13		2	2				동	7
西部	龜伏浦	30	110	6	32				본포	6
	內鳩浦	43	194	2	11				金陽江	2
	金津浦	89	321	2	8				동	2
兩浦	措島浦	33	186	4	17				본동	4
	大浦洞	19	97	3	13				동	3
	九浪浦	30	157	4	18				동	4

	樟川浦	24	138	3	11				동	3
	自惠浦	109	582	13	65				동	3
	仙倉浦	53	293	3	15				동	2
	飛兎浦	58	294	3	11		曳揚網	3		
	新坪浦	37	167	4	18		囊網	2	본포	1
	多脈浦	50	217	4	19		어망	2	狗江	2
金陽	述上浦	42	167	2	2	釣船 1				
	述下浦	26	102	2	2	동 1				
	仲海浦	42	106	7	7	網船 1	어망	3		
	露梁浦	74	390	16	16	釣船 5				
西面	高浦洞	41	143	30	90	漁採船 4			본동	1
	弓項浦	81	250	50	150	동 6			동	1
	廣浦洞	24	75	18		동 4			동	1
	加德浦	79	350	60	190	동 9			동	9
	大鎭浦	56	190	45	140	漁船 11	어망	3	동	2
	大津浦	86	92	13	33				동	4
河東郡		148		86		21				5
馬田	葛四洞	148		86		21			蛇浦洞 西斤洞 囉叭洞 蓮幕洞 內島洞	1 1 1 1 1
南海郡		5,054	21,444	405	1,216	167		186		67
昌善		427	1,024	36	153	32	長網 扈網	2 1	知足浦	2
雪川		273	1,479	22	61	8	雙網 휘리망 扈網	3 2 2		
古縣		736	3,892	12	63	8	扈網	8	都馬浦 浦上浦 塔谷浦	2 1 1
縣內		395	1,551	35	116	13	投網	13	兎村浦 車山浦 深川浦	12 8 2
二東		940	3,646	73	115	32	扈網	32	草陰浦 席坪浦	12 3
三東		876	4,202	58	103	20	扈網 長網	16 2	蘭縣浦 矢門浦 花亭浦 東谷浦	6 7 3 1
南面		964	4,707	152	507	37	扈網	88	下海浦 平山浦	3 4

西面		443	943	17	98	17	동	17		
欝島郡		902	4,995	480	2,095	230				
欝島		902	4,995	480	2,095	230				
합계		26,131		4,060		1,897				

2) 원래 글자는 魚+秀이다.
3) 燈은 嶝의 오자로 생각된다.
4) 현재 거제도 지명으로는 두모동 안에 '느태'가 있다.
5) 원래 글자는 王+爾이다.

부록

어사일람표(漁事一覽表) 2

함경북도

郡面	里洞	사계 어채물명	1개년 어채 개산액	판매지	군읍에 이르는 거리	부근 시장에 이르는 거리	부근 시장의 개설일
慶興郡			2,600圓				
西面	西水羅	가오리[洪魚][6], 방어(魴魚), 청어, 명태	1,000	당 어촌	100里		
海面	雄基浦	청어, 명태, 대구, 누어[7]		동	70		
新海		청어, 명태, 해삼	900	동	110		
安知		청어, 명태	700	동	120		
鍾城郡							
豊海	豊海浦	청어, 명태, 유치어(流馳魚)[8], 방어(方魚), 문어		읍시장	220		
會寧郡							
觀海	利津						
	間津	명태, 문어, 이면수어(利面水魚)[9], 방어(方魚), 대구			150		
	櫟山津						
富寧郡			930圓				
海面	板津	명태, 대구, 문어	30		85里		
三里	沙津	명태, 백합, 미역, 홍어, 문어	50		80		
東面	雙津	명태, 청어, 문어, 가자미[加魚][10], 이면수어, 방어(魴魚), 대구	300		60		
連川	連津	가자미[加魚], 명태, 청어, 미역, 백합, 이면수어, 방어(魴魚), 대구, 문어	200		60		
青下	淸津	명태, 이면수어, 연어, 가자미[加魚], 방어(魴魚)	350	新岩洞	80	50	매 3·8일
鍾城郡			14,630圓				

龍城	鹽盆洞	가자미[加魚], 미역[甘藿][11], 방어(魴魚)	150圓	邑 南市	20里		
	浦項洞	명태, 양미리[良魚][12], 전어[免致魚][13], 가오리, 대구, 북어(北魚)[14]	200	동	15		
	五柳洞	명태, 가오리, 홍게[紫蟹][15], 양미리, 전어, 미역[甘藿], 대구, 북어	600	동	10		
梧村	長淵洞	명태, 대구, 가오리, 양미리, 미역[甘藿], 북어	500	동	8		
	獨津洞	대구, 명태, 가오리, 가자미[加魚], 털게[毛蟹], 눈치어[雪致魚][16], 북어	1,700	동	7		
	元鄕洞	명태, 눈치어,, 대구, 양미리	220	동	5		
乙朱溫	南夕津洞	명태, 가자미[加魚], 대게[大蟹], 대구, 양미리, 미역, 도루묵[銀魚][17], 북어	750	동	15		
	溫大津	명태, 가자미[加魚], 가오리, 미역, 양미리, 북어	1,300	동	30		
	執三洞	명태, 가자미[加魚], 털게, 미역, 북어	400	溫川洞	40		
	錢山洞	털게, 가자미[加魚], 양미리	150	龍湖洞	50里		
	鹽盆津	가자미[加魚], 미역, 대구	300	五柳洞 院洞 永新洞	50		
朱北	接王津	가자미[加魚]	200	雲谷洞 斗南洞	80		
漁郎	大津洞	명태, 청어, 백합, 문어, 이면수어	1,020	上松洞 芝坊洞	120		
	魴魚洞	털게, 가자미[加魚], 백합, 문어, 이면수어, 다시마, 대구, 방어(魴魚), 북어	300	朱方面 本面	100		
	新浦洞	명태, 미역, 다시마, 이면수어, 대구, 북어	550	復興洞 河場洞	120		
	梨津洞	명태, 미역, 이면수어, 북어	460	武溪洞 梨隅洞	120		
	吾常洞	동	460	동	120		
東面	多津洞	명태, 대구, 청어, 이면수어, 문어, 북어	1,500	宮潤洞 景岩洞 山東洞	170		

	呼禮洞	명태, 잡어, 이면수어, 미역, 문어, 북어	500圓	宮潤洞 景岩洞	145里		
	稷田洞	명태, 이면수어, 문어, 북어	170		140		
	麻田洞	명태, 청어, 이면수어, 미역, 대구, 북어	600	河南洞 巨門洞	150		
西面	大良洞	명태, 청어, 대구, 이면수어, 가오리, 미역, 북어	1,500	東面 本面	160		
	小良洞	털게, 미역, 이면수어	150	邑內市	150		
	雩洞	명태, 청어, 미역, 대구, 북어	250	城洞 板防洞	180		
	楸津洞	명태, 청어, 이면수어, 미역, 대구, 북어	700	본읍 장	185		
明川郡			1,950圓				
下古	葛麻津	명태, 이면수어, 미역	100	下加 시장	15,0里	40里	매 4 · 9일
	東湖津	명태, 미역	300	동	140	25	동
	治宮津	이면수어, 미역, 명태	70	동	130	30	동
	露積津	동	60	동	130	30	동
	佳湖津	명태, 미역	85	동	125	25	동
	仙倉津	이면수어, 명태, 미역	120	동	120	20	동
	新津	명태	125	동	120	20	동
	黃岩津	이면수어	160	동	120	10	동
	厚里津	명태, 미역		下加 시장	120	10	동
	井湖津	이면수어	190	동	120	10	동
下加	三達津	명태, 미역, 대구	100	본면 시장	120	10	동
	多叱同津	명태, 미역, 대구, 열기[18]	100	동	120	8	동
	蒼津	명태, 미역	120	동	125	8	동
上古	浦項津	미역, 이면수어, 문어, 가오리, 명태	200	樓德端 시장	90	70	5 · 10일
	寶村津	명태, 미역, 이면수어, 문어, 가오리	120	동	90	70	동
	黃津	문어, 이면수어, 가오리	100	읍내 시장	90	90	매 5 · 10일

吉州郡			400圓				
東海	大浦津	명태, 백합, 청어, 잡어	60	明川 下加 시장	60	洋島에서 30	4 · 9일
	洋島津	명태, 백합, 청어, 문어, 가자미[加魚]	140	동	90	城津에서 50	동
	日下津	명태, 문어, 미역, 대구, 가오리, 가자미[加魚]	200	읍내 시장 城津府	70	城津에서 30	동
城津府			17,870				
鶴城	松五津	미역[早藿], 명태, 잡어, 미역, 가오리, 문어, 북어	180	城津港	5	3	
	恩湖東洋	조곽, 명태, 미역, 가자미[加魚], 대구, 가오리, 문어, 북어	400	동	10	10	
	雙浦津	대구, 가오리, 청어, 가자미[加魚], 잡어, 문어, 북어	500	臨溟市 城津港	10	20	2 · 7일
	達里津	동	400	城津港	20	20	
	晩春津	대구, 가오리, 청어, 가자미[加魚], 잡어, 문어, 북어	350	각 村市	30	10	
	雙龍津	동	500	城津府	15	15	
	晩春里 伐丁浦	동	450	각 村市	25	10	
鶴東	蒙祥津	명태, 잡어, 가자미[加魚], 대구	400	閭閻市	40	20	매 2 · 7일
	三斤津	명태, 잡어, 대구, 가오리, 북어	140	臨溟市	40	20	동
鶴中	南筏津	작은게[蟹子], 명태, 청어, 잡어, 가오리, 대구	100	동	25	10	동
	臨湖津	가자미[加魚], 정어리[幾魚], 백합, 청어, 작은게, 가오리, 명태	7,200	동	30	10	동
	都龍洞浦	동	250	동	30	12	동
	楡津	게알, 방어(魴魚), 잡어, 홍어, 대구	200	동	40	20	동
鶴南	豊湖津	가자미[加魚], 미역, 잡어, 대구, 가오리[鮢魚], 은어,	1,000	각 村市	40	10	동

		북어					
	禮洞津	명태, 조곽, 미역, 잡어, 대구, 도루묵, 가오리, 북어	1,300	각 村市	50	10	매 2 · 7일
	日新津	명태, 미역, 가오리, 도루묵, 대구	2,400	동	60	12	동
	麻田津	동	200	동	65	12	동
	樟項津	가자미[加魚], 명태, 조곽, 가오리, 도루묵, 대구	400	동	70	10	
	靈治津	동	700	동	75	10	
	龍興津	백합, 잡어, 대구, 가자미[加魚], 가오리, 북어	800	동	80	10	

6) '홍어'라는 우리말 훈이 일본어로 붙어 있고, '가오리(えい)'라는 일본어 훈도 붙어 있다. 홍어는 일본어로 'かんきえい'라고 구별한다.
7) 원문은 魚+累라는 한자로 되어 있다. 이 한자는 달리 보이지 않으며, 螺의 오기라면 소라로 볼 수 있다.
8) 어떤 물고기인지 알 수 없다.
9) 쥐노래미과에 속하는 물고기로 쥐노래미와 혼동되는 경우가 많다. 『어사일람표』(2)에서도 '쥐노래미(あいなめ)'라는 일본어 훈이 붙어 있다. 그러나 전체적으로 쥐노래미보다 몸통이 날씬하고 5줄의 측선이 있으며 꼬리지느러미가 깊게 파여 있다. 현재 명칭은 '임연수어'이다.
10) '가자미'라는 우리말 훈이 일본어로 붙어 있고, '넙치(ひらめ)'라는 일본어 훈도 붙어 있다. 가자미는 일본어로 'かれい'이다. 가자미와 넙치에 대해서는 제대로 구별하지 못한 경우가 많다.
11) 『어사일람표』(2)에서는 미역을 藿이라고도 하고 甘藿이라고도 하였다. 藿에 '미역(わかめ)'라는 일본어 훈이 붙어 있다. 그러나 같은 지역에 藿과 早藿을 함께 기재한 경우도 있어서, 조곽은 일찍 수확하여 말린 미역으로 생각된다.
12) 큰가시고기목 양미라과의 양미리로 생각된다.
13) 청어목 청어과에 속하는 물고기로 錢魚 箭魚 등으로 표기하며 엿사리 새갈치 등으로도 불린다. 어사일람표(2)에서는 '전조리'라는 우리말 훈이 일본어로 붙어 있고, '전어(このしろ)'라는 일본어 훈도 붙어 있다.
14) 명태와 함께 기재되어 있는 것으로 보아 명태를 말린 것으로 보인다.
15) 紫蟹는 일반적으로 대게로 이해하고 있으나, 『어사일람표』(2)에서는 大蟹가 따로 보이므로 홍게로 번역하였다.
16) 무슨 물고기인지 알 수 없다.
17) '도루묵(はたはた)'라는 일본어 훈이 붙어 있다. 도루묵을 말한다. 선조가 피난길에 이 물고기를 먹어보고 맛이 있다 하여 銀魚라고 부르게 하였으나, 나중에 다시 먹어보고 도루 '묵'이라고 하라고 하여 '도루묵'이 되었다는 이야기가 전한다.
18) 불볼락을 말한다. '볼락(めばる)'라는 일본어 훈이 붙어 있다. 볼락은 몸통이 대체로 회갈색을 띠고 있고, 불볼락은 전체적으로 붉은 색을 띠고 있다.

함경남도

郡面	里洞	사계 어채물명	1개년 어채 개산고	판매지	군읍에 이르는 거리	부근 시장에 이르는 거리	부근 시장의 개설일
端川郡			7,340圓				
利下		연어	600	읍시장	20		
利上	汝海津	명태, 가자미[加魚], 대구, 가오리[鯕魚], 백합, 정어리, 청어	1,300		20		
波道	倉津	동	1,500		10		
	新昌里(南大川附近村)	황어(黃魚), 연어	300		10		
	鳳陽里	동	170		10		
	德川里	연어	120		5		
	棋坪里		150		7		
福貴	沙富津	명태, 가자미[加魚], 대구, 가오리[鯕魚], 백합, 정어리	1,200		15		
	汀石津	동	1,100		20		
	龍水津	명태, 가자미[加魚], 대구, 가오리[鯕魚], 백합, 정어리, 도루묵	900		50		
利原郡			68,360円				
東面	上仙津	가자미[加魚], 백합,도루묵, 북어	8,400	읍내 시장	10	100	매일
	下仙津	가자미[加魚], 강구(江球)[19], 북어	7,000	동	15	150	동
	青津	미역, 가자미[加魚], 문어, 도루묵, 북어	6,000	해당 진내	25		
	古巖津	미역, 가자미[加魚], 도루묵, 북어	4,800	동	28		
	文星津	가자미[加魚], 가오리[鯕魚], 문어, 송어(松魚)[20], 북어	11,000	동	30		
	長津	미역, 대구, 가오리[鯕魚], 가자미[加魚], 북어	1,800	동	40		
南面	浦津	미역, 가자미[加魚], 청어, 가오리[鯕魚], 북어	4,200	읍내 시장	35	遮湖市 10리	매일

	龍項津	미역, 가자미[加魚], 가오리[鯕魚], 북어	18,000	遮湖市	35	20	동
	有津	미역, 가자미[加魚], 이면수어, 가오리[鯕魚], 북어	2,960	동	40	50	동
	船盆津	미역, 가자미[加魚], 가오리[鯕魚], 북어	4,200	읍내 시장	25	20	不定
北靑郡			28,681圓				
下居山	乾自浦	미역, 가자미[加魚], 청어, 회어(鱠魚), 털게, 북어	3,240	해당 진포	60	20	매 2 · 7일
下甫靑	晩春津	미역, 가자미[加魚], 가오리[鯕魚], 증어(鱠魚)[21], 북어	3,010	新昌場	45	10	동
	薪豊津	미역, 가자미[加魚], 청어, 가오리[鯕魚], 북어	4,220	동	40	5	동
	新昌津	동	6,410	동			
海尾	長津	동	2,235	동	40	10	2 · 7일
陽坪	松島津	미역, 가자미[加魚], 방어, 북어	1,000	陽化場	50	20	매 2 · 8일
	楡湖里	미역, 가자미[加魚], 농어[戶魚][22], 송어[松魚], 북어	808	동	50	10	동
	厚湖津	가자미[加魚], 청어, 회어(鱠魚), 대구, 북어	3,300	동	40	2	동
南陽	新湖津	가자미[加魚], 도루묵, 북어	1,600	동	60	15	동
	新浦津	북어	850	元山, 釜山	70	陽化場 20	동
中陽	六坮津	방어, 가자미[加魚], 도미[鯛魚], 대구, 청어, 북어	2,008	洪原郡 靈武場	70		1 · 6일
洪原郡			91,600圓				
龍源	島中浦	방어, 명태	5,900	靈武시장 陽化시장	70	25 30	매 1 · 6일 2 · 7일
濂浦	觀東浦	가자미, 명태	2,800	본군 읍내시	30	靈武市로부터 15	읍내시 5 · 10일 靈武市 1 · 6일
	小乭浦	동	2,000	靈武시장	35	7	동
	大乭浦	가자미, 명태	2,400	동	35	7	동

雲龍	右看浦	가자미, 눈치어(嫩致魚)[23], 명태	800	退湖시장	60	三湖市로부터 300 退湖市 1	3 · 8일 4 · 9일
景浦	長興浦	청어, 눈치어, 명태	300	읍내시	7	靈武市 23	읍내시 5 · 10일 靈武市 1 · 6일
	松嶺浦	가자미, 명태	2,400	동	15	동 25	동
州南	穿中浦	가자미, 청어, 눈치어, 명태	6,600	본군 읍내시	4	三湖市로부터 30 靈武市로부터 40	매 읍내시 5 · 10일 三湖市 3 · 8일 靈武市 1 · 6일
	方下浦	동	3,600	동	7	동 35 동 35	동
	方上浦	가자미, 눈치어, 명태	1,000	동	5	동 35 동 30	동
	方西浦	가자미, 청어, 명태	1,500	동	5	동	동
	壯東浦	가자미, 눈치어, 명태	2,000	동	4	동 32 동 38	동
	西興浦	동	3,000	동	4	동 29 동 42	동
新翼	南興浦	동	6,000	동	4	동 30 동 40	동
湖南	新浦	명태	200	읍내시	10	三湖市로부터 20	읍내시 5 · 10일 三湖市 3 · 8일
	蟹巖浦	동	200	동	10	동 20	동
西甫青	茂桂浦	가자미, 눈치어, 연어, 명태	3,600	三湖시장	35	30	三湖市 3 · 8일 退潮市 4 · 9일
	三湖浦	가자미, 청어, 눈치어, 명태	42,600	동	30	退潮市로부터 25	동
東退潮	東上浦	동	2,100	동	35	동 15	동
	豊西浦	동	1,200	退湖시장 三湖시장	40	退潮市 10 三湖市 15	동
西退潮	興德浦	청어, 가자미	200	退湖시장	60	동 30 동 1	동

	興上浦	청어, 가자미	800	退湖시장	60	退潮市 30 三湖市 1	退潮市 4 · 9일 三湖市 3 · 8일
	松興浦	청어, 눈치어, 명태	400	동	60	1	동
咸興郡			20,640圓				
東溟	西湖里	청어, 가자미[鰈魚], 정어리[幾魚], 삼치[痲魚]	14,740	南面邑市 德山面邑市	40	40 70	매 2 · 7일 매 4 · 9일
東雲		청어, 가자미[鰈魚], 눈치어, 정어리[幾魚], 삼치	5,500	三南面場 朱地面場 上支川面場 德山面場	30	30 60 60 60	
連浦		황어, 숭어[秀魚], 가자미[鰈魚], 눈치어, 정어리[幾魚], 삼치	400	三南邑市 朱地面邑市	30	30 30	
定平郡			9,614圓				
富春	布德里	가자미, 청어, 삼치, 연어, 잡어	4,350	본군 읍내시 草原面市 宜德面市	60	60 40 40	매 1 · 6일 4 · 9일 3 · 8일
上宣德		가자미, 숭어, 청어, 도미, 삼치, 학꽁치[工魚], 미역	1,987	본군 읍내시 富春面市 聖樂面市咸 興郡內市	35	34 20 50 15	1 · 6일 3 · 8일 5 · 10일 2 · 7일
東宣德		가자미, 청어, 도미, 삼치	1,380	동	35	35 20 20 50	동
南宣德		동	1,897	본군 읍내시 東上宣德面 富德面市 聖樂面市 咸興郡內市	35	35 15 20 20 50 15	매 1 · 6일 3 · 8일 2 · 7일 5 · 10일 2 · 7일 매일
永興郡			4,482圓				
德興	龜巖灘	연어, 송어	230	읍내 시장	70	箭所市로부터 7	매 읍시 5 · 10일
仁興	東川里灘	연어	300	馬山市 읍내 시장	20	馬山市까지 3 읍시장까지 20	4 · 9일 5 · 10일

古寧	白安津	가자미, 청어, 정어리[幾魚], 삼치	1,360	仁興面 旺市	90	旺市 30	旺市 1 · 6일
	枇洞津	정어리[幾魚], 방어, 삼치	360	동	80	동 20	동
	青鶴里	가자미, 삼치	60	동	75	20	동
	三峰里津	동	300	동	70	20	동
	加津	청어, 가자미, 삼치, 정어리[幾魚]	900	旺市, 鎭興市, 馬山市, 읍시	60	旺市로부터 20 鎭興市 30 馬山市 40	1 · 6일 2 · 7일 4 · 9일
	明場津	숭어, 굴	10	鎭興市	60	20	월 2 · 7일
	利洞津	동	12	동	60	20	동
順寧	所羅里	연어	820	元山시장	15	10	월 4 · 9일
境岐	德美浦 廣灘浦 梧里浦	황어, 뱅어[白魚], 연어	130	동	40	馬山市 20 鎭興市 10	4 · 9일 2 · 7일
高原郡			5,100				
郡內	下泗里	연어	300	德地市 읍내시	15	동 10 동 15	월 1 · 6일 3 · 8일
下鉢	德興里	황어, 연어	3,000	동	5	동1 동 5	동
	高島里	동	800	동	10 20	동 10 동 10	동
	熊島里	도미, 방어, 가자미	1,000	元山시장	13	70	5 · 10일
文川郡			1,100				
明孝	南津浦	청어, 정어리[幾魚], 굴조개, 해삼, 연어, 숭어	600	元山시장	50	80	월 5 · 10일
龜山	北津浦	숭어, 농어, 굴조개, 연어, 잉어	500	豊田시장 元山시장	50	豊川市로부터 10	1 · 6일
德源府			2,840				
龍城	石根里	청어, 정어리[幾魚], 고등어	100	元山市	30	35	매 5 · 10일
	野汰里	동	100	동	35	38	동
	沙屹川里	동	100	동	38	40	동

	庫石里	동	60	동	40	43	동
	庫岩里	동	80	동	43	45	동
	龍津里	청어, 정어리[幾魚],	180	동	43	45	동
	新興里	동	40	동	42	46	동
	新安里	동	180	동	50	52	동
	雲城里	동	140	동	52	55	동
	揮厚里	동	60	동	55	57	동
州北	新上里	동	120	동	15	15	동
	陽日里	청어, 정어리[幾魚], 고등어	150	동	10	10	동
	文坪里	청어, 정어리[幾魚]	40	동	25	30	동
北面	關上里	동	160	동	18	20	동
	豊村里	동	80	동	18	25	동
	文坪里	동	60	동	25	30	동
赤田	松上里	동	60	동	5	10	동
	松中里	청어, 정어리[幾魚]	120	동	7	8	매 5 · 10일
	松下里	동	120	동	8	8	동
	松興里	동	80	동	10	7	동
縣社	銘石院里	청어, 정어리[幾魚], 고도리[24]	160	동	15	15	동
	斗南里	청어, 정어리[幾魚]	380	동	30	10	동
	斗方里	동	100	동	30	10	동
	城北里	청어, 정어리[幾魚], 고도리	150	동	37	18	동
	元山中里 (三洞)	청어, 정어리[幾魚]	10	동	20	1	동
	元山中里 下村	동	10	동	20	1	동
安邊郡			960				
下道	浪城津	가자미[加魚], 청어, 정어리[幾魚], 삼치, 고도리	480	元山市 安邊邑市	30		

	麗島	가자미[加魚], 삼치, 방어	200	元山市	安邊邑 30	元山市 50	5 · 10일
世淸	南川江	황어, 연어	280	安邊邑市 元山市	3 30		安邊市 3 · 8일 元山市 5 · 10일
합계			240,717円				

19) 강요주[江瑤柱]가 살조개를 뜻한다.
20) '송어(ます)'라는 일본어 훈이 붙어 있다.
21) 鱠은 메태비 즉 매퉁이라는 물고기를 뜻한다. 그러나 아래에서는 鱠라는 한자를 써서 어느 쪽이 옳은 한자인지 알 수 없다. 鱠는 뱅어를 뜻하기도 한다. 그러나 뱅어는 氷魚 白魚 등으로 표기하거나 鱠殘魚라고 하는 경우가 많아서 확정하기 어렵다.
22) '농어(すずき)'라는 일본어 훈이 붙어 있다.
23) 눈퉁멸이다. 동아일보 1936년 7월 4일 기사에 함경남도 단천군에서 눈치어가 잡히고 있다는 내용이 있고 정어리와 같이 油肥의 원료로 쓴다고 하였다.
24) 고등어 새끼를 고도리라고 한다. 小古等魚 小古突魚 등으로 표기하였다.

강원도

郡面	里洞	사계 어채물명	1개년 어채 개산고	판매지	군읍에 이르는 거리	부근 시장에 이르는 거리	부근 시장의 개설일
通川郡							
順達	叢石津			庫底場	20	庫底里 5	월 3일
龍守	金蘭津			읍시장	10	10	5 · 10일
山南	童子院里			養元面 月峴場	20	5	4 · 9일
臨道	荳白津			동	35	20	동
	沙津			동	60	45	동
	長箭津			동	80	65	동
高城郡							
二北	五里	정어리[幾魚], 대구		읍시장	25	25	매 4 · 9일
	城直	동		동	30	30	동
一北	靈津	방어, 숭어		동	30	30	동
	西墟	정어리[幾魚], 방어		동	25	25	3 · 8일
	后津	방어		동	15	15	동
	梨洞	정어리[幾魚], 대구, 방어, 문어		동	15	15	동
	浪汀	동		동	10	10	동
東面	烽燧	동		동	10	8	동
	立石	동		동	10	8	동
	南江	동		동	5	8	동
	末茂	동		동	10	10	동
西面	全城	연어		동	10	10	동
安昌	浦外	정어리[幾魚], 방어		동	15	13	동
	松島	정어리[幾魚]		동	20	18	동
縣內	草島里	정어리[幾魚]		동	35	35	매 2 · 7일
	大津	동		동	40	40	동
	麻次津	동		동	45	45	동

	猪津	동		高城邑	60	30	3・8일
梧峴	巨津	대구, 멸치[鰯]		동	20	20	2・7일
	長坪津	동		동	30	30	동
大垈	松湖里	동		동	17	17	동
	盤巖津	동		동	15	15	동
旺谷	仙游里	동		동	7	7	동
	加津	동		동	8	8	동
	公須津	동		동	10	10	동
竹島	五里津	동		橋巖市	20	橋巖으로 부터 10	1・6일
	望津	동		동	27	3	동
	掛津	대구, 멸치[鰯]		橋巖市	30	1	매 1・6일
土城	橋巖里	동		동	30		동
	群仙津 一名清澗	동		동	40	10	동
	天津	멸치[鰯]		동	43	13	동
	廣浦	동		동	45	15	동
	沙津	동		襄陽郡 �시장	55	15	1・5일
襄陽郡							
所川	束津	정어리[幾魚], 불록락[列只魚]		읍시장	35	35	4・9일
	外甕津	동		동	30	30	동
道門	甕津	동		동	25	25	동
沙峴	北津	동		동	10	10	동
東面	屈浦	삼치, 정어리[幾魚]		동	20	20	동
	水山津	동		동	10	10	동
縣北	草津	동		동	35	35	동
縣南	洞山津	동		동	50	50	동
	南涯津	동		동	60	60	동
江陵郡							
	南項津	삼치, 방어		군내시	10	10	
	見台津	정어리[幾魚]		동	10	10	

	安仁津	방어		동	20	20	
	正東津	동		동	40	40	
	金津	방어, 정어리[幾魚], 대구		동	60	玉溪場 10	
	建南津	동		동	60	10	
	道直津	동		동	60	10	
	漢津			동	80	동 20	
	於達津			동	80	20	
	墨湖津	정어리[幾魚], 전어, 방어		동	80	20	
	江門津	동		동	10	10	
	沙川津	정어리[幾魚], 전어, 방어		군내시	20	連谷場 10	
	沙斤乭	동		동	20	동	
	領津	동		동	30	동 5	
	注文津	동		군내장	40	동 10	
	牛岩津	동		동	50	20	
三陟郡							
遠德	笑湖浦	정어리[幾魚], 대구		읍시장	95	95	
	臨院浦	동		동	80	80	
	楸川浦	동		楸川浦 交柯市	40 21		매 1 · 6일
	德山浦	동		읍시장	25	交柯市	1 · 6일
府內	汀澤浦	정어리[幾魚], 잡어		汀澤浦 南陽箭川	5 11		2 · 7일
見朴		동		읍시장	20	北市 1	3 · 8일
道下	松停浦	동		동	25	동 5	동
蔚珍郡							
遠北	馬墳浦	정어리[幾魚], 잡어		興富場	27	3	매 3일
	鹽邱浦	동		동	30	1	동
	朽斤浦	동		동	40	10	동
	羅谷浦	정어리[幾魚], 대구, 잡어		동	41	11	동
近北	骨長浦	동		읍시장	13	13	2일

	草坪浦	동		동	18	18	동
	竹邊浦	동		동	20	20	동
上郡	曲海浦	동		동	13	13	동
下郡	貢稅浦	동		동	5	5	동
近南	洞庭浦	동		梅野시장	20	10	동
	全反浦	동		동	20	10	1일
	黑浦	동		동	20	10	동
	屯山浦	동		동	17	10	동
遠南	草山浦	동		동	30	梅野場으 로부터 15	1일
	烏川浦	동		동	30	15	매 1일
	厚里浦	동		동	30	15	동
	望洋浦	동		동	40	20	동
平海郡							
南面	厚里洞	정어리[幾魚], 대구, 잡어		읍시장	10	10	매 2·7일
	地境洞	동		동	20	20	동
	也音洞	동		동	10	10	동
	下栗洞	동		동	10	10	동
	猪場洞	동		동	10	10	동
	直古洞	동		동	10	10	동
	狗巖洞	동		동	10	10	동

경상북도

郡面	里洞	사계 어채물명	1개년 어채 개산고	판매지	군읍에 이르는 거리	부근 시장에 이르는 거리	부근 시장의 개설일
寧海郡			6,000円				
邑內	公須津	청어, 대구, 삼치[三魚], 달강어, 광어, 미역, 고등어, 게, 김, 해삼	220	읍내 시장	10	10	매 2・7일
	大津	청어, 해삼, 대구, 삼치, 대게, 광어, 방어, 달강어, 김, 도미, 상어[鬩魚][25]	820	동	10	10	동
	乾達	전복, 상어, 도미, 다랑어, 삼치, 문어, 해삼, 청어, 방어, 가오리[鮏魚], 고등어	820	동	10	10	동
	件里津	동	200	동	10	10	동
	系津	동	260	동	10	10	동
	磨乭	동	240	동	20	20	동
南面	丑山	동	700	동	20	20	동
	車輪	삼치, 대게, 김, 고등어, 가오리[鮏魚], 문어	240	동	20	20	동
	景汀	삼치, 광어, 대구, 새우, 대게, 달강어, 미역, 김, 해삼, 다랑어, 전복, 방어, 상어	1,000	읍내장	20	20	매 2・7일
	烏海	삼치, 대구, 상어, 미역, 해삼, 고등어	200	읍내시장	20	20	매 2・7일
	柄津	광어, 삼치, 대구, 상어, 달강어, 김, 해삼, 도미, 방어, 다랑어, 문어, 청어	1,000	읍내시장 北二面 柄谷場	동		柄津 1・6일
	白津	동	300	동	25		동
盈德郡			5,380円				
東面	芮津洞	미역, 고등어, 광어, 청어, 대구, 김	200	읍내시장 基洞시장	30	읍시 30 老勿洞 10	2・7일
	老物洞	동	400	동	25	읍시 25 烏保洞 2	동
	烏保洞	동	500	동	25	읍시 25 菖浦洞 10	동
	菖浦洞	동	400	동	20	읍 20 太夫洞 3	동
	太夫洞	광어(光魚), 미역, 고등어, 상어, 김, 대구, 청어, 광어(廣魚)	400	동	15	下渚洞 5	동
	下渚洞	동	600	동	13	金津洞 3	매 2・7일

	金津洞	동	300	동	15	小下洞 3	동
	小下洞	동	160	동	15	舊江洞 5	동
中南	舊江洞	동	500	동	20	新江洞 1	동
	新江洞	삼치	100	동	20	三思洞 3	동
	三思洞	미역, 삼치, 고등어, 광어, 청어, 대구, 김	200	읍내시장 基洞시장	150	皮田洞 1	2・7일
	皮田洞	미역	60		22	南湖洞 5	동
外南	南湖洞	미역, 잉어	100	長沙洞市	25	龜溪市 5	4・9일
	龜溪洞	삼치, 미역, 상어, 고등어, 광어, 대구, 청어, 김	400	동	30	元尺市 3	동
	元尺洞	동	400	동	35	飛勿市 3	동
	飛勿洞	미역, 삼치, 고등어, 광어, 대구, 청어[26], 김	400	동	38	新興市 1	동
	新興洞	상어	100	동	40	高夫洞 5	매 4・9일
	高夫洞	미역, 삼치, 광어, 대구, 김	80	동	45	地境市 1	동
	地境洞	고등어, 미역, 상어[二魚], 광어, 청어, 김, 대구	80	동	45	1	동
淸河郡			23,100円				
北面	地境洞浦	가자미[申魚][27], 미역, 청어, 삼치, 대구	1,000	長沙시장	20		
	耳津洞浦	동	2,000	본군읍시	13	外三洞 10 東門 13	3일 1・6일
	大津洞浦	동	1,300	동	15	동	동
	獨石里浦	게, 미역, 고등어, 솔치[靑鹽魚][28], 삼치, 청어	1,500	동	12	동	동
	祖師洞浦	게, 미역, 고등어, 솔치, 대구	3,400	본군읍시장	11	동	동
縣內	中揮里浦	가자미, 삼치, 방어, 상어, 농어, 마래미[海南魚][29], 청어	2,000	동	8	東門시장 8 館同市 8	1・6일 8일
	方魚津浦	게, 미역, 가자미, 솔치, 고등어, 삼치, 청어, 문어	3,000	동	11	동 11 동 11	동
	小斤浦	가자미	100	동	10	동 10 동 8	1・6일 9일
	介浦洞	가자미, 삼치, 상어, 방어	200	동	9	동 9 동 9	동
	外揮里浦	청어, 마래미, 상어, 방어, 농어, 가자미, 청어	1,400	동	8	동 8 동 8	동
	龍山里浦	동	1,200	동	8	동	동
東面	靑津浦	가자미, 미역, 고등어, 삼치, 청어, 대구	2,000	동	13	동 13 동 13	동

	三加老洞浦	게, 미역, 가자미, 광어, 걱지[巨億支魚][30], 고등어, 문어, 청어, 대구	4,000	본군읍시 興海郡읍시	11	동 11 동 11	동
興海郡			10,679				
北下	青津洞	가자미[加參魚], 볼락[甘薄魚][31], 고등어, 광어, 삼치, 방어, 도미, 상어(常魚), 문어, 홍합, 복어, 상어[爾魚], 청어, 대구, 전복[鰒魚]	3,000	본군읍시장 新場市 清河邑시장 舘洞시장	20	20 20 15 15	매 2・7일 4・9일 1・6일 3・8일
	方魚洞	동	140	동	20	동	동
	島項洞	동	280円	동	동	20 20 20 20	동
	七浦洞	가자미, 볼락, 고등어, 전복, 삼치, 상어[爾魚], 청어, 상어(常魚), 백합, 광어, 도미, 복어, 철갑상어[魚忽][32], 대구	240	본군읍시장 新場市 清河읍시장 舘邑시장	20	20	매 2・7일 4・9일 1・6일 3・8일
東下	龍德里	사백어(四白魚)[33], 상어, 문어, 가자미, 볼락, 상어[禰魚][34], 삼치, 대구, 방어, 청어, 고등어, 상어[禰魚]	440	본군읍시장 新場市 余川시장 延日郡浦項	20	20 20 20 20 40 20	2・7일 4・9일 동 1・6일 5・6일 3・8일
	小汗里	동	230	동	20	20	동
	牛目里	동	230	동	20	20	동
	知乙里	가자미, 고등어, 삼치, 청어, 대구	179	동	20	20	동
	竹別里	가자미, 청어	140	동	20	20	동
東上	汝南東	가자미, 고등어, 도미, 삼치, 사백어, 생복어, 철갑상어, 광어, 방어, 청어, 대구	1,480	동	20	20	동
	葛馬里	동	동	동	20	20	동
	汗者里	동	1,380	동	20	20	동
	雪末里	가자미, 삼치, 청어, 대구	480	동	20	20	동
	利津里	가자미, 전복, 도미, 삼치, 광어, 청어, 대구	동	동	20	20	동
	斗湖洞	대구, 청어	400	동	20	20	동
	余川里	동	100	동	20	20	동

迎日郡			77,360円				
東海		가자미, 복어[腹增魚][35], 해삼, 전복, 황어, 전어, 잉어	77,360	立石場 生旨場 下扶助場 上扶助場	立石으로부터 30 馬山 35 下興 40 興德 25		生旨場 3·8일 扶助場 10일 浦項場 1·6일 立石場 2·7일
邑內		문어, 고등어, 상어[沙魚], 방어, 광어, 미역, 청어					
北面		대구, 김, 정어리[幾魚], 홍합					
長鬐郡			3,880円				
外北			620	魚,日場市	35	8	매 5·10일
內北		김, 미역, 해삼, 게, 새우, 전복, 삼치, 가자미, 대구, 고등어, 상어(尙魚), 도미	580	동	22	12	동
西面			140	下城시장	10	10	1·6일
縣內			900	동	12	10	동
內南			1,080		45	10	4·9일
陽南			560		65	5	동
합계			126,399				

25) 잉어로 생각되는데, '상어(さめ)'라는 일본어 훈이 붙어 있다. 상어는 常魚·尙魚·鯊·沙魚 등으로 표기하였다.
26) 원문은 青海로 되어 있는데, 青魚의 오기로 생각된다.
27) 경상북도 청하군조에만 보인다. 가자미로 생각된다.
28) 청어 새끼를 말한다. '솔치(こにしん)'라는 일본어 훈이 붙어 있다.
29) 방어 새끼를 말한다. '마래미(こぶり)'라는 일본어 훈이 붙어 있다.
30) 농어과의 민물고기로 꺽지가 있지만, '볼락(めばる)'이라는 일본어 훈이 붙어 있다.
31) '볼락(めばる)'이라는 일본어 훈이 붙어 있다.
32) 그러나 여기서는 새끼 방어 즉 마래미로 생각된다. 홍해 지역은 철갑상어의 산지로 유명하다.
33) 농어목 망둑어과의 물고기이다.
34) 爾魚와 동일한 표기로, '상어(さめ)'를 나타내는 것으로 생각된다.
35) 복징어는 복어의 방언이다.

경상남도

郡面	里洞	사계 어채물명	1개년 어채 개산고	판매지	군읍에 이르는 거리	부근 시장에 이르는 거리	부근 시장의 개설일
蔚山郡			24,121				
江東	地境洞	가자미, 미역, 갈치, 상어, 대구, 홍어[鯕魚], 주토어(朱吐魚)[36]	620	內隍市 兵營市	50 40	40	3·8일 1·6일
	亭子洞	동	300	동	40	30	동
	板只洞	동	322	동	40	30	동
	卜星洞	동	100	동	40	30	동
	楮田洞	상어, 대구, 가자미, 미역, 주토어	520	동	50	40	매 1·6일 3·8일
	牛加洞	동	340	동	40	30	동
	堂社洞	동	350	동	40	30	동
東面	朱田洞	김, 미역, 갈치, 상어, 홍어	460	동	40	30	동
	尾浦洞	멸치[旀魚][37], 상어, 대구, 홍어, 복어	동	동	40	30	동
	田下洞	상어, 갈치, 미역, 도미, 홍어	320	동	40	30	동
	日山洞	대구, 멸치, 미역, 상어, 홍어	1,280	동	40	30	동
	方魚洞	미역, 멸치	800	동	40	30	동
	下花岑洞	갈치, 청어, 미역	1,600円	內皇市 兵營市	40	30	1·6일 3·8일
	上花岑洞	갈치, 청어	1,900	동	40	동 30	동
	鹽浦洞	조기, 도미, 갈치, 미역, 청어	4,600	동	20	10	동
峴北	楊竹洞	가자미, 청어, 김, 조기	860	大峴市 군읍시	20	大峴市 10	2·7일 5·10일
	九井洞	동	500	동	20	동 10	동
	柳串洞	청어, 김	200	동	20	동 10	동
峴南	用岑洞	미역, 우뭇가사리, 청어	2,150	동	20	10	동
	南化洞	미역, 우뭇가사리, 도박(塗泊), 청어	270	大峴市 目島市	30	20 10	2·7일 4·9일
	用淵洞	고등어, 미역, 도미, 우뭇가사리, 갈치, 도박(塗泊), 청어	280	동	30	15 동 15	동
	黃岩洞	미역, 우뭇가사리, 도박(塗泊), 청어	130	동	30	10 10	동
	城外洞	동	59	동	30	동 10	동
	城岩洞	망둥어[鱖魚], 멸치	180	동	30	동 10	동

靑良	新只洞	미역, 이어, 우뭇가사리, 도박(塗泊), 상어, 청어	200	동	40	大峴市 20 目島市 1	동
	松岩洞	가자미, 광어, 미역, 우뭇가사리, 도박(塗泊), 청어	1,220	目島市	40	3	4・9일
溫山	梨津洞	가자미, 광어, 우뭇가사리, 미역, 김	200	目島市 南倉市	40	10 20	4・9일 3・8일
	唐浦洞	복어, 상어, 미역, 주토어, 갈치, 도미, 도박(塗泊), 우뭇가사리	1,600	동	40	동 20	동
	牛峰洞	조기, 전복, 갈치, 상어, 대구, 주토어	900	西生市 南倉市	50	10 20	5・10일 3・8일
	江回洞	미역, 갈치, 청어	230	동	50	6 10	동
西生	鎭下洞	도미, 갈치, 청어, 대구, 미역, 우뭇가사리, 도박(塗泊), 상어, 주토어	980	동	60	2 20	동
	大陸洞	미역, 갈치, 청어	190	西生市	70	10	5・10일
機張郡			8,491				
上北	火浦洞	복어, 미역, 김, 청어, 대구, 갈치, 조기	1,486	中北面 佐村市 外南面 禿嶝市	35	15 5	4・9일 1・6일
中北	七浦	미역, 복어, 김, 조기, 갈치, 도미, 문어, 장어, 청어	700	동	20	5 20	동
	文浦	미역, 복어, 김, 조기, 갈치, 도미, 문어, 장어, 청어	1,008円	中北面 佐村市 外南面 禿嶝市	20	5 20	4・9일 1・6일
	月浦	동	1,160	동	30	1 10	동
東面	多浦洞	동	177	동	10	佐村場 5	4・9일
	項浦	동	711	동	10	20	동
	棋浦洞	동	479	동	10	10	동
邑內	船頭洞	동	1,170	본군 읍시 中北面 佐村市	10	20	5・10일 4・9일
	豆尾浦	동	1,000	동	10	20	동
南面	非玉浦洞	동	600	中北面 佐村市 東萊府場	20	30 30	4・9일 2・9일
梁山郡			3,825				

外南	平洞	고등어[高同魚], 쏘가리[鱖魚][38], 광어, 멸치, 갈치, 상어, 청어, 전복	1,420	울산군 西生場 본군 連山場 기장군 佐川場	80		5·10일 1·6일 4·9일
	羅士洞	동	860	동	75		동
	雲巖洞	고등어, 쏘가리, 광어, 멸치, 미역, 전어, 갈치, 조기	465	西生場 連山場 佐川場	75		동
	新里	동	160	동	75		동
	孝烈洞	동	280	동	75		동
上西	沙旨洞	잉어, 거북[龜魚], 웅어[葦魚], 청어	140	읍내면 西部場 上西面 華山場	20		1·6일 4·9일
下西	龍塘洞	동	200	上西面 華山場	40		4·9일
	院洞	동	300	동	40		동
東萊府			42,871				
東下	右洞浦	미역, 멸치, 갈치	240	舊邑 시장 釜山面 시장	40	15 30	2·7일 4·9일
	中洞浦	미역, 멸치, 갈치, 괴상어(恠常魚)[39]	340	동	40	15 35	동
南面	求樂浦	잡어	80	舊邑場	30	구읍장 10 右洞場 5	2·7일
	德民浦	청어, 멸치	1,200	구읍장 釜山面 읍장	40	구읍장 15 平民浦 2	2·7일 4·9일
	平民浦	잡어, 청어	300	동	40	부산면 20 德民市 2	동
	虎巖浦	멸치, 잡어	120	동	25	부산면 20 南川灣 7	동
	南川浦	동	2,000	동	22	虎巖市 7 龍湖浦 3	동
龍珠	龍湖浦	청어, 대구, 멸치	120	釜山面場	20	부산장 10 南川浦 3	동
	龍塘浦	청어, 미역, 멸치, 대구	1,700円	釜山面場	20	부산면 10 용호포 3	4·9일
	戡蠻浦	미역, 청어	350	동	20	龍塘浦 10 牛巖浦 2	동
	牛巖浦	샛[40], 청어, 대구	100	동	15	부산면 50 路下浦 10	동

釜山	路下浦	다시마, 도백(桃伯), 갈치, 상고(商雇)	40	동	10	부산면 1 佐一浦 2	동
	佐一浦	도다리[道達魚], 달강어, 광어, 상고(商雇)	100	동	10	부산면 1 水昌浦 2	동
	水昌浦	광어, 상어, 고등어, 멸치, 홍어[鯕魚], 문어, 청어, 대구	1,421	동	8	부산면 2 草梁浦 6	동
沙中	草梁浦	청어, 대구, 웅어, 고등어	2,500	일본인 거류지 釜山面場	2	부산면 2 水昌浦 6	5·10일 4·9일
	瀛洲浦	동	1,520	동		부산면 10 草梁市 1	4·9일
	青鶴浦	동	4,200	동	10	부산면 20 下端場市 28 瀛洲市 20	4·9일 1·6일 5·10일
	瀛仙浦	동	1,600	동	4	동	4·9일 1·6일 5·10일
	東三浦	동	1,600	동	20	동	동
	瀛溪浦	동	2,100	동	5	부산면 15 東三浦 10	4·9일
沙下	富民浦	청어, 土菜, 쇠미역[昆皮]	150	동	10	下端場 15 巖南浦 2	1·6일
	巖南浦	土菜, 쇠미역, 蛤子, 청어, 대구, 멸치	6,300	일본 거류지 下端場	10	瀛洲市 10 下端市 15	5·10일 1·6일
	甘川浦	동	4,150	동	10	동	동
	舊西平浦	土菜, 쇠미역, 홍어, 멸치, 갈치, 상어, 우뭇가사리, 미역, 조기, 전어	3,800	동	10	下端浦 10 甘川浦 3	1·6일
	多大浦	청어, 도미, 우뭇가사리, 미역, 쇠미역, 홍어, 상어, 갈치, 전어, 김, 대구, 파래	4,000	동	25	下端場 10 長林浦 5	동
	長林浦	백합	2,000	일본 거류지	15	下端浦 5 多大浦 5	동
	平林浦	공경(貢鯨), 백합, 파래, 상어	50円	일본인 거류지 下端場	10	長林浦 10	1·6일
	下端浦	동	70	下端浦	10	長林浦 10 龜浦 40	동
左耳	龜浦	잉어, 농어, 웅어	720	본포	40	舊邑場 20 下端浦 40	2·7일 3·8일

金海郡			350円				
鳴旨	鎭東浦	갯장어[海風長魚][41], 서대, 복어[복징魚], 게, 전어[갑울魚], 보족魚	100	永康場	40	3	5 · 10일
	下薪田	숭어, 복어, 조기	100	동	40	10	동
	仙巖浦	숭어, 갯가재	50	下東面 仙巖里	10	10	4 · 9일
駕洛	竹林浦	숭어, 농어, 갯장어	50	읍시장	10	10	2 · 7일
	內竹浦	동	50	동	10	10	동
昌原府			15,520円				
熊東	山陽里	전어, 숭어, 대구, 청어	200	城內里市	70	10	매월 4 · 9일
	安城里	전어, 잡어, 대구, 조기	200	院里市	80	5	2 · 7일
	晴川里	도미, 도다리, 전어, 문어, 감성돔, 해삼	220	동	80	5	동
	安骨里	청어, 정어리, 숭어, 尙魚, 문어, 해삼, 土菜	300	동	75	5	동
天加	訥次里	대구, 청어, 민어, 道淡魚, 광어, 갈치, 문어, 해삼, 鯊, 蒙魚, 감성돔	3,000	동	100	20	동
	南仙里	도다리, 가자미, 정어리, 홍합, 生藿, 共治魚, 加夫魚, 忘勝魚	180	동	105	25	동
	南坪里	生藿, 잡어, 海毛, 대구, 청어	120	동	100	25	동
	大項里	生藿, 김, 우뭇가사리, 대구, 청어, 정어리, 加參魚	450	동	100	20	동
	獐項里	土菜, 生藿, 도미, 광어, 문어, 해삼, 농어	400	동	90	20	동
	城北里	甘藿, 대구, 청어	70	동	90	10	동
	東仙里	대구, 청어	500	동	100	15	동
熊邑	參浦里	청어, 정어리[蔑魚], 숭어, 대구, 문어, 生藿, 吐菜, 細蛤, 紅奚	700円	城內里市 豊湖里市	60	15	4 · 9일 3 · 8일
	槐井里	정어리, 전어, 갈치, 조기, 오징어, 숭어	370	城內里市	60	5	4 · 9일
	明洞里	청어, 정어리, 해삼, 문어, 조기, 감성돔	430	城內里市	60	10	동
	薺浦里	청어, 대구, 잡어	150	동	60	5	동
	水島里	광어, 청어, 도미, 조기, 문어, 홍합, 오징어, 김, 잡어	750	城內里市 院里市	65	15	4 · 9일 2 · 7일

	竹谷里	청어, 문어, 대구	150	城內里市	50	10	4·9일
	臥城里	광어, 조기, 도다리, 달강어, 문어, 오징어, 정어리, 加夫里魚	600	동	60	5	동
	院浦里	청어, 홍합	150	동	50	10	동
	水治里	숭어, 전어, 조기, 홍합	150	동	50	동	동
	椽島里	청어, 조기, 도다리, 도미, 광어, 감성돔, 민어, 鯊, 갈치	700	城內里市 院里市	70	10 15	4·9일 2·7일
熊中	涑川里	잡어	600	豊湖市	40	10	동
	豊湖里	동	200	본리	40	10	3·8일
	行巖里	해삼	100	豊湖里	50	10	동
熊西	安谷里	잡어		동	40	10	동
	中坪里	동	80	동	40	10	동
	道萬里	동	80	동	40	10	동
	飛鳳里	해삼	120	馬山市	30	30	5·10일
	貴山里	잡어	80	동	30	30	동
	龍湖里	동	40	동	30	30	동
外西	山湖	대구, 청어	50	동	3	3	동
	西城	잡어	70	본항시			동
	午山里	동	350	동			동
龜山	水昌里	청어, 대구, 해삼	90	동	30	30	동
	安寧里	해삼, 도미, 道達魚, 잡어	150	동	30	30	동
	玉浦里	청어, 道達魚, 감성돔, 대구	170円	본항시	40	40	5·10일
	藍浦		300	동	40	40	동
	深里浦	청어, 대구, 감성돔, 道達魚	80	동	40	40	동
	元田里	대구, 방어, 청어, 갈치, 鯕魚	130	鎭海城內市	40	40	4·9일
	龍湖里	동	40	馬山市	40	40	5·10일
	龜伏	청어, 대구, 해삼, 甘藿	180	동	40	40	동
	明珠浦	동	70	동	50	40	동
	德東里	도미, 道達魚, 해삼, 甘藿	110	동	20	30	동
	架浦	해삼, 숭어, 감성돔, 오징어	110	동	15	15	동
鎭東	宣基里	道達里, 共致魚, 浪太魚, 문어, 대구, 해삼, 준치	350	古縣市	35	1	2·7일
	古縣里	도미, 감성돔, 道達魚, 준치, 해삼, 삼치	600	동	35		동
	西村里	도미, 삼치, 道達魚, 浪太魚,문어, 共致魚	380	古縣市 西村市	35	5	2·7일 4·9일
	東村	청어, 도미, 道達魚, 대구	340	동	30	5	동

	城山里	삼치, 정어리, 도미, 道達魚	50	동	30	5	동
	蓼場里	해삼, 잡어	200	古縣市	35	1	2・7일
	多飛里	문어, 도미	190	西村市	30	7	4・9일
鎭西	耳明里	감성돔, 道達魚	120	古縣市	45	10	2・7일
	倉浦里	대구, 청어	300	동	40	15	동
巨濟郡			54,550円				
河淸	柳溪浦	대구, 상어, 잡어	300	馬山市	50	5	매 2・7일
	實田浦	잡어	20	河淸市	50	15	동
	德谷浦	대구, 청어	200	동	40	10	동
	石浦村	동	1,200	馬山市	50	10	동
	河淸浦	해삼, 대구, 청어	50	본읍시	50	2	동
	七川島	상어, 해삼, 대구, 청어, 道達魚, 도미	3,000円	동	54	20	2・7일
長木	頭毛浦	잡어	200	본포	60	20	동
	冠浦村	동	20	동	60	20	동
	下柳浦	毛藿, 김, 해삼	150	동	80	40	동
	長木浦	잡어	30	동	60	20	동
	宮農浦	毛藿, 잡어	20	동	60	20	동
	黃浦洞	상어, 해삼, 우뭇가사리, 甘藿	50	동	70	30	동
	舊永村	잡어	20	동	70	30	동
延草	大鳥浦	해삼, 잡어	100	馬山港	40	10	3・8일
	汗內浦	대구, 해삼, 甘藿	1,500	동	40	10	동
外浦	大今浦	대구, 해삼, 毛藿, 상어[䱐魚]	2,000	동	50	20	동
	矢方浦	道達魚, 대구, 해삼, 상어[䱐魚]	400	동	50	20	동
	外浦村	동	1,800	동	50	20	동
	德下浦	대구, 해삼	400	동	50	20	동
二運	助羅浦	상어[䱐魚], 대구, 毛藿, 도미, 김, 청어, 광어, 웅어[葦魚]	1,500	馬山港 釜山港	30	30	3・8일 2・7일
	玉浦村	동	5,200	동	30	15	동
	居老浦	동	150	동	30	15	동
	杜母浦	동	2,500	동	30	10	동
	?台浦	동	1,100	동	35	10	동
	菱浦村	동	3,000	동	35	10	동
	長承浦	동	6,000	동	40	10	동

一運	楊花浦	동	500	馬山港	20	20	3・8일
	望峙浦	동	500	馬山港	20	20	동
	項里浦	동	3,500	동	20	20	동
	助羅浦	동	30	본포시	40	20	동
	曳九浦	동	500	釜山港	30	30	4・9일
	知心島	동	30	동	40	20	동
	臥峴浦	毛藿, 대구, 상어[鰯魚], 청어, 甘藿, 해삼	500円	釜山港	25里	25里	매 4・9일
	橋項浦	동	300	馬山港	30	15	3・9일
	船滄浦	동	1,500	馬山港 釜山港	30	15	3・8일 4・9일
	會?浦	동	1,300	동	30	15	동
	大同浦	동	2,200	동	30	15	동
	玉林浦	동	1,500	동	30	15	동
	中里浦	동	200	동	30	15	동
東部	塔浦洞	동	300	본포시	20	20	동
	猪九洞	동	520	동	30	30	동
	多大浦	동	850	馬山市	40	40	동
	多浦村	동	500	동	40	40	동
	乫串浦	동	2,000	동	30	30	동
	鶴洞浦	동	800	동	30	30	동
	東湖浦	동	70	군읍시	10	10	동
	五松浦	대구, 毛藿, 해삼, 청어, 도미, 상어[鰯魚], 문어	150	읍장시	10	10	매 4・9일
西部	小浪村	동	500	동	15	15	동
	內看洞	동	500	龍南郡邑	10	10	동
	法東浦	동	500	동	20	20	동
	山達島	동	300	동	20	20	동
	鳥首浦	동	50	본군읍시	50	5	동
	竹林浦	동	300	동	50	5	동
屯德	鹿山浦	동	130	鎭海郡市	25	5	동
	迣亦浦	동	120	동	30	5	동
	花島浦	동	160	동	30	30	동

	鶴山浦	동	160	龍南郡	30	30	동
沙等	沙谷浦	동	200	馬山港	20	30	동
	內沙谷浦	동	300	동	20	30	동
	沙斤浦	대구, 毛藿, 해삼, 청어, 도미, 상어[禰魚], 문어	250円	馬山港	20	30	매 4·9일
	青谷浦	대구, 生藿, 해삼, 청어, 도미, 문어, 상어[禰魚]	1,500	馬山市	20	20	동
	新溪浦	동	1,000	동	20	20	동
	德湖浦	동	100	龍南郡	30	30	동
固城郡			6,590円				
華陽	堂項浦	대구, 도미, 감성돔, 常魚, 전어	250	본면읍	35	5	4·9일
東馬	頭浦	대구, 농어	100	華陽市	10	20	동
	昆基浦	대구, 청어	70	동	10	20	동
	豆洛浦	대구, 청어, 도미, 常魚	150	군내읍시 華陽市	15	15	1·6일 4·9일
	平山浦	대구, 浪多魚, 道達魚	100	동	15	15	동
東邑	邑前浦	전어, 감성돔, 숭어, 전어, 가오리	300	군내읍시	3	30	동
	水外浦	동	200	동	2		동
	曲龍浦	동	350	동	10	30	동
光一	鳥山浦	대구, 道達魚, 常魚	70	동	10	25	동
葡萄	竹川浦	가오리, 道達魚, 상어, 장어, 숭어	50	華陽場市 鎭海場市	50	30	4·9일 2·7일
	內新浦	달강어, 장어, 道達魚, 장어, 가오리	150	華陽市 鎭海市	50	20	동
	法同浦	감성돔, 상어, 갯장어, 道達魚, 상어, 浪太魚	150	동	50	20	동
	梅亭浦	동	50	동	50	20	동
	下壯浦	동	150	동	50	20	동
	檢浦	감성돔, 상어, 가오리, 문어, 농어	40	동	50	20	동
	佐夫浦	동	60	동	50	20	동
	駕龍浦	동			50	20	동
	錢島浦	동			50	20	동

上西	屛山浦	오징어, 전어, 병어	150	군내장시	30	20	1 · 6일
上南	龍浩浦	동	250	동	30	20	동
	米谷浦	오징어, 전어, 병어	150円	도내장시	30	30	매 1 · 6일
	長支浦	광어, 문어, 오징어, 전어, 병어, 농어, 가오리	100	동	30	30	동
	三峯浦	동	100	동	30	30	동
	布橋浦	동	400	동	30	30	동
下一	松川浦	감성돔, 상어, 道達魚, 광어, 문어, 대구	150	군내읍시	50	20	동
	松鶴浦	浪太魚, 감성돔, 道達魚, 상어, 대구	60	동	55	20	동
	東禾浦	麻魚, 광어, 전어, 대구	200	군내읍시 三千浦市	55	20	1 · 6일 4 · 9일
	新基浦	갈치, 麻魚, 광어, 전어, 청어, 대구	70	三千浦市	55	20	동
	立巖浦	병어, 浪太魚, 삼치, 광어, 감성돔	100	동	55	20	동
	下禾浦	가오리, 상어, 숭어, 문어, 대구	50	군내읍시	40	30	동
	三臺浦	전어, 가오리, 장어, 대구	50	동	30	30	1 · 6일
	駕龍浦	갈치, 道達魚, 잉어, 문어, 장어	50	동	30	30	동
下二	君湖浦	망성어, 농어, 갈치, 장어, 문어, 대구	200	三千浦	60	泗川郡內市 40	泗川郡內市 5 · 10일 三千浦 4 · 9일
	德明浦	삼치, 감성돔, 해삼, 김, 甘藿	350	동	60	동 45	동
	月牙浦	오징어, 삼치, 상어, 농어	150	동	60	동 45	동
南陽	實安浦	가오리, 장어, 甘藿, 김	400	동	70	동 50	동
	大芳浦	장어, 문어, 감성돔, 道達魚	400	동	70	40	동
	深圃浦	문어, 해삼, 가오리, 갈치	250	동	70	40	동
	大禮洞	문어, 장어, 해삼, 감성돔, 도미	350	동	70	泗川郡邑 40	三千浦 4 · 9일 泗川邑 5 · 10일
	龍洞浦	동	270	동	70	40	동

	松川浦	동	100	동	70	40	동
泗川郡			4,389				
洙南	新樹島						
	勒島						
	馬島						
	東錦洞	도미, 가오리, 농어, 전어, 조기, 민어					
	西錦洞	대구, 흑도미, 노래미[老男魚], 홍어, 숭어, 망상어, 오징어, 멸치, 감성돔[甘魚], 해삼, 全免魚, 낙지, 홍합, 굴, 미네굴[土花][42], 꼬막[江瑤], 毛藿, 凍蟹, 바지락[43]		八浦場	50	5	
	仙地洞						
	下香洞		4, 389				文善市 5 · 10일 八?市 1 · 6일 朱文市 9일 碑石場市 3 · 8일
文善	東洞						
	西洞			文善市	40	3	
下南	朱文洞						
	新淸洞			朱文市 읍내장	20	朱文洞 5	
	新令洞						
中南	船津洞						
	通洋洞			碑石場	15		
	蓮浦洞						
晋州郡			24				
夫火谷	駕山洞	잡어	8	泗川郡	30	10	
	河龜洞		16		30	10	
昆陽郡			7,910				
加利	牙方浦	전어, 청어	100	泗川郡邑	20	20	5 · 10일

	臥峙浦	감성돔[甘勝魚], 대구	200	동	25	20	동
	占卜浦	갈치, 대구, 청어	200	동	30	30	동
	中項浦	동	200	동	35	35	동
	古東浦	전어, 청어, 대구, 갈치	100	본읍시	10	10	동
西部	龜伏浦	오징어, 해삼, 갈치	40	辰橋市	15	20	본군읍 5·10일 辰橋市 3·8일
	內鳩浦	동	20	동	15	20	동
	金津浦	동	20	동	15	20	동
兩浦	措島浦	잡어	50	동	10	10	5·10일
	大浦洞	동	40	본읍시	10	10	동
	九浪浦	도미, 도다리, 해삼, 대구, 갈치, 문어, 광어	40	본군읍시	10	10	동
	獐川浦	동	40	동	15	15	동
	白惠浦	홍어, 도미, 전어[全魚], 가자미, 준치[煎魚][44], 문어, 대구, 해삼, 양태[浪太魚]	150	동	30	30	泗川邑 4·9일
	仙倉浦	잡어	50	본군읍시	20	20	본읍 5·10일
	飛兎浦	동	동	동	30	30	동
	新坪浦	동	동	동	20	20	동
	多脉浦	도미, 조기, 대구, 문어, 광어, 삼치[麻魚], 전어, 방어	80	동	20	20	동
金陽	遞上浦	도미, 조기	21	辰橋市	33	13	3·8일
	遞下浦	동	104	동	33	31	동
	仲海浦	오징어, 전어	416	동	35	15	동
	露粱浦	갈치, 도미	209	동	50	30	동
西面	高浦洞	김, 미역, 해삼	900	舟橋市	70	20	5·10일
	弓項浦	동	1,700	동	60	30	2·7일
	廣浦洞	동	300	동	70	20	5·10일
	加德浦	김, 조기, 갈치	1,900	河東邑市	60	40	2·7일
	大鎭浦	전어, 오징어, 조기	900	舟橋市	60	30	5·10일
	大津洞	잡어	30	본군읍시	10	10	동

河東郡			200				
馬田	葛四洞	오징어, 낙지, 도미, 백합, 농어, 감성돔[甘星魚], 조기, 민어	200	德陽村市 古縣面市	40	40 20	2·7일 5·10일
南海郡			3,055				
昌善		도미, 조기, 민어, 가오리[鮢魚], 대구	200	文善市		唐底浦 40 加仁浦 45	4·9일 2·7일
雪川		조기, 광어, 장어, 도미, 갈치, 전어(戰魚)	342	水山市 읍내시 昆陽辰橋市		王洞浦 25 月谷浦 30	3·8일
古縣		망상어[望星魚], 양태, 광어	184	河東邑內市 본군읍시		大谷浦 10 都馬浦 10	河東邑內 2·7일
縣內		오징어, 도미, 전어(戰魚), 갈치, 문어, 대구	234	읍내시		車山浦 5 兎村浦 6	4·9일
二東		오징어, 도미, 양태, 서대[西大魚], 鯊廣魚, 대구, 해삼, 凍蟹	628	동		良河浦 30 草陰浦 10	동
三東		문어(鮫魚), 서대, 오징어, 양태, 전어[纁魚], 동해(凍蟹)[45], 대구, 가오리	467	河東邑市 읍내시		蘭縣浦 20 矢門浦 25	2·7일
南面		민어, 도미, 양태, 망상어, 갈치, 조기, 해삼, 감곽(甘藿)[46], 대구	520	河東邑市 읍내시		上知浦 15 石橋浦 30 虹峴浦 35 仙區浦 35 平山浦 30 德月浦 15	2·7일
西面		오징어, 문어, 가오리, 도미, 양태, 감어(甘魚)[47], 서대, 광어	480	河東邑市 본군읍시		井浦 20 芦浦 25 南上浦 30 西上浦 15	동
蔚島郡			800				
	蔚島	미역, 오징어, 김	800	각판매지	南面 蓮河洞 10 苧洞 3 沙洞 3 王泉洞 4 新星 5 長興洞 6 西面 通九洞 20 石門洞 25 南陽洞 26 南西洞 30 北面 羅里洞 30		

					天府洞 30 平里 32 新洞 32		
합계			172,696				

36) 어떤 물고기인지 알 수 없다.

37) 旀魚는 멸치의 방언이다. 그러나 상어[さめ]라는 일본어 훈이 붙어 있고, 이어서 역시 상어를 뜻하는 鯊를 열거하였다.

38) 일반적으로 쏘가리라는 뜻이지만, 다른 물고기는 모두 바다에서 서식하는데 쏘가리만 민물고기여서 의문이 남는다. 망둑어·문절망둑을 나타내기도 한다.

39) 괭이상어를 말한다.

40) '섓'라는 한글이 들어 있다. 의미는 알 수 없다.

41) '갯장어[はも]'라는 일본어 훈이 붙어 있다.

42) 학명은 *Ostrea rivularis*으로, 일반 굴보다 훨씬 크고 긴 타원형이며 조수가 드나드는 뻘에서 산다.

43) 원문은 반지락, 일본어로 대합을 뜻하는 '하마구리'라는 훈이 붙어 있다.

44) 箭魚는 준치와 전어를 뜻한다. 煎을 箭의 오자로 보아 준치로 번역하였다.

45) 허균의 『屠門大嚼』에는 안악에서 나는 것이 가장 맛있다고 하였고 구체적인 설명은 없다. 겨울철에 나는 게로 생각된다.

46) 일반적으로 미역을 뜻하지만 藿이 따로 보이므로 의문이 남는다.

47) 감성돔을 뜻하는 甘勝魚의 오자로 생각된다.

■ 범례

◇ 이 색인은 책 속의 부 · 읍 · 마을 · 산악 · 하천 · 항만 · 갑각 · 도서 등의 명칭만 수집한 것이다.

◇ 배열은 이로하(伊呂波) 순서에 따랐다. 명칭이 동일한 경우 및 첫 글자가 같은 경우에 이에 따랐고 그 아래 글자는 굳이 따르지 않았다(번역과정에서 가나다순으로 바꾸었다/역자).

(이하 생략)

한국수산지 제2집 지명색인

ㄱ

고부(高阜) 경북 영덕군 남면
고석(庫石) 함남 덕원부 용성면
고성(高城, 農巖) 강원 고성군
고성강(固城江) 경남 고성군 포도면
고성리(古城里) 강원 강릉군 자가곡면
고성오(固城澳) 경남 고성군
고성오(固城澳) 경남 용남군 산내면
고성읍(固城邑) 경남 고성군
고성장(古城場) 함남 단천군
고성천(古城川) 함북 경성군
고암(鼓岩) 경남 동래부 부산항
고암(庫岩) 함남 용성면
고연동(古延洞) 경남 고성군 하일면
고읍(古邑) 함북 경흥부
고장도(古章島) 경남 창원부 웅읍면
고장시(古場市) 함북 명천군 하고면
고저(庫底) 강원 흡곡군 영외면
고포(姑浦) 강원 삼척군 원덕면
고포동(高浦洞) 경남 곤양군 서면
고현(古縣) 경남 창원부
고현갑각(古縣岬角) 경남 창원부 진동면
고현동(古縣洞) 경남 창원부 진동면
곡강(曲江, 興海邑) 경북 흥해군
곡구리(谷口里) 함남 이원군 동면
곡장(谷長) 강원 울진군 근북면
곡해동(曲海洞) 강원 울진군 상군면
곤기동(昆基洞) 경남 고성군 동마면
곤리도(昆里島) 경남 용남군 산양면
곤리동(昆里洞) 경남 용남군 산양면
곤양읍(昆陽邑, 鐵城, 昆山) 경남 곤양군
공단말(功端末) 경남 양산군
공성(孔城, 慶興) 함북 경흥부
공세동(貢稅洞) 강원 울진군 하군면
공수동(公須洞) 경남 기장군 남면
공수진(公須津) 강원 간성군 왕곡면
공수진(公須津) 경북 영해군 읍내면
공암(孔岩) 경남 울도군
과기(鍋崎) 경남 고성군
관대(冠帶) 경북 흥해군 동상면
관동포(觀東浦) 함남 홍원군 염포면
관상(關上) 함남 덕원부 북면
관암동(冠岩洞) 경북 장기군 현내면
관중포(觀中浦) 함남 홍원군 염포면
관포(冠浦) 경남 거제군 장목면
광계말(廣溪末, 下太閤) 경남 기장군 읍내면
광교천(廣橋川) 강원 통천군 용수면
광덕산(廣德山) 함북 종성군
광도촌(廣島村, 下壯洞) 경남 고성군 포도면
광진(廣津) 강원 강릉군 옥계면
광진(廣津) 강원 삼척군 부내면
광진(廣津) 강원 양양군 현남면
광평(廣坪) 경남 하동군 곤양면
광포(廣浦) 강원 간성군 토성면
광포(廣浦) 경남 고성군 남양면
광포(廣浦) 경남 곤양군 서면
광포(廣浦) 함남 정평군
광현(廣峴) 함북 경흥부 안화면
괘진(掛津) 강원 간성군 죽도면
괘포(掛浦) 강원 간성군 죽도면
괴정(槐井) 경남 창원부 웅읍면
교가(交柯) 강원 삼척군 근덕면
교암(橋岩) 강원 간성군 토성면

기성리(基城里) 강원 평해군 원북면
기장읍(機張邑) 경남 기장군
기진(基津) 함북 부령군 연천면
기평(箕坪) 함남 단천군 파도면
기호(基湖) 경남 용남군동면 장문동
길주읍(吉州邑) 함북 길주군

ㄴ

나단산(羅端山) 함북 경성군
나두동(羅豆洞, 羅室) 강원 울진군 원북면
나리(羅里, 牟浦) 경북 장기군 양남면
나실(羅室, 羅谷洞) 강원 울진군 원북면
나정리(羅項里) 함남 이원군 남면
나진만(羅津灣) 함북 경흥부
나토리(羅土里) 경남 양산군 외서면
나팔리 (羅叭里) 경남 하동군 마전면 갈도
나포(羅浦) 경남 동래부 사중면
낙동강(洛東江) 경남
낙산(洛山, 轢山) 함북 회령군 관해면
낙산단(洛山端) 강원 양양군 사현면
낙화암(洛花岩) 경북 울산군 동면
난도(卵島) 강원
난도(卵島) 강원 양양군 소천면
난도(卵島) 강원 통천군 양원면
난도(卵島) 함남 이원군
난도(卵島) 함북 경흥부 두만강
난도(卵島) 함북 길주군
난현포(蘭縣浦) 경남 남해군 삼동면
남강(南江) 강원 양양군
남대천(南大川) 강원 간성군
남대천(南大川) 강원 강릉군
남대천(南大川) 강원 양양군
남대천(南大川) 함남 단천군 파도면
남대천(南大川) 함남 안변군
남대천(南大川) 함북 성진부 학동면
남림포(南林浦) 경남 동래부 사중면
남망산(南望山) 경남 용남군 동면 통영
남산곶(南山串) 함북 성진부 학남면
남산동(南山洞) 경남 창원부 학동면
남상포(南上浦) 경남 남해군 서면
남석진(南夕津) 함북 경성군 오촌면
남선(南仙) 경남 창원부 천가면
남수동(南脩洞) 경남 용남군 서면
남애(南涯) 강원 통천군 임도면
남애진(南涯津) 강원 양양군 현남면
남양동(南陽洞) 경남 울릉군 서면
남제(南堤) 함남 홍원군 신익면
남지경시(南地境市) 함남 함흥군
남창(南倉) 경남 울산군
남창시(南倉市) 경남 울산군 온산면
남천(南川) 강원 간성군 왕곡면
남천(南川) 강원 강릉군 덕방면
남천(南川) 함북 경성군
남천리(南川里) 경남 동래부 남상면
남촌진(南村鎭, 新里) 경남 용남군 광남면
남평(南坪) 경남 창원부 천가면
남포(藍浦) 경남 창원부 구산면
남포(藍浦, 鹽浦, 連浦) 경남 울산군 동면
남포동(南浦洞) 경남 용남군 서면
남항진(南項津, 安水) 강원 강릉군 덕방면
남해도(南海島) 경남 남해군

ㄷ

동번포(東番浦) 함북 조산만
동변동(東邊洞) 경남 용남군 사량면
동산진(洞山津) 강원 양양군 현남면
동산포(東山浦) 경남 남해군 현내면
동상시(東上市) 함남 정평군
동상포(東上浦) 함남 홍원군 동퇴조면
동선(東仙) 경남 창원부 무가면
동암동(東岩洞) 경남 용남군 동면
동암리(東巖里, 太內浦) 경남 기장군 남면
동외곶(冬外串, 長鬐岬) 경북
동외곶(冬外串, 長鬐岬) 경북 영일만
동읍시(東邑市) 경남 고성군
동자원(童子院) 강원 통천군 산청면
동저(洞底) 강원 울진군 근남면
동정(東亭) 강원 통천군 용수면
동좌도(東佐島) 경남 용남군 한산면
동촌동(東村洞) 창원부 진동면
동충산취(東忠山嘴) 경남 용남군 동면 통영
동포(東浦) 함남 영흥군 고령면
동하리(東下里) 함남 정평군 귀림면
동항(東港) 경남 용남군 원삼면 욕지도
동호(東湖) 경남 거제군 동부면
동호(東湖) 함남 단천군 수파면
동화동(東禾洞) 경남 고성군 하일면
두곡(斗谷) 강원 통천군 임도면
두동(豆洞) 경남 하동군 덕양면
두락동(豆落洞) 경남 고성군 동마면
두만강(豆滿江) 함북 경흥부 서면
두모(杜母) 경남 거제군 이운면
두모(頭毛) 경남 거제군 장목면
두모동(豆毛洞) 경남 고성군 상남면
두모포(豆毛浦) 경남 거제군 읍내면
두목(斗目) 경북 흥해군 북면
두미도(頭尾島) 경남 용남군 원산면
두미동(頭尾洞) 경남 용남군 한산면
두방리(斗方里) 함남 덕원부 현면
두백(荳白, 頭白) 강원 통천군 임도면
두백(頭白, 荳白) 강원 통천군 임도면
두산리(豆山里) 함남 덕원부 현면
두암(斗岩) 강원 통천군 임도면
두억동(頭億洞) 경남 용남군 한산면
두중(豆中) 경남 동래부 부산면
두포동(頭浦洞) 경남 고성군 거마동?
두호(豆湖) 경남 거제군 사등면
두호(豆湖) 경남 기장군 읍내면 두모포
두호포(斗湖浦) 경북 흥해군 동상면
둔산(屯山) 강원 울진군 근남면
등명진(燈明津) 강원 강릉군 자가곡면

ㅁ

마곡장(磨谷場) 함남 단천군
마구미(馬口味) 함남 함흥군
마도(馬島) 경남 사천군 수남면
마도(馬島) 경남 창원부 웅서면
마도(馬島, 草島) 함북 경흥부 안지면
마동(馬洞, 尺浦) 경남 용남군 산양면
마분(馬墳) 강원 울진군 원북면
마산동(馬山洞) 경북 영일군 동해면
마산만(馬山灣) 경남 창원부 외서면
마산묘지(馬山錨地) 경남 창원부 외서면 마산포

ㅂ

ㅅ

석정리(石井里) 함남 홍원군 용원면
석평포(席坪浦) 경남 남해구 이동면
석포(石浦) 경남 거제군 하청면
석호(石湖) 강원 울진국 원북면
선구포(仙區浦) 경남 남해군 남면
선덕장(宣德場) 함남 정평군
선동(仙洞) 경남 용남군 광이면
선두동(宣頭洞) 경남 창원부 진동면
선두포(船頭浦, 大邊) 경남 기장군 읍내면
선분(船盆) 함남 이원군 남면
선소포(船所浦) 경남 남해군 현내면
선암리(仙巖里) 경남 김해군 명호면
선유리(仙遊里) 강원 간성군 왕곡면
선지포(仙池浦) 경남 사천군 수남면
선창포(船滄浦) 경남 거제군 일운면
선창포(仙倉浦) 경남 곤양군 서포면
선포동(羨浦洞) 경남 용남군 한산면
설말포(雪末浦) 경북 흥해군 동상면
설봉산(雪峯山) 함북 성진부
섬당치(蟾堂峙) 함남 문천군 구산면
성락장시(聖樂場市) 함남 정평군
성북리(城北里) 함남 덕원부 현면
성북(城北) 경남 창원부 천가면
성외동(城外洞) 경남 울산군 대현면
성직진(城直津) 강원 고성군 이북면
성진읍(城津邑) 함북 성진부
성천(城川) 강원 간성군
성천강(城川江) 함남 정평군 귀림면
성천강(城川江, 成川江) 함남 함흥군
세존도(世尊島) 경남 남해군 이동면
세죽포(細竹浦) 경남 울산군 대현면
세포동(細浦洞) 강원 울진군 근남면
소가치(小可致) 함남 문천군
소곤도(小昆島) 경남 용남군 산양면
소구비도(小구飛島) 함남 영흥군
소당포(小唐浦) 경남 울산군 온산면
소당호(小唐湖) 함남 북청군 소속후면
소도(蘇島) 경남 남해군 현내면
소도(小島) 함남 함흥군 동명면
소돌포(小乭浦) 함남 홍원군 염포면
소량화(小良化) 함북 종성군 서면
소백산(小白山) 함북 종성군
소봉(小峰) 경북 장기군 현내면
소삼포(小三浦) 함북 부령군 동면
소서호(小西湖, 小西水羅) 함북 부령군 청하면
소양화포(小楊華浦) 경남 용남군 서면 풍화동
소저도(小猪島) 함남 영흥군 진흥면
소죽동(小竹洞) 경북 청하군 현내면
소청(素淸) 함북 회령군
소초도(小草島) 함북 경흥부 나진만
소취진(巢鷲津) 함남 영흥군 고녕면
소포(所浦) 경남 창원부 진서면
소포(小浦) 함남 영흥군 고령면
소포(小浦, 鷹林洞) 경남 용남군 서면
소하(小下) 경북 영덕군 동면
소한동(小汗洞) 경북 흥해군 동하면
속진(東津) 강원 양양군 소천면
손덕포(遜德浦) 경남 용남군 도남면
송계포(松溪浦) 경남 용남군 도선면
송단(松端) 함남 이원군 남면

수원단(水源端) 강원 고성군 동면
수전동(水田洞) 함남 단천군 이상면
수정(水晶) 경남 창원부 구산면
수창(水昌) 경남 동래부 부산면
수치(水治) 경남 창원부 웅읍면
술역(述亦) 경남 거제군 둔덕면
승두말(蠅頭末) 경남 동래부 부산항구 동남각
승방비(僧芳鼻) 경남 용남군 동면 원평동
승방산(僧芳山) 경남 용남군 동면
승원(勝源) 함북 부령군 연용면
승치도(昇峙島) 경남 남해군 이동면
시락포(時落浦) 경남 창원부 진서면
시무도(柴蕪島) 경남 용남군 동면
시문포(矢門浦) 경남 남해군 삼동포
시방(矢方) 경남 거제군 외포면
시원(柴院) 함북 부령군 연천면
신강(新江) 경북 영덕군 나면
신계(新溪) 경남 거제군 사등면
신광산(神光山) 경북 청하군
신기(新基) 강원 강릉군 옥계면
신기동(新基洞) 경남 고성군 하일면
신남진(新南津) 강원 삼척군 원덕면
신대천(新大川) 함남 북청군
신덕(新德) 함남 홍원군 서보청면
신덕동(新德洞) 경남 고성군 하이면
신도(申島) 경남 용남군 원삼면
신도(新島) 함남 덕원부 현면
신도(新島) 함남 홍원군 마양도
신도리(新島里) 함남 덕원부 현면
신동(新洞) 함북 경흥부 안화면
신리(新里) 경남 양산군 외남면 운암리
신리(新里, 南村鎭) 경남 용남군 광남면
신방리(新芳里) 경남 하동군 마전면
신봉동(新峯洞) 경남 용남군 산양면
신부동(新扶洞) 경남 고성군 동읍면
신상(新上) 함남 덕원부 주북면
신상(新上) 함남 홍원군 서보청면
신성대(新城臺) 경남 울산군
신성리(新成里) 함남 함흥군 연포면
신수도(新壽島) 경남 고성군 하이면
신수도(新樹島) 경남 사천군 수남면
신시장시(新市場市) 경북 흥해군
신안(新安) 함남 덕원부 용성면
신암동(新岩洞) 함북 부령군 청하면
신암동(新巖洞, 武次浦, 月外浦) 경남 기장군 읍내면
신장대(新場臺) 경남 울산군 동면
신전포(新田浦) 경남 남해군 이동면
신지동(新只洞) 경남 울산군 청량면
신진(新津) 함북 경흥부 안화면
신창(新昌) 함남 단천군 파도면
신창장(新昌場) 함남 북청군
신평리(新坪里) 함남 함흥군 동주지면
신평포(新坪浦) 경남 곤양군 서포면
신포(新浦) 함남 북청군 남양면
신포(新浦) 함남 홍원군 호남면
신풍리(新豐里) 함남 이원군 동면
신하(新下) 함남 홍원군 서보청면
신호(新湖) 함북 경흥부 안화면
신호동(新湖洞) 경남 용남군 가조면
신호리(新湖里) 함남 북청군 남양면

ㅇ

어대진(漁大津) 함북 경성군 어랑면
어랑대천(漁郎大川, 長川) 함북 경성군
어망산(魚望山) 강원 통천군 순달면
어선동(語善洞) 경남 고성군 회현면
어온(於溫) 경남 거제군 하청면 칠천도
어의도(於義島) 경남 용남군 가조면
어의동(於義洞) 경남 용남군 가조면 어의도
어일장시(魚日場市) 경북 장기군
여남포(如南浦) 경북 흥해군 동상면
여도(麗島) 함남 안변군 하도면
여운포(汝雲浦) 강원 양양군 남면
여차동(汝次洞) 경남 용남군 한산면
여천(余川) 경북 흥해군 동토면
여토리(余土里) 경북 영일군 동해면
역동(驛洞) 함남 영흥군 고령면
연곡시(連谷市) 강원 강릉군
연구(蓮龜) 경남 거제군 하청면 칠천도
연기동(蓮基洞) 경남 용남군 동면
연대동(蓮坮洞) 경남 용남군 산양면 오수리도
연도(煙島) 경남 고성군 상남면
연도(椽島) 경남 창원부 웅읍면
연마리(連馬里) 함남 덕원부 현면
연막(蓮幕) 경남 하동군 마전면 갈도
연명동(延命洞) 경남 용남군 산양면
연산(連山) 경남 양산군
연암(燕岩) 경남 동래부 사중면 부산항
연천진(連川津) 함남 길주군 학남면
연포(連浦, 鹽浦, 남포) 경남 울산군 동면
연포시(連浦市) 함남 함흥군
연호(蓮湖) 함북 경성군
연호동(蓮湖洞) 강원 흡곡군 학일면
연화(蓮花) 경남 용남군 광남면
연화동(蓮花洞) 강원 흡곡군 군내면
연화동(蓮花洞) 경남 용남군 원삼면
연화열도(蓮花列島) 경남 용남군 원삼면
염구(鹽邱, 鹽田村) 강원 울진국 원북면
염분(鹽盆) 함남 이원군 남면
염분(鹽盆) 함북 경성군 주을온면
염분(鹽盆, 鹽九味) 함북 경성군 용성면
염전리(鹽田里) 강원 강릉군 자가곡면
염전촌(鹽田村, 鹽邱) 강원 울진군 원북면
염전호(鹽田湖) 강원 통천군 금붕포
염창(鹽倉) 강원 흡곡군 군내면
영강(永康) 경남 김해군
영대장(靈臺場) 함북 성진부
영덕(靈德) 함남 홍원군 용원면
영덕읍(永德邑, 野城) 경북 영덕군
영도(寧島) 경남 창원부 구산면
영랑호(永郎湖) 강원 간성군 상성면
영랑호(永郎湖) 강원 간성군 화진포
영무장(靈武場) 함남 홍원군
영북(嶺北) 경남 거제군 동부면
영서리(嶺西里) 함남 영흥군 고녕면
영일읍(迎日邑, 烏川) 경북 영일군
영주(瀛州) 경남 동래부 사중면
영주동(瀛州洞) 경남 동래부 사중면 절영도
영진(領津) 강원 강릉군 사천면
영천(永川) 함남 단천군 이상면
영해강(寧海江, 丹陽, 德原) 경북 영해군
영해읍(寧海邑) 경북 영해군
영호진(靈湖津) 강원 고성군 일북면

외해도(外蟹島) 경남 용남군 서면
외호(外湖) 강원 통천군 산남면
외휘동(外揮洞) 경북 청하군 현내면
요장동(蓼場洞) 경남 창원부 진동면
욕지도(欲知島, 鹿島) 경남 용남군 원삼면
용강(龍崗, 龍岩) 함남 단천군 복귀면
용관천(龍關川) 함북 경성군
용담(龍潭) 경북 흥해군 동상면
용당(龍塘) 경남 동래부 석남면
용덕동(龍德洞) 경북 흥해군 북하면
용동(龍洞) 경남 동래부 사중면 절영도
용동(龍洞) 경남 용남군 광남면
용두산(龍頭山) 경남 동래부 사중면 부산항
용미산(龍尾山) 경남 동래부 사중면 부산항
용산(龍山, 三浦) 함남 문천군 고령면
용성리(龍成里) 함남 함흥군 연포면
용수동(龍水洞) 함북 경흥부 해면
용암(龍岩, 龍崗) 함남 단천군 복귀면
용연동(龍淵洞) 경남 울산군 대현면
용잠동(用岑洞) 경남 울산군 대현면
용저(龍渚) 함북 부령군 동면
용진(龍津) 함남 덕원부 용성면
용초도(龍草島) 경남 용남군 한산도
용초동(龍草洞) 경남 용남군 한산도 용초도
용추갑(龍湫岬) 강원 울진군 근북면
용포(龍浦) 강원 간성군 왕곡면
용현(龍峴) 함북 경흥부 두만강
용호(龍湖) 경남 고서군 상남면
용호(龍湖) 경남 동래부 석남면
용호(龍湖) 경남 창원부 구산면
용호(龍湖) 경남 창원부 용서면
용호(龍湖) 함남 단천군 복귀면
용호(龍湖) 함북 경성군
용흥강(龍興江) 함남 영흥군 억기면
용흥동(龍興洞, 棗方) 경남 고성군 도포면
우간포(右看浦) 함남 홍원군 운룡면
우도(牛島) 강원 흡곡군 학삼면
우도(牛島) 경남 용남군 도남면
우도(牛島) 경남 용남군 원삼면 연화열도
우도(友島) 경남 창원부 웅읍면
우모도(牛毛島) 경남 남해군 서면
우목동(牛目洞) 경북 흥해군 동하면
우수영(右水營, 統營) 경남 용남군 동면
우암진(牛巖津) 강원 강릉군 신리면
우암포(牛巖浦) 경남 동래부 남하면
운동(雲洞) 함북 경성군 서면
운림(雲林) 경남 동래부 동하면
운문대단(雲門台端) 함북 명천군
운상(雲上) 함북 명천군
운성(雲城) 함남 덕원부 용성명
운암동(雲岩洞) 경남 양산군 외남면
울기(蔚埼) 울산군 동면
울릉도(鬱陵島) 경남 울릉도
울산만(蔚山灣) 울산군
울산병영(蔚山兵營) 경남 울산읍
울산읍(蔚山邑) 경남 울산군
울진읍(蔚珍邑) 강원 울진군
웅기(雄基) 함북 경흥부 해면
웅도(熊島) 경남 창원부 웅읍면
웅상(雄尙) 함북 경흥부 노면
웅진(熊津) 강원 흡곡군 학삼면
웅천만(熊川灣) 경남

장치곶만(長致串灣) 함남 문천군
장평진(長坪津) 강원 간성군 오현면
장항(獐項) 경남 창원군 천가면
장호리(長湖里) 함남 이원군 동면
장호진(莊湖津, 長城里) 강원 삼척군 원덕면
장흥리(長興里) 함남 홍원군 경포면
재산(才山) 강원 삼척군 원덕면
저구미(猪九味) 경남 거제군 동부면
저도(楮島) 강원
저도(猪島) 강원 통천군
저도(猪島) 경남 거제군 장목면
저도(楮島) 경남 용남군 산양면
저도(猪島) 경남 창원부 구산면
저도(猪島) 경남 창원부 외서면
저도(猪島) 경남 창원부 웅읍면
저도포(楮島浦) 경남 곤양군 서포면
저동(苧洞) 경남 울도군 남면
저산포(猪山浦) 경남 용남군 산내면
저장리(猪場里) 강원 평해군 남하리면
저전포(楮田浦) 경남 울산군 강동면
저진(猪津) 강원 간성군 현내면
적덕포(赤德浦) 경남 용남군 도남면
적도(赤島) 함북 경흥부
적량포(赤梁浦) 경남 남해군 창선면
적벽강(赤壁江) 강원 고성군
적석(赤石, 陽下, 院下) 경북 장기군 현내면
적전천(赤田川) 함남 덕원부 적전면
적지(赤池) 함북 경흥부
전덕단(前德端) 함북 명천군
전도동(錢島洞) 경남 고성군 포도면
전반동(全反洞) 강원 울진군 근남면
전보동(田甫洞) 경남 고성군 동마면
전잠동(田岑洞) 경남 울산군 대현면
전진(前津) 강원 양양군 사현면
전진(前津) 강원 통천군 용수면
전진(前津) 함남 홍원군 주남면
전탄장시(箭灘場市) 함남 문천군
전포리(箳浦里) 강원 강릉군 하남면
전하포(田下浦, ペテレ) 경남 울산군 동면
절영도(絶影島, 牧島) 경남 동래부 사중면
절영전산(絶影前山) 경남 동래부 사중면
절영후산(絶影後山) 경남 동래부 사중면
점복포(占卜浦) 경남 곤양군 가리면
접수진(接手津) 함북 종성군
정도(項島) 경남 남해군 삼동면
정동(貞洞) 경남 용남군 동면
정동진(正東津) 강원 강릉군 자가곡면
정라진(汀羅津, 古目津, 佛來) 강원 삼척군 부내면
정라진만(汀羅津灣) 강원
정령(井嶺) 경북 청하군
정리(頂里) 경남 기장군 동면
정석(亭石) 경남 울릉군 북면 천부동
정석진(汀石津) 함남 단천군 복귀면
정암리(釘岩里) 강원 양양군 사현면
정자포(亭子浦) 경남 울산군 강동면
정장(井張) 함북 부령군 청하면
정포도(井浦島) 경남 남해군 서면
제뢰(鵜瀨, 우노세) 경남 동래부 부산항
제장포(堤長浦) 강원 강릉군 신리면
제포(薺浦) 경남 창원부 웅읍면
조도(鳥島) 강원 양양군 현북면

ㅊ

---

1) 원문에는 杻島라고 되어 있으나, 실제로 통영시 권역에 유도라는 섬은 없고 추도만 보인다.

치소동(治所洞) 경남 용남군 한산면
칠보동(七寶洞) 강원 흡곡군 학일면
칠암동(七巖洞) 경남 기장군 북면
칠전(七田) 경북 장기군 서면
칠천도(漆川島) 경남 거제군 하청면
칠포산(七浦山) 경북 영해군

ㅋ

코스케비치 함북 경흥부 해면

ㅌ

탄금산(彈金山) 경남 울산군
탑곡포(塔谷浦) 경남 남해군 고현면
탑촌시(塔村市) 경남 하동군 화개면
탑포(塔浦) 경남 거제군 동부면
태내포(太內浦, 東巖里) 경남 기장군 남면
태변(太邊, 船頭浦) 경남 기장군 읍내면
태변만(太邊灣) 경남 기장군 읍내면
태부(太夫) 경북 영덕군 동면
태종대(大宗臺) 경남 동래부 사중면
태합굴(太閤堀) 경남 용남군 서면
토리(土里) 함북 경흥부 서면
토산도(兎山島) 경남 고성군
토성리(土城里) 함남 홍원군 용원면
토성리만(土城里灣) 함남 홍원군 용원면
토촌포(兎村浦) 경남 남해군 현내면
통구미(通龜尾) 경남 울릉군
통영(統營, 右水營) 경남 용남군 동면
통천읍(通川邑) 강원 통천군
퇴조리(退潮里) 함남 서퇴조면
퇴조장(退潮場) 함남 홍원군
투달(透達, 水達) 함남 덕원부 용성면

ㅍ

판지동(板只洞) 경남 울산군 강동면
팔송정(八松亭) 강원 강릉군 남일리면
팔장포(八場浦) 경남 사천군 문선면 삼천포
평계동(坪溪洞) 경남 고성군 동도면
평리(坪里) 경남 고성군 하일면 송천동
평리(坪里) 경남 용남군 도선면
평림포(平林浦) 경남 동래부 사중면
평민동(平民洞) 경남 동래부 남상면
평산동(平山洞) 경남 고성군 동마면
평산포(平山浦) 경남 남해군 남면
평촌(坪村) 경남 고성군 하일면 가룡동
평해읍(平海邑) 강원 평해읍
포교기(布橋崎) 경남 고성군
포교동(布橋洞) 경남 고성군 남면
포덕리(布德里) 함남 정평군 부춘면
포도(浦島) 강원 고성군 안창면
포상포(浦上浦) 경남 남해군 고현면
포외진(浦外津) 강원 고성군 안창면
포이(包伊) 경북 흥해군 북하면
포진(浦津) 함남 이원군 남면
포항리(浦項里) 강원 통천군 순달면
포항리(浦項里) 경북 영일군 북면
포항리(浦項里) 함남 이원군 남면
포항리(浦項里) 함북 경성군 용성면
포항리(浦項里) 함북 명천군 상고면

ㅎ

항곡리(項谷里) 강원 평해군 근북면
항리(項里) 경남 거제군 일운면
해량(海良) 경남 용남군 동면 연기동
해안(海晏) 경남 거제군 하구면
해암포(蟹巖浦) 함남 홍원군 호남면
해천(蟹川) 한남 안변군
해평동(海坪洞) 경남 용남군 서면
행암만(行巖灣) 경남 창원부 웅중면
향와기(香臥崎) 경남 고성군 하일면
현내동(縣內洞) 강원 울진군 하군면
현동(縣洞) 경남 창원부 웅서면
현포동(玄圃洞) 경남 울릉군 북면
형산강(兄山江) 경북 영일군
형제강(兄弟江) 경북 영일만
형제도(兄弟島) 강원 간성군 토성면
형제도(兄弟島) 강원 통천군 염도면
형제도(兄弟島) 경남 용남군 도남면
혜산(惠山) 함남 단천군 이상면
호남리(湖南里) 함남 함흥군 동주지면
호도(虎島) 경남 남해군 삼동면
호도(虎島) 경남 용남군 동면
호도반도(虎島半島) 함남 영홍군
호두동(虎頭洞) 경남 용남군 한산면 용초도
호례(呼禮) 함북 경성군 어랑면
호암포(虎巖浦) 경남 동래부 남상면
혼진(溷津) 강원 흡곡군 학삼면
홍원읍(洪原邑) 함남 홍원군
홍현포(虹峴浦) 경남 남해군 남면
화계포(花溪浦) 경남 남해군 이동면
화단갑(花端岬) 함북 회령군
화대대천(花臺大川) 함북 명천군
화도(花島) 경남 거제군 둔덕면
화도(花島) 경남 창원부 구산면
화도(花島) 경남 창원부 웅서면
화도(花島) 경남 창원부 웅중면
화모말(花母末) 강원 평해군 근북면
화산(華山) 경남 양산군
화산동(花山洞) 경북 청하군 북면
화암탄(花岩灘) 경남 울산군 동면
화양시(華陽市) 경남 고성군 화양면
화일포(禾日浦) 경남 용남군 산내면
화제포(花齊浦) 경남 남해군 삼동면
화진(禾津) 강원 통천군 금붕포
화진포(花津湖) 강원 간성군 오현면
화포(花浦) 경남 용남군 동면
화포(火浦) 경북 기장군
황계동(黃溪洞) 경북 장기군 현내면
황금진(黃金津, 大津) 강원 간성군 현내면
황도(荒島) 강원
황리(黃里) 경남 용남군 광삼면
황암동(黃岩洞) 경남 울산군 대현면
황암진(黃岩津) 함북 명천군 하고면
황어포(黃魚浦) 함북 경흥부 서면
황진(黃津) 함북 명천군 상고면
황치(黃峙) 경북
황토금말(黃土金末) 경남 울릉군
황토도(黃土島) 함남 안변군
황포(黃浦) 경남 거제군 장목면
회령읍(會寧邑) 함북 회령군
회진(會珍) 경남 거제군 일운면
횡주도(橫珠島) 경남 용남군 서면
효령(孝嶺) 경북

역자후기

『한국수산지(韓國水產誌)』 4권이 출간된 지 115년이 지났다. 『한국수산지』는 대한제국이 국권을 잃기 전에 한국 전 연안의 수산 현황을 조사한 결과물이며, 1910년 나라 전체가 식민지가 되기 이전에 한국의 바다가 먼저 빼앗긴 사실을 확인시켜 준다. 일본의 침략은 한국의 바다에서 시작하여 바다를 완전히 장악한 이후, 본격적인 내륙 지배에 착수하였다.

1883년 '재조선국일본인민통상장정(在朝鮮國日本人民通商章程)'이 체결되면서 일본 어민들은 한국 연안에서 합법적인 어업활동을 개시하였다. 초기에는 상어 지느러미 · 전복 · 해삼 등 고급 식자재가 되는 청국 수출품에 주력하였다. 당시 전복 · 해삼은 한국 어민은 오로지 나잠으로 채취하는데, 일본 어민은 잠수

기로 남획하여 고갈되기에 이르렀다는 사실을 일본인 스스로 『한국수산지』를 통해서 밝히고 있다.

일본 어민들은 정부의 장려 지원에 힘입어 선단을 조직하여 한국해로 대거 몰려왔다. 최초 통어의 출발점이 된 것은 도미어업이었다. 점차 고래 · 상어어업은 일본 어민의 독점어업이 되었으며, 삼치어업의 경우에는 한국인이 선호하지 않은 어종이었기 때문에 일본 어민의 신흥어업이 되었다. 그리고 일본 어민들은 한국인이 즐겨 먹는 어류에도 주목하여 명태 · 조기어업까지 확장하고 한국 어민들의 생계를 위협하자 양국 어민들 사이에 갈등이 야기되었으며, 더욱이 일본 어민이 내륙에 근거지를 마련하고 어획물을 건조 · 염장 등 제조 가공하거나, 식수와 땔감을 얻는 과정에서 한국인과의 빈번한 충돌이 일어났다. 특히 훈도시라는 반라에 가까운 복장을 한 채로 마을에 들어와 우물가에서 부녀자를 희롱하거나 심지어 절도까지 하는 사례가 발생하면서 한국인과의 감정 대립으로 비화하였다.

『한국수산지』는 한국의 바다를 침략하는 과정을 자세히 보여준다. 먼저 한국의 지정학적 위치 · 면적 · 구획 · 인구 · 지세를 비롯하여 강 · 해안선 · 항로 · 등대 · 기상 · 해류 · 조류 · 수온 · 수심과 같이 어업과 직접 관련된 사항, 나아가서는 한국 각 연안에

서 잡히는 수산물에 이르기까지 매우 면밀하게 조사하였다. 또한 한국 전통어법은 물론이고 일본 어민들이 한국 바다에서 사용하는 어구 및 어법까지도 소개하고 있다.

무엇보다도 이 책을 통하여 일본이 한국 바다의 풍부한 수산물과 그 가치에 주목하고 있었음을 알 수 있다. 전체 4권으로 구성하여 방대한 분량에 이르는 이 책에서는 어떤 어종을 어떤 어법으로 잡는 것이 가장 효율적인지를 따지고 있다. 또한 한국은 난류와 한류가 교차하는 지역이어서 수산물의 종류가 풍부할 뿐만 아니라, 생선의 건조나 천일제염의 경우도 한국의 기후가 맑은 날이 많고 건조하기 때문에 일본보다 좋은 성과를 얻을 수 있을 것으로 판단하고 있다. 또한 이처럼 천혜의 보고인 수산자원을 아주 초보적인 어법으로 극히 일부만을 어획하고 있던 한국인들을 비웃으며, 일본 어민들이 선진적인 어구와 어로기술로 많은 수확을 올리고 있음을 자랑하고 있다. 그렇지만 한편에서는 일본 어민들의 남획에 대하여 어족 보호 대책을 강구해야 한다고 자인하고 있다.

이러한 수산물 어획을 바탕으로 한국 각지에 일본인이 경영하는 어시장을 개설하여 포획 어류를 거래하는 한편, 매상을 올리도록 일본 어민 간의 상호 경쟁을 부추기는 모습을 보면서, 한일어업협정을 다시 생각하지 않을 수 없다. 일본 측에서는 우리나라 어선들이 간혹 일본 영해로 들어가 조업하였던 일에 대하여 매우 민감하게 반응하곤 하지만, 당시 한국의 바다에서 잡아간 물고기의 양은 도대체 어느 정도일지 가늠할 수 있을까? 상상이 안 될 만큼 많은 물량이 반출되었을 것이다. 일본의 원시적 자본 축적에 한국의 수산물이 어떤 역할을 하였는지 밝혀져야 할 대목이다.

『한국수산지』가 만들어지던 시점에도 한국의 관리들은 바다의 중요성을 깨닫지 못하고 있었는데, 어업협정을 추진하던 당시의 우리나라 공무원 역시 우리 어업의 현황을 제대로 알지 못하였다고 한다. 어찌 보면 우리들의 인식은 땅에 고착되어 있어서, 바다에 대한 인식이 결여되어 있었던 것이 아닐까?

『한국수산지』는 1910년을 전후한 시기의 한국에 대한 다양한 정보를 담고 있다. 예를 들면 우리에게 친숙한 명태는 조선 중기 이후에 기후가 한랭화되면서 찬 해류를 타고 남하하면서 한국에 처음 회유하였다. 명태는 단백질 공급원으로서 혹은 제수품으로 자리 잡았으며, 민간신앙에서도 쓰이게 되었다. 어쩌면 김치, 고추장과 비슷한 시기에 이 땅에 출현한 것이라고 할 수 있다. 우리가 고유하다고 생각하는 것이 의외로 새로운 문화로 판명된 또 다른 사례라고 할 수 있다.

명태에 주목하게 된 것은 다른 이유가 아니다. 『한국수산지』와 『한일어업관계』에 명태에 관한 내용이 많았기 때문이다. 양적으로도 많이 잡히기도 하지만, 명태의 동건법(凍乾法)은 당시 일본이 한국에서 유일하게 볼 만한 수산물가공법이라고 평가하고 있었다. 이처럼 『한국수산지』 속에서 수해양사 연구를 위한 단서를 찾을 수 있었을 뿐만 아니라, 이 책이 담고 있는 115년 전의 한국의 바다에 대한 정보 자체도 중요하다. 19세기 전기에 『우해이어보(牛海異魚譜)』나 『현산어보(玆山魚譜)』와 같은 책이 나오기는 했지만, 이는 모두 어보(魚譜) 즉 물고기에 관심이 집중되어 있다. 지역적으로도 진동 앞바다 혹은 흑산도 연해로 한정되어 있다. 물론 개인적인 저술이라는 한계이기도 하고 저자들이 물고기 전문가가 아니었던 까닭도 있겠지만, 한국의 바다 전체를 보려는 시각이 결여되어 있다. 그런 의미에서 보면 『한국수산지』는 우리의 바다에 대한 최초의 종합보고서라고 할 수 있다.

그러나 문제점도 적지 않았다. 물고기의 이름을 혼동하거나, 사진이 빠지거나, 통계 수치가 틀린 경우도 적지 않았으며, 오탈자도 상당하다. 갯장어와 붕장어가 혼동되거나, 넙치와 가자미도 혼동되어 잘못 기록된 경우도 많다. 그리고 여러 가지 단위도 혼용하였는데 해리(浬, 마일) · 척(呎, 피트)이 있는가 하면, 정(町) · 간(間) · 단보(段步·反步) 등 일본에서 사용하는 거리 · 면적 단위를 쓰기도 하였는데 이와 같이 『한국수산지』를 급하게 편찬한 흔적이 역력하다.

이러한 여러 문제 때문에 번역 과정에서도 많은 어려움이 있었다. 일본어로 된 물고기 명칭을 정확하게 옮길 수 없는 경우도 있었고, 특히 일본 어민의 어로와 관련된 용어들을 번역할 수 없는 경우도 적지 않았다. 물고기 명칭은 현재 사용하는 물고기의 학명을 찾아서 이를 근거로 다시 우리말 물고기의 명칭을 확인하였는데, 학명은 있지만 우리말 명칭이 없는 경우도 있었다. 더욱이 일본어로 기록한 물고기의 명칭 또한 표준말이 아니어서 확인하기 어려운 경우도 있었는데 이는 한국 바다에서 어업을 하고 있던 일본 어민들을 탐문하는 과정에서 일본 각지에서 제각기 쓰는 물고기 명칭을 그대로 옮겨 기록했기 때문으로 보인다. 즉 일본인 조사자가 일본 어민의 출신 지역에서 쓰는 명칭을 그대로 기록한 것이다.

예를 들면 전자리상어는 현재 표준일본어로 가스자메(カスザメ)인데 이 책에서는 모다마(モダマ)로 되어 있다. 옥돔은 현재 아마다이(甘鯛)인데 구즈나(クヅナ)로 되어 있다. 하토에이(ハトエイ)는 일본에서도 많이 쓰이지 않은 방언으로 매가오리(トビエイ)를 뜻한다.

100여 년 전의 일본어라는 점도 문제가 되었지만, 현재 일본어보다 한문의 직역에 가까운 문체였으므로 자연스럽게 옮기는 일도 쉽지 않았다. 오히려 원래의 문투를 살려 두는 것이 이 책의 위치를 더욱 잘 보여줄 수 있을 것이라는 생각에서 대부분은 원문에 가깝게 번역하였다. 능력의 한계를 절감하게 해 준 번역이었던 만큼 부족한 부분이 많을 것으로 생각되지만, 연구자들을 위한 기초자료로 이용되었으면 더 바랄 나위가 없겠다.

올해 출간하는 『한국수산지』 1권 개정판과 『한국수산지』 2권에는 사진, '수산물한일명칭대조표', 소제목 등을 원문의 순서에 따라 배치하였으며, 원문에 기록된 여러 통계표를 비롯하여 많은 수치의 오류 등을 정정 기록하였다. 그리고 수산물의 명칭에 대하여 통일하여 번역하였다. 예를 들면 鰛(온)은 정어리(멸치), 赤魚(적어)는 붉바리, 례(鱧)는 갯장어, 소(鮹)는 문어(낙지), 해라(海蘿)는 풀가사리 등이 대표적이다.

그리고 『한국수산지』에 첨부된 많은 사진 · 해도 · 그림 · 표 등은 국립중앙도서관에서 소장하고 『한국수산지』 원문 자료를 이용하였다.

『한국수산지』를 통해서 한국이 바다를 어떻게 빼앗겼는지 뒤늦게나마 되돌아보고, 앞으로 우리의 바다를 어떻게 지켜나갈지 생각해야 할 것이다. 『한국수산지』가 출간된 지 100년도 지난 시점에서 처음 번역 출간했던 뜻이 바로 여기에 있었다.

이 책은 부경대학교 사학과의 교수들과 대학원생, 학부생까지 참여한 오랜 스터디그룹의 결과물이다. 수산대학교를 모태로 한 부경대학교는 태생적으로 수해양과 깊은 관련이 있고 이 분야에서는 독보적인 위상을 가지고 있다. 그래서 부경대학교 사학과도 수해양 분야로 특화하려고 노력해 왔고 이제 『한국수산지』 번역본을 출간하기에 이르렀다. 강독과 번역 과정에 참여했던 많은 분들께 깊이 감사드린다.

또한 2010년에 출간된 『한국수산지』 1권의 개정판 및 『한국수산지』 2권의 출간에도 많은 분들의 도움이 있었다. 대마도연구센터 연구교수이자 '일본수산지(日本水産誌)' 연구자인 서경순 박사님이 2권의 번역에 참여하였을 뿐만 아니라 1권 번역의 오류 수정 및 개정판 발간과 관련된 대부분의 일을 도맡아 주셨고, 정시명 · 신왕건 · 김윤희 학생이 원고 교정을 담당하였다. 한편 부경대학교 HK+사업단 단장 김창경 교수님이 수해양사에 깊은 관심을 가지고 흔쾌히 출판을 추진해 주셨다. 모든 분들께 진심으로 감사드린다. 또한 복잡하고 부족한 원고를 세심하게 다듬어 주신 산지니 출판사 관계자님들께도 감사의 말씀을 전하고자 한다.

2023년 12월

부경대학교 대마도연구센터 소장 이근우

부경대학교 인문한국플러스사업단 해역인문학 아카이브자료총서 04

한국수산지韓國水産誌 Ⅱ-2

초판 1쇄 발행 2023년 10월 31일

지은이 (대한제국) 농상공부 수산국
옮긴이 이근우(대표번역), 서경순
펴낸이 강수걸
편 집 강나래 신지은 오해은 이소영 이선화 이혜정 김소원
디자인 권문경 조은비
펴낸곳 산지니
등 록 2005년 2월 7일 제333-3370000251002005000001호
주 소 48058 부산광역시 해운대구 수영강변대로 140 부산문화콘텐츠콤플렉스 626호
홈페이지 www.sanzinibook.com
전자우편 sanzini@sanzinibook.com
블로그 http://sanzinibook.tistory.com

ISBN 979-11-6861-211-2(94980)
979-11-6861-207-5(세트)

* 책값은 뒤표지에 있습니다.
* Printed in Korea